Adobe Animate CC 课堂实录

杜淑颖　主　编

清華大學出版社
北　京

内 容 简 介

本书以 Animate 软件为载体，以知识应用为中心，对二维动画设计知识进行了全面阐述。书中每个案例都给出了详细的操作步骤，同时还对操作过程中的设计技巧进行了描述。

全书共 13 章，遵循由浅入深、循序渐进的思路，依次对 Animate 入门知识、Animate 基础操作、图形的绘制与编辑、时间轴与图层、元件、库与实例、文本工具、逐帧动画、补间动画、遮罩动画、交互动画、音视频的应用、组件的应用等内容进行了详细讲解。最后通过绘制卡通人物、制作片头动画、制作电子贺卡等综合案例，对前面所学的知识进行了综合应用，以达到举一反三、学以致用的目的。

本书结构合理，思路清晰，内容丰富，语言简练，解说详略得当，既有鲜明的基础性，也有很强的实用性，既可作为高等院校相关专业的教学用书，又可作为 Animate 动画设计爱好者的学习用书，同时也可作为社会各类 Animate 软件培训班的首选教材。

图书在版编目(CIP)数据

Adobe Animate CC课堂实录 / 杜淑颖主编. —北京：清华大学出版社，2021.8
ISBN 978-7-302-58680-7

Ⅰ.①A… Ⅱ.①杜… Ⅲ.①超文本标记语言—程序设计—教材 Ⅳ.①TP312.8

中国版本图书馆CIP数据核字（2021）第142608号

责任编辑：李玉茹
封面设计：杨玉兰
责任校对：周剑云
责任印制：丛怀宇
出版发行：清华大学出版社

网　址：http://www.tup.com.cn，http://www.wqbook.com
地　址：北京清华大学学研大厦A座　　邮　编：100084
社 总 机：010-62770175　　邮　购：010-62786544
投稿与读者服务：010-62776969，c-service@tup.tsinghua.edu.cn
质量反馈：010-62772015，zhiliang@tup.tsinghua.edu.cn

印 装 者：三河市铭诚印务有限公司
经　销：全国新华书店
开　本：200mm×260mm　　**印　张：**16　　**字　数：**395千字
版　次：2021年10月第1版　　**印　次：**2021年10月第1次印刷
定　价：79.00 元

产品编号：089593-01

序言

数字艺术设计是指通过数字化手段和数字工具实现创意和艺术创作的全新职业技能，全面应用于文化创意、新闻出版、艺术设计等相关领域，并覆盖移动互联网应用、传媒娱乐、制造业、建筑业、电子商务等行业。

ACAA为Alliance of China Digital Arts Academy缩写，意为联合数字创意和设计相关领域的国际厂商、龙头企业、专业机构和院校，为数字创意领域人才培养提供最前沿的国际技术资源和支持。

ACAA二十年来始终致力于数字创意领域，在国内率先创建数字创意领域数字艺术设计技能等级标准，填补该领域空白，依据职业教育国际合作项目成立“设计类专业国际化课改办公室”，积极参与“学历证书+若干职业技能等级证书”相关工作，目前是Autodesk中国教育管理中心和Unity中国教育计划合作伙伴。

ACAA在数字创意相关领域具有显著的品牌辨识度和影响力，并享有独立的自主知识产权，先后为Apple、Adobe、Autodesk、Sun、Redhat、Unity、Corel等国际软件公司提供认证考试和教育培训标准化方案，经过二十年市场检验，获得充分肯定。

通过ACAA数字艺术设计培训和认证的学员，有些已成功创业，有些成为企业骨干力量。众多考生通过ACAA数字艺术设计师资格或实现入职，或实现加薪、升职，企业还可以通过高级设计师资格完成资质备案，来提升企业竞标成功率。

ACAA系列教材旨在为院校和学习者提供更为科学、严谨的学习资源，我们致力于把最前沿的技术和最实用的职业技能评测方案提供给院校和学习者，促进院校教学改革，提升教学质量，助力产教融合，帮助学习者掌握新技能，强化职业竞争力，助推学习者的职业发展。

ACAA中国数字艺术教育联盟

王　东

Preface
前　言

本书内容概要

Animate是Adobe公司推出的一款专业矢量动画设计软件，具有文字处理、图像绘制和动画制作等功能，被广泛应用于网络广告、动态网站、多媒体课件等制作领域。本书从软件的基础讲起，循序渐进地对软件功能进行全面论述，让读者充分熟悉软件的各大功能。同时，结合各领域的实际应用，进行案例展示和制作，并对行业相关知识进行深度剖析，以辅助读者完成各项矢量动画设计工作。每个章节结尾处都安排有针对性的练习测试题，以便读者对学习成果进行自我检验。本书分为三大篇共13章，其主要内容如下。

篇	章　节	内容概述
学习准备篇	第1章	主要讲解了Animate动画的应用领域、动画制作流程、Animate CC工作界面、图像的基础知识等内容
理论知识篇	第2～10章	主要讲解了Animate基础操作、图形的绘制与编辑、时间轴与图层的应用、元件、库与实例、文本工具的应用、逐帧动画的制作、补间动画的制作、引导动画的制作、遮罩动画的制作、交互动画的制作、音视频的应用、组件的应用等内容
实战案例篇	第11～13章	主要以案例的形式综合讲述了卡通人物、片头动画、电子贺卡等动画作品的设计思路、制作方法及技巧

系列图书一览

本系列图书既注重单个软件的实操应用，又看重多个软件的协同办公，以“理论＋实操”为创作模式，向读者全面阐述了各软件在设计领域中的强大功能。在讲解过程中，结合各领域的实际应用，对相关的行业知识进行了深度剖析，以辅助读者完成各种类型的设计工作。正所谓要“授人以渔”，读者不仅可以掌握这些设计软件的使用方法，还能利用它独立完成作品的创作。本系列图书包含以下图书作品：

★《中文版 Adobe Photoshop CC 课堂实录》
★《中文版 Adobe Illustrator CC 课堂实录》
★《中文版 Adobe InDesign CC 课堂实录》
★《中文版 Adobe Dreamweaver CC 课堂实录》
★《中文版 Adobe Animate CC 课堂实录》
★《中文版 Adobe PremierePro CC 课堂实录》
★《中文版 Adobe After Effects CC 课堂实录》
★《中文版 CorelDRAW 课堂实录》
★《Photoshop CC + Animate CC 数字插画设计课堂实录》
★《PremierePro CC+After Effects CC 视频剪辑课堂实录》
★《Photoshop+Animate+InDesign 平面设计课堂实录》
★《Photoshop+Animate+Dreamweaver 网页设计课堂实录》
★《HTML5+CSS3 前端体验设计课堂实录》
★《Web 前端开发课堂实录（HTML5+CSS3+JavaScript）》

配套资源获取方式

目前市场上很多计算机图书中配 DVD 光盘，总是容易破损或无法正常读取。鉴于此，本系列图书的资源可以通过扫描以下二维码获取。

Animaet CC 实例

Animate CC 课堂实录

索取课件二维码

本书由杜淑颖编写。由于作者水平有限，书中疏漏之处在所难免，希望读者朋友批评指正。

编者

CONTENTS
目录

第 1 章 Animate 动画入门必备

第 2 章 Animate CC 基础操作

CONTENTS

CONTENTS

第5章 元件、库与实例

第6章 文本工具的应用

CONTENTS

CONTENTS

第 12 章

制作片头动画

第 13 章

制作电子贺卡

第1章 Animate 动画入门必备

内容导读

Animate 由原 Adobe Flash Professional 更名得来，是一款非常专业的矢量动画制作软件。通过 Animate 制作的动画短小精悍，广泛应用于网页动画的设计中。本章将针对 Animate 的一些基础知识以及相关的知识进行介绍。

学习目标

- 了解 Animate 的新功能
- 认识 Animate 的工作界面
- 了解图像的有关知识
- 了解 Animate 的应用领域

Animate 动画应用领域

Animate 动画广泛应用于广告、网站 Logo、导航按钮、站点片头甚至整站设计等领域。除了网站的基本应用外， Animate 技术还可以制作多媒体课件、MTV、在线游戏等。

（1）网络广告

作为一种新兴传播媒体，Animate 制作的广告有着显著的优势，具有非常高的自由度与互动特性，并且还具有很好的视觉冲击力，它能够将整体节奏控制得恰到好处，让人过目不忘。其速度感是该类型广告视觉吸引的最好表现，它可以在很短时间内把自己的整体信息传播给访问者，增强访问者的印象。用户可以制作多种类型的网络广告，如横幅式、插播式、按钮式、文本链接广告等，如图 1-1、图 1-2 所示为使用 Animate 制作的网络广告。

图 1-1

图 1-2

（2）多媒体课件

Animate 为网络教学提供了技术支持。用户可以结合 ActionScript 制作各种测试题、调查问卷等，增加课件的交互性，使其成为辅助教学的重要手段。用 Animate 制作的多媒体课件可以生成 .exe 文件，通过光盘单机独立运行。多媒体课件集图像、文字、声音、视频于一体，实现了传统书面教材的立体化，同时也推动了教学手段、教学方法的多样化。如图 1-3、图 1-4 所示为生物课件。

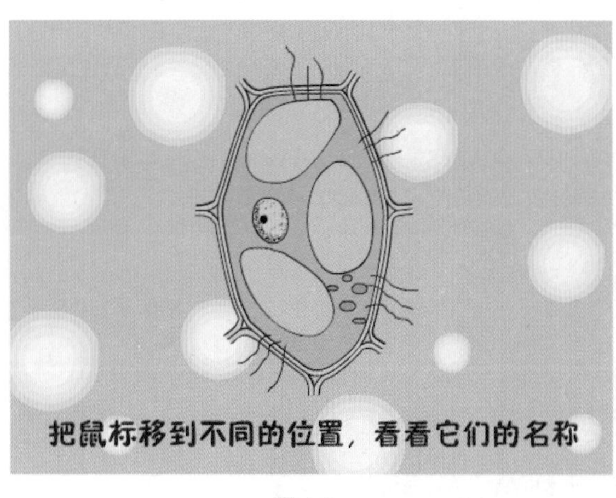

图 1-3

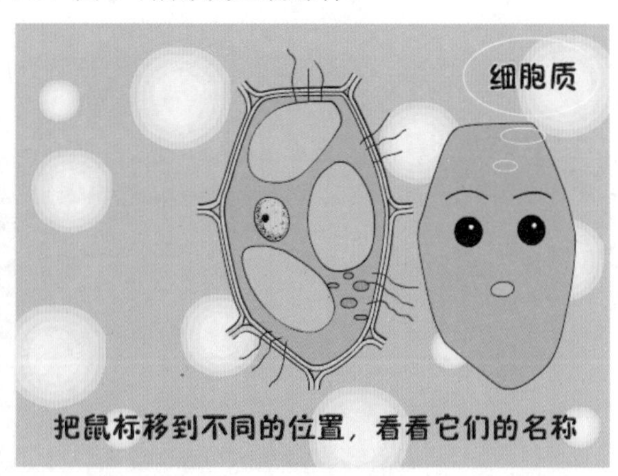

图 1-4

（3）动画小游戏

通过 ActionScript 可以增加 Animate 作品的交互性，大部分的手机游戏都应用了 Animate 进行开发，游戏的种类也越来越多，如图 1-5、图 1-6 所示为使用 Animate 制作的小游戏。

图 1-5

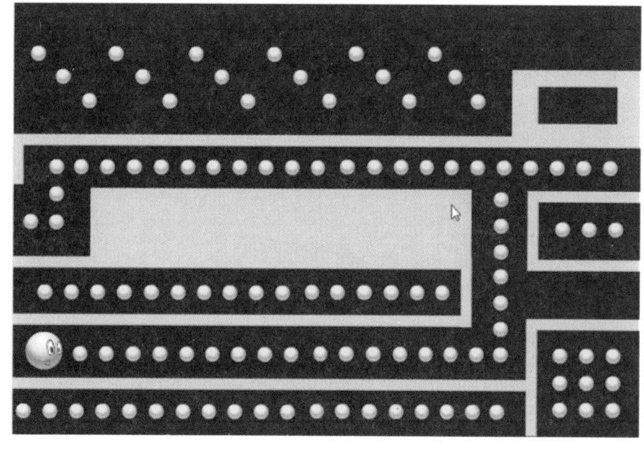

图 1-6

（4）电子贺卡

利用 Animate 制作电子贺卡，不仅图文并茂，而且可以伴有音乐背景，是目前网络中比较流行的一种祝福方式。在节日来临之际，做一张电子贺卡发给亲朋好友，意味着送去一片温暖。目前，许多大的网站都有专门的贺卡专栏，还有许多专业从事贺卡制作与销售的网站也在大量制作此类贺卡。如图 1-7、图 1-8 所示为生动的祝福贺卡。

图 1-7

图 1-8

ACAA课堂笔记

（5）动画短片

Animate 可以制作各种风格的动画，其拥有的互动能力及动画制作的简捷性可以节省大量的绘制时间，可以更快地制作动画短片作品。如图 1-9、图 1-10 所示为公益宣传短片。

图 1-9

图 1-10

知识点拨

在设计一个动画之前，应该做好足够的分析工作，理清创作思路，拟定创作提纲。明确制作动画的目的——要制作什么样的动画，通过这个动画要达到什么样的效果，以及通过什么形式将它表现出来，同时还要考虑不同观众的欣赏水平；做好动画的整体风格设计，突出动画的个性。对于初学者，可模仿优秀的 Animate 作品，学习作者的设计思路和设计技巧。

（6）动态网站

Animate 是一种非常优秀的多媒体和动态网页设计工具，使用它可以制作出后缀名为 .swf 的文件。这种文件可以插入 HTML 里，也可以单独成为网页，在连接互联网时可边下载边播放，避免用户长时间的等待，十分适合在网络上传输。同时，制作精美的动画具有很强的视觉冲击力和听觉冲击力，公司网站可以借助动画的精彩效果吸引客户的注意力，从而达到比静态页面更好的宣传效果，如图 1-11、图 1-12 所示。

图 1-11

图 1-12

（7）音乐 MV

作为一种流行艺术和文化表现形式，Animate 已对互联网、大众艺术和文化生活构成了前所未有的冲击。利用动画能表达自己个性张扬的创意，抒发自己另类的情感。它进一步体现了网络的交互性，让个人情绪得到图形化的宣泄。

现在很多网站流行 Animate 音乐 MV，它就是利用 Animate 软件制作出来的 MV，因其具有动画的特点，又配有歌曲，文件较小，上传下载速度快，在网络上深受人们的喜爱和欢迎。如图 1-13、图 1-14 所示为音乐 MV 画面。

图 1-13

图 1-14

1.2 Animate 动画制作流程

制作动画时，一般要遵循以下流程。

（1）构思动画

在制作动画之前，需要先对动画有所构思，思考如何使用软件实现相应的效果。

（2）添加编辑素材

构思完成后，就可以添加素材文件，并调整其排列顺序与持续时间，添加特殊效果，如滤镜等。

（3）使用 ActionScript 增加交互性

通过 ActionScript 可以控制媒体元素的行为方式，增加交互性。

（4）测试并发布

制作完成后，可以对动画进行测试，查找并纠正遇到的错误。测试完成后，就可以将其发布，以便于在网页中进行播放。

1.3 初识 Animate CC 软件

Animate 是一款专业的二维矢量动画软件，多用于制作娱乐短片、片头、导航条、小游戏、网络应用程序等。本节将针对相关的知识进行介绍。

1.3.1 Animate CC 新功能

Animate CC 由 Adobe Flash Professional CC 更名而来，与 Flash 相比，Animate 新增了 HTML 5

创作工具，为用户创作适应现有网页应用的动画、视频、图片、应用程序等提供了支持。下面将对其新功能进行简单介绍。

1. 图层深度和摄像头增强功能

通过新增的图层深度和摄像头增强功能，用户可以引入视差滚动，在动画中创建深度感，也可以添加平视显示器或在运行时引入摄像头。

2. 时间轴增强功能

Animate 中的时间轴增强了许多更便于用户使用的功能，如下所示。

◎ 显示时间及帧编号。

◎ 延长或缩短了选定帧间距的时间。

◎ 使用每秒帧数 (fps) 扩展帧间距。

◎ 将空白间距转换为 1s、2s 或 3s。

◎ 在舞台上平移动画。

3. 动作码向导

新增的动作码向导可以帮助不熟悉编写代码的用户制作交互动画，在创建 HTML 5 Canvas 动画时，用户可以使用动作向导添加代码，而无须编写任何代码，如图 1-15、图 1-16 所示。

图 1-15

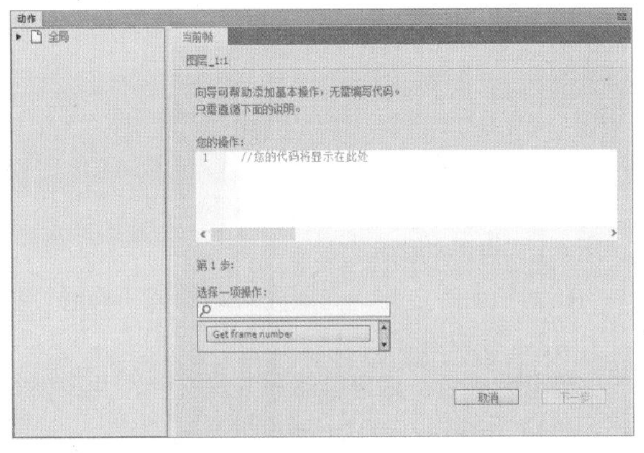

图 1-16

4. 增强缓动预设

借助自定义缓动预设，用户可以在其他项目中重复使用预设，减少操作时间。通过增强的自定义缓动预设，用户可以轻松管理动画的速度和大小，如图 1-17 所示。

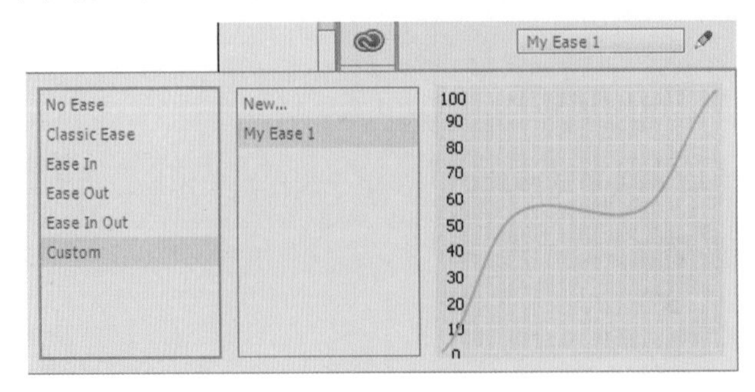

图 1-17

5. 纹理贴图集增强功能

Animate 开发人员可以创作动画，并且可以将它们作为纹理贴图集导出到 Unity 游戏引擎或者任何其他常用游戏引擎中。开发人员可以使用 Unity 示例插件，还可以为其他游戏引擎自定义该插件。

6. 转换为其他文档类型

根据设备要求，用户可以使用易于使用的文档类型转换器将动画从一个文档类型转换为其他文档类型。

7. “组件参数”面板

用户可以将外部组件导入软件并使用这些组件生成动画。为使此工作流变得更简单，Animate 现在在独有面板中提供组件参数属性，如图 1-18 所示为 Bottom“组件参数”面板。

图 1-18

1.3.2 启动 Animate CC

Animate CC 安装完成之后，双击桌面上的 Animate CC 快捷图标，就可以启动并进入 Animate CC 的工作界面，在这一过程中首先出现的是如图 1-19 所示的启动界面，随后才会进入到如图 1-20 所示的初始界面。

图 1-19

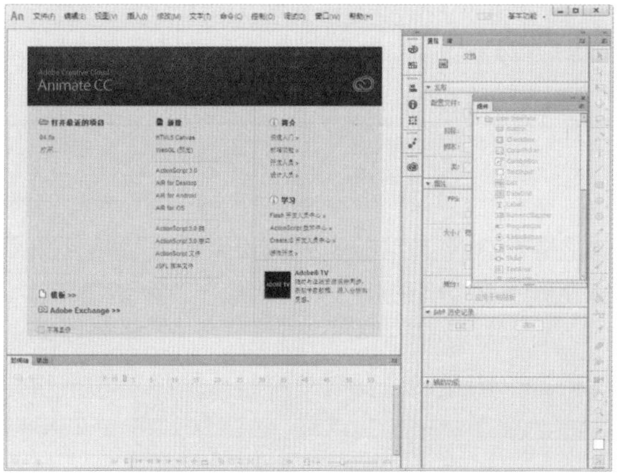

图 1-20

在初始界面中，包含如下 5 个功能区域。

（1）“从模板创建”区域

该区域列出了创建新 Animate 文件常用的模板，单击“更多”按钮，将弹出如图 1-21 所示的“从模板新建”对话框，用户从中可选择并创建各类动画文档。

（2）“打开最近的项目”区域

该区域列出最近打开过的 Animate 文件名称，单击文件名称，即可打开相应的文档。若单击“打开”按钮，将弹出“打开”对话框，从中可选择一个或多个文档，单击“打开”按钮即可，如图 1-22 所示。

（3）“新建”区域

该区域列出了 Animate 可创建的文档类型，用户可以根据需要创建文件。

图 1-21

图 1-22

（4）“简介”区域

单击该区域中的链接选项，将打开相应的网页。

（5）“学习”区域

该区域中罗列了学习 Animate 的相关知识条目，用户可以通过单击链接，打开相应的网页，学习该软件的操作知识。

1.4 Animate CC 工作界面

Animate CC 的工作界面主要包括菜单栏、工具箱、时间轴、舞台和工作区以及一些常用的面板，如图 1-23 所示。

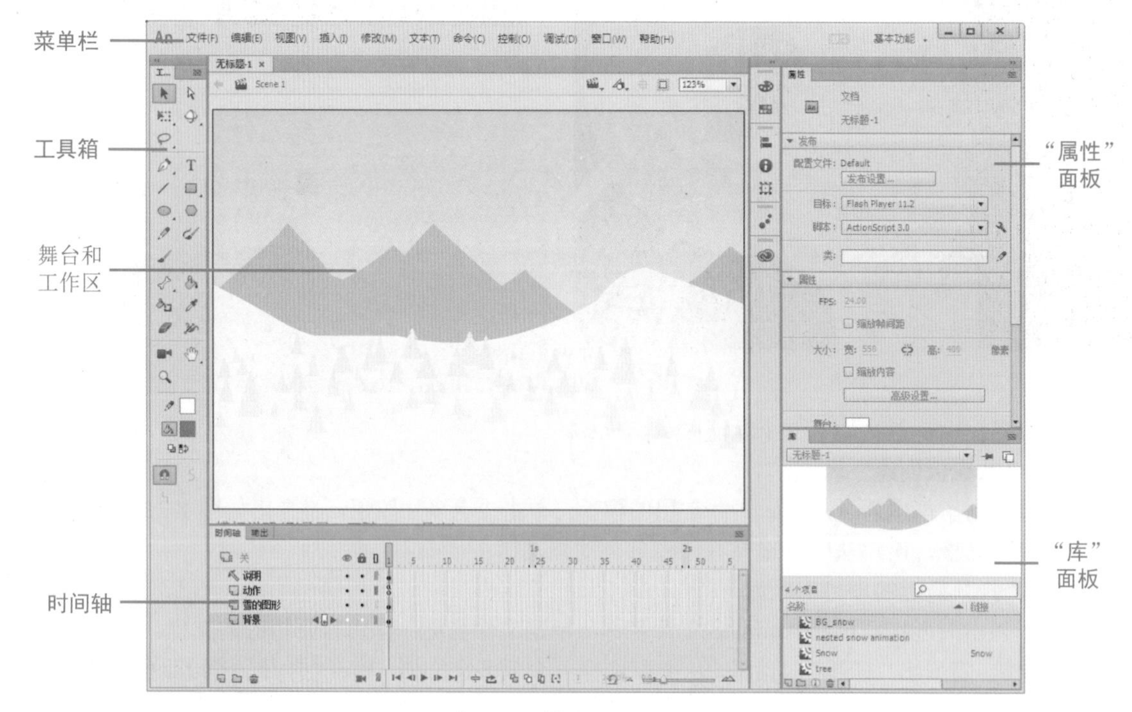

图 1-23

接下来，将针对 Animate 的工作界面进行详细的介绍。

1.4.1 菜单栏

新版本的菜单栏最左侧是图标按钮，接着是“文件”“编辑”“视图”“插入”“修改”“文本”“命令”“控制”“调试”“窗口”和“帮助”菜单项，如图1-24所示。在这些菜单中几乎可以执行Animate中的所有操作命令。

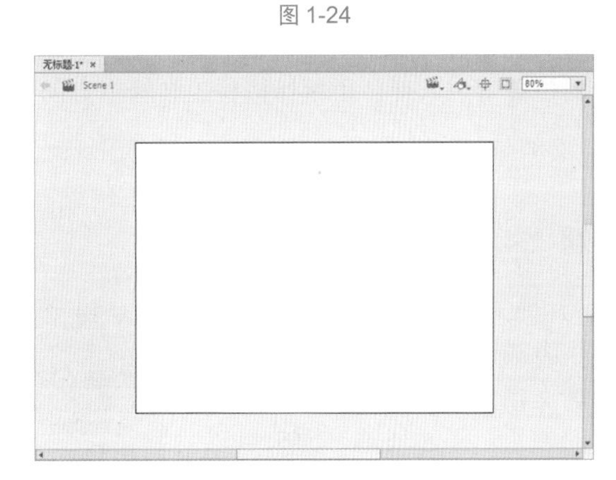

图1-24

图1-25

1.4.2 舞台和工作区

舞台是用户在创建文件时放置内容的矩形选区（默认为白色），只有在舞台中的对象才能够作为影片输出或打印。而工作区则是以淡灰色显示，在测试影片时，工作区中的对象不会显示出来。如图1-25所示为软件中的舞台和工作区。

实例：设置舞台颜色

本案例将利用“属性”面板设置舞台颜色。

Step01 单击初始界面中的“新建”区域中的ActionScript 3.0，新建文档，如图1-26所示。此时，舞台背景为默认的白色。

Step02 执行“窗口”｜“属性”命令，打开“属性”面板，如图1-27所示。

Step03 单击“属性”面板中“舞台”选项后的色块，在弹出的面板中选择需要的颜色，如图1-28所示。即可修改舞台颜色，如图1-29所示。

至此，完成舞台颜色的设置。

图1-26

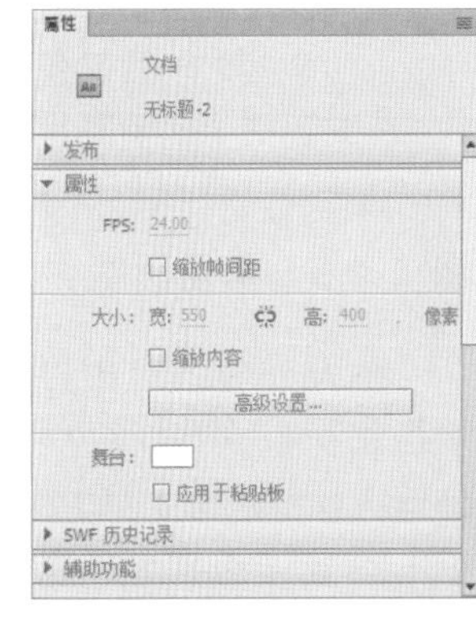

图1-27

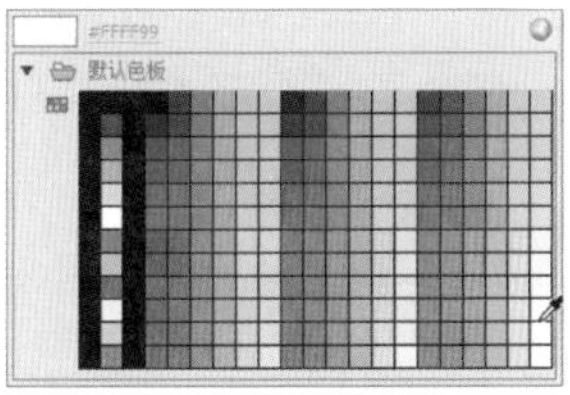

图1-28

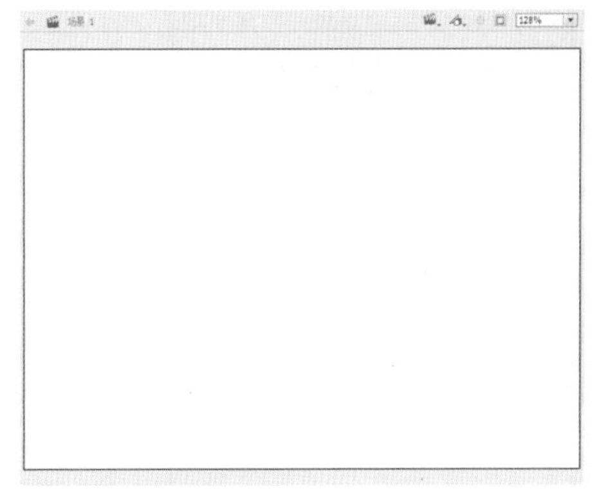

图1-29

1.4.3 工具箱

默认情况下，工具箱位于窗口的左侧，包括选择工具、文本工具、变形工具、绘图工具以及颜色填充工具等，如图 1-30 所示。将鼠标指针移动到对应的工具上，可显示该工具的名称。工具箱的位置可以改变，用鼠标按住工具箱上方的空白区域便可进行随意拖动。

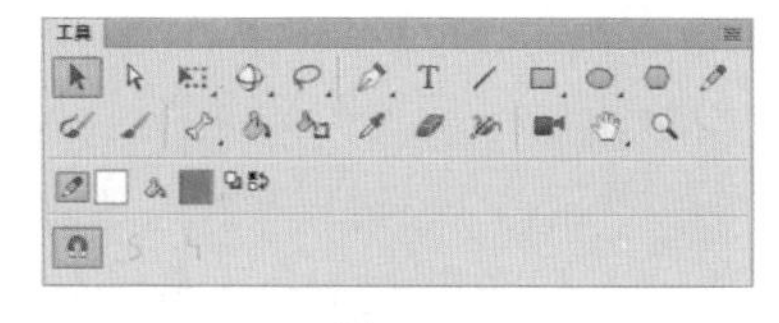

图 1-30

1.4.4 时间轴

时间轴由图层、帧和播放头组成，其主要用于组织和控制文档内容在一定时间内播放的帧数。“时间轴”面板可以分为左右两个区域：左边是图层控制区域，右边是帧控制区域，如图 1-31 所示。

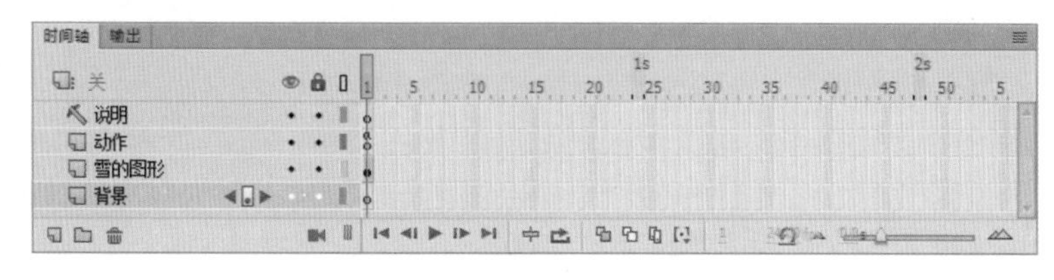

图 1-31

这两个区域的作用分别如下。

◎ 图层控制区域：用于设置整个动画的“空间”顺序，包括图层的隐藏、锁定、插入、删除等。在“时间轴”面板中，图层就像堆叠在一起的多张幻灯片，每个图层都包含一个显示在舞台中的不同图像。

◎ 帧控制区域：用于设置各图层中各帧的播放顺序，它由若干帧单元格构成，每一格代表一个帧，一帧又包含着若干内容，即所要显示的图片及动作。将这些图片连续播放，就能观看到一个动画影片。

1.4.5 常用面板

在 Animate CC 中提供了许多控制面板来帮助用户快速准确地执行特定命令。如图 1-32、图 1-33 所示分别为“属性”面板和“库”面板。

图 1-32

图 1-33

“属性”面板是一个比较特殊的面板，选中不同的对象或工具时，会自动显示相应的属性。“库”面板中则存放有当前文档中用到的项目。

知识点拨

选择“窗口”菜单，在弹出的菜单中选择所需的面板名称，即可打开对应的面板。若想关闭某一面板，右击要关闭的面板标题栏，在弹出的快捷菜单中选择“关闭”命令即可。双击面板左侧的名称可以展开或折叠该面板。

■ 实例：调整面板位置

用户可以根据需要调整面板的位置，既可以将其浮动显示，也可以将其停放。本案例将练习如何调整面板位置。

Step01 新建文档，此时所有打开的面板都停放在工作区中，如图 1-34 所示。

Step02 选择右侧的“属性”面板，移动鼠标至其标题上，按住鼠标将其拖动至舞台中，即可将其浮动显示，如图 1-35 所示。

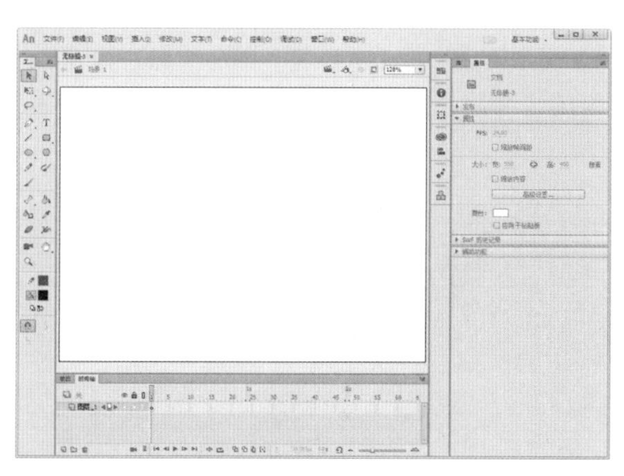

图 1-34

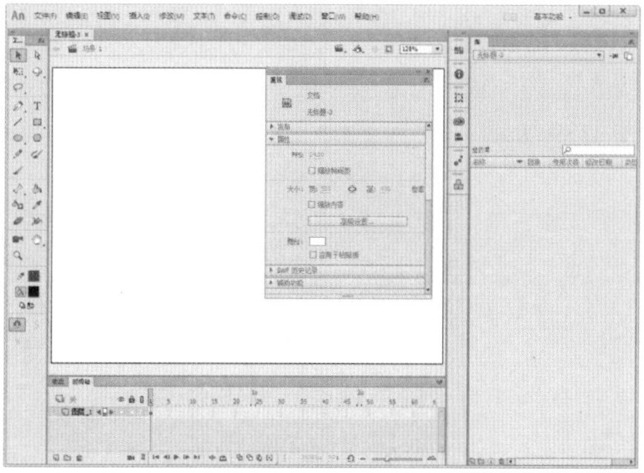

图 1-35

Step03 选中浮动的“属性”面板标题，将其拖曳至“库”面板标题旁边，待出现蓝色框时，如图 1-36 所示，松开鼠标，即可将该面板停放在合适位置，如图 1-37 所示。

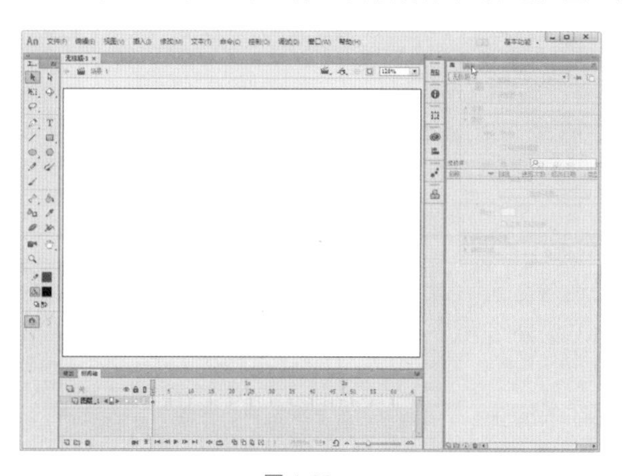

图 1-36

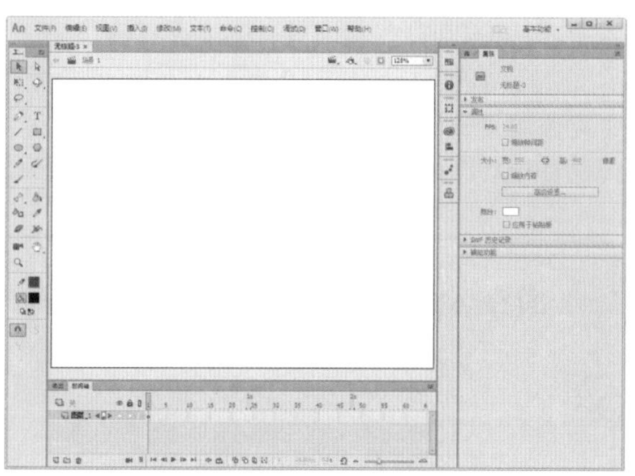

图 1-37

到这里，就完成面板位置的调整。

知识点拨

除了使面板浮动外，拖曳面板标题还可以调整其排列的顺序。

1.5 了解图像的有关知识

图像是 Animate 中最常用的素材之一，用户可以导入 JPG、PNG、GIF 和 BMP 等多种图像格式。本小节将主要介绍矢量图和位图、图像的像素和分辨率等知识。

1.5.1 矢量图与位图

根据图像显示原理的不同，可以将图像分为矢量图和位图两种类型。下面将对此进行讲解。

1. 矢量图

矢量图通过数学方式描述的曲线及曲线围成的色块制作而成。由于这种保存图形信息的方式与分辨率无关，因此无论进行放大或缩小，都具有同样平滑的边缘及一样的视觉细节和清晰度，如图 1-38、图 1-39 所示。

图 1-38

图 1-39

矢量图放大后图像不会失真，文件占用空间较小，适用于图形设计、文字设计、标志设计、版式设计等设计领域。但矢量图难以表现色彩层次丰富的逼真图像效果。常见的矢量图绘制软件有 CorelDRAW、Illustrator 等。

ACAA课堂笔记

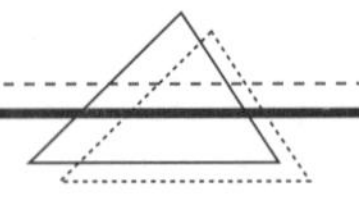

2. 位图

位图也叫像素图，由像素或点的网格组成，这些点可以进行不同的排列和染色以构成图样。当放大位图时，可以看见构成整个图像的无数个小方块，这些小方格被称为像素点，如图 1-40、图 1-41 所示。

图 1-40

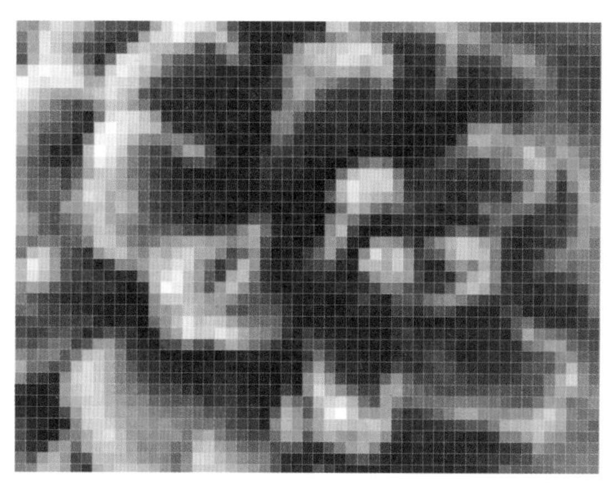

图 1-41

一个像素点是图像中最小的图像元素。一幅位图图像包括的像素可以达到百万个，因此，位图的大小和质量取决于图像中像素点的多少，通常来说，每平方英寸的面积上所含像素点越多，颜色之间的混合也越平滑，同时文件也越大。缩小位图尺寸是通过减少像素来使整个图像变小的。常见的位图编辑软件有 Photoshop、Painter 等。

1.5.2 像素与分辨率

在计算机图像中，像素和分辨率控制了图像的尺寸和清晰度。了解像素和分辨率的基本概念，有助于更好地学习动画的制作。

1. 像素

像素（Pixel）是由 Picture（图像）和 Element（元素）这两个单词的字母所组成，是用来计算数码影像的一种单位，是构成图像的最小单位，是图像的基本元素。放大位图图像时，即可以看到像素，如图 1-42 和图 1-43 所示。构成一张图像的像素点越多，色彩信息越丰富，效果就越好，同时文件所占空间也越大。

图 1-42

图 1-43

2. 分辨率

一般情况下，分辨率分为图像分辨率、屏幕分辨率以及打印分辨率三种。

图像分辨率是指单位长度内所含像素点的数量，单位是“像素每英寸”（ppi）；屏幕分辨率是指显示器上每单位长度显示的像素或点的数量，单位是“点 / 英寸”（dpi）；打印分辨率是指激光打印机（包括照排机）等输出设备产生的每英寸油墨点数（dpi）。

图像的分辨率可以改变图像的精细程度，直接影响图像的清晰度，即图像的分辨率越高，图像的清晰度也就越高，图像占用的存储空间也越大。如图 1-44、图 1-45 所示为不同分辨率的图像效果。

图 1-44

图 1-45

ACAA课堂笔记

1.6 课后练习

一、选择题

1. 制作动画时，最常用的画面比例是（　　）。

A. 3 ∶ 2　　B. 4 ∶ 3

C. 5 ∶ 6　　D. 16 ∶ 9

2. 我们平时在网络上看到的 Animate 动画是（　　）动画，因此使用 Flash 制作的内容一般来说放大数倍仍然很清晰。

A. 像素点　　B. 图片

C. 矢量　　D. 程序

3. Animate 动画中是通过对（　　）的控制，从而使所有的画面实现连续播放，最终形成动画。

A. 时间轴　　B. 图层

C. 舞台　　D. 控制器

4. Animate 软件中默认的帧频为（　　）。

A. 30 帧 / 秒　　B. 24 帧 / 秒

C. 12 帧 / 秒　　D. 29.97 帧 / 秒

二、填空题

1. Animate CC 的工作界面主要包括菜单栏、工具箱、______、______ 和工作区，以及一些常用的面板等。

2. 图像分辨率是指单位长度内所含像素点的数量，单位是 ________。

3. 播放动画时，只有在 ________ 中的对象才能够作为影片输出或打印。

4. ________ 是用来计算数码影像的一种单位，是构成图像的最小单位，是图像的基本元素。

三、操作题

1. 认识 Animate 软件中的面板

（1）在 Animate 软件中有多个面板，合理使用面板可以帮助用户更好地制作动画效果。如图 1-46、图 1-47 所示分别为“颜色”面板和“变形”面板。

（2）操作思路：

Step01 选择“窗口”菜单，打开相应的面板；

Step02 使用面板中的选项，练习制作不同的效果。

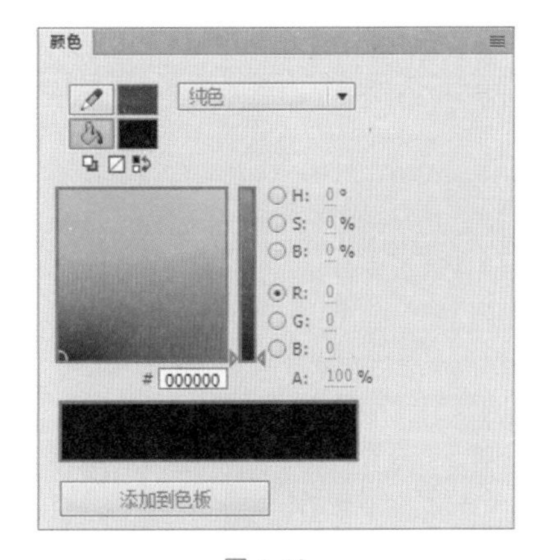

图 1-46

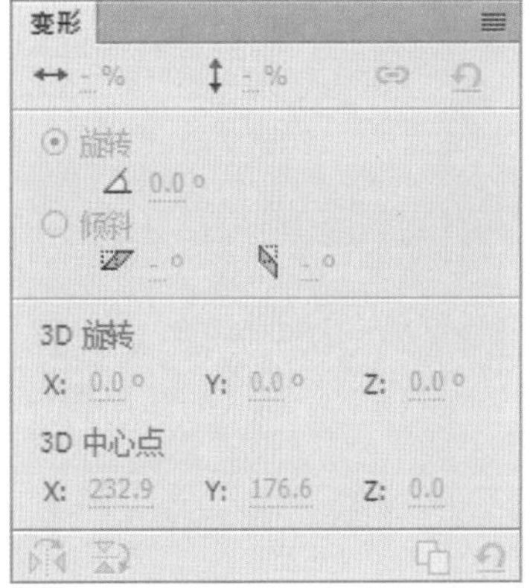

图 1-47

2. 调整工作区颜色

（1）在 Animate 软件中，除了设置舞台颜色外，用户还可以设置工作区颜色与舞台颜色一致，如图 1-48、图 1-49 所示。

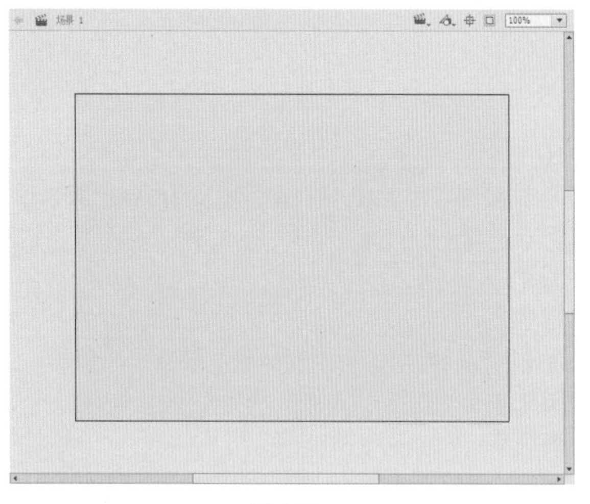

图 1-48

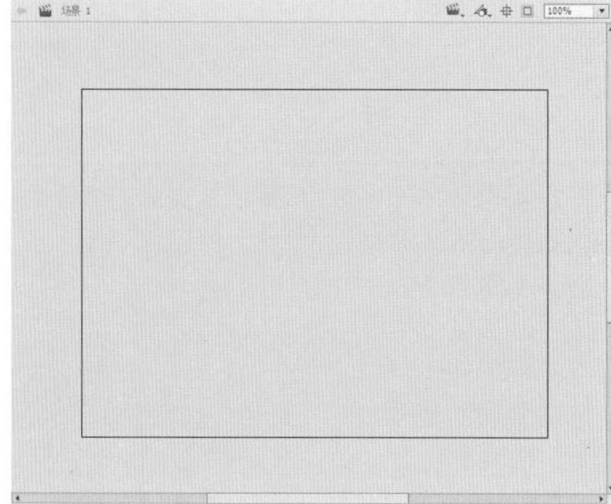

图 1-49

（2）操作思路：

Step01 新建文档，设置舞台颜色；

Step02 在“属性”面板中勾选“应用于粘贴板”复选框即可。

第 2 章 Animate CC基础操作

内容导读

本章主要针对 Animate 软件的基础操作进行讲解，包括文档的新建、文档属性的设置、素材的导入等。通过本章的学习，用户可以学会如何新建并保存动画，以及如何输出动画、测试动画、导出动画等。

学习目标

- 掌握文档的基本操作
- 学会测试与优化影片
- 学会发布影片
- 学会导出文件

2.1 文档的基本操作

在制作动画之前，可以先对 Animate 软件的一些基本操作进行了解。本节将针对文档的属性设置、打开、保存等操作进行介绍。

2.1.1 新建 Animate 文档

用户可以通过初始界面的“新建”区域或执行“文件”｜“新建”命令新建文档。下面将进行具体的介绍。

1. 初始界面“新建”区域

在打开的软件初始界面中找到“新建”区域，在该区域中选择合适的文档类型，即可新建文档，如图 2-1、图 2-2 所示。

图 2-1

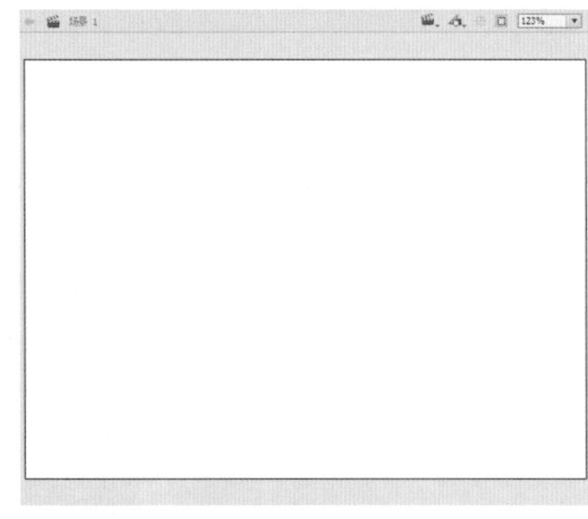

图 2-2

2.“新建”命令

除了通过初始界面新建文档外，还可以执行“文件”｜“新建”命令或按 Ctrl+N 组合键，打开“新建文档”对话框，如图 2-3 所示。在该对话框中可以选择文档类型，设置新建文档的尺寸、单位、背景颜色等参数，完成后单击“确定”按钮，即可根据设置新建文档，如图 2-4 所示。

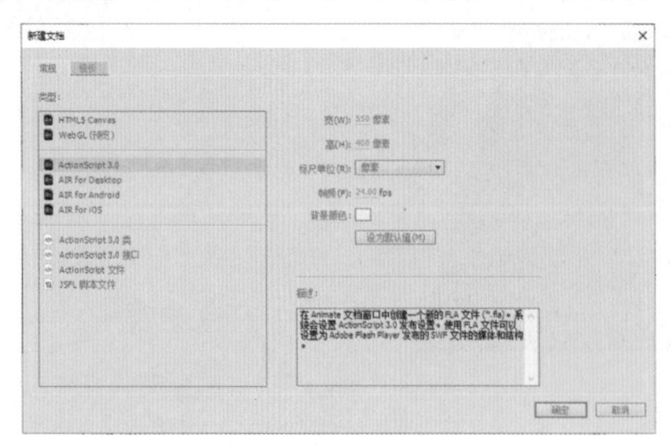

图 2-3

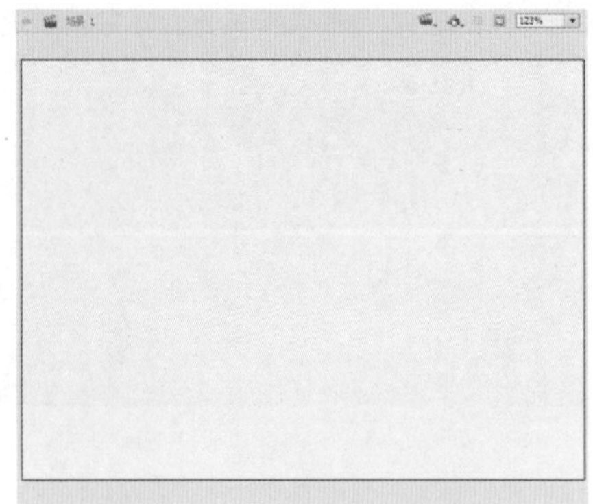

图 2-4

2.1.2 设置文档属性

新建文档后，用户即可以在“属性”面板中对单位、舞台大小、舞台颜色、帧频等参数进行设置。

新建Animate文档，单击“属性”面板中的“高级设置”按钮 高级设置...，打开“文档设置”对话框，如图2-5所示。在该对话框中设置相关属性后单击“确定”按钮，即可更改文档属性设置，如图2-6所示。

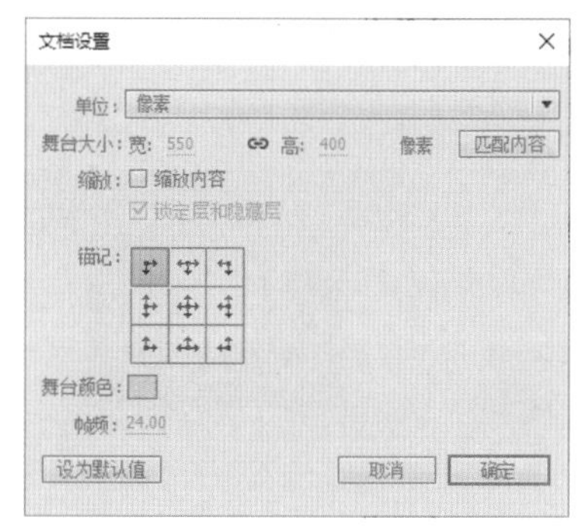

图2-5

图2-6

知识点拨

执行“修改”|“文档”命令，或按Ctrl+J组合键，也可打开“文档设置”对话框。

2.1.3 打开已有文档

Animate CC中有多种打开文档的方法，常用的有以下3种。

◎ 直接在Animate的初始界面上单击“打开”按钮，在弹出的“打开”对话框中选择需要打开的文档。
◎ 直接双击文件夹中的Animate文件图标将其打开。
◎ 通过执行“文件”|“打开”命令，或按Ctrl+O组合键，打开“打开”对话框，选择需要打开的文档。

2.1.4 保存文档

Animate CC中有多种保存文档的方法，常用的有以下3种。

◎ 执行“文件”|“保存”命令，或按Ctrl+S组合键，保存文档。
◎ 执行“文件”|“另存为”命令，或按Ctrl+Shift+S组合键，打开“另存为”对话框，选择合适的位置保存文档。
◎ 执行“文件”|“全部保存”命令。

知识点拨

初次保存文档时，无论执行“保存”命令还是“另存为”命令，都会打开“另存为”对话框，对文档名称及位置进行设置。

2.1.5 将素材导入到库

用户可以将素材导入当前文档的舞台或库中。素材的调用是制作Animate动画的基本技能，在该软件中不但可以导入单张图像，还可以同时导入多张图像。

执行“文件”|“导入”|“导入到库”命令，打开“导入到库”对话框，如图 2-7 所示。在该对话框中选择要导入的对象，单击“打开”按钮，即可在库中看到导入的图像素材，如图 2-8 所示。

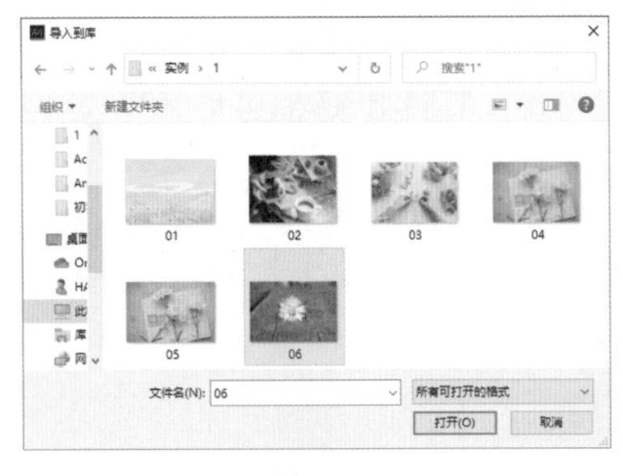

图 2-7

图 2-8

ACAA课堂笔记

实例：导入图像素材

本案例将练习导入图像素材，涉及的知识点包括新建文档、“导入”命令等。

Step01 执行“文件”|“新建”命令，打开“新建文档”对话框，设置文档尺寸为 640 像素 ×480 像素，如图 2-9 所示。完成后单击“确定”按钮，新建文档。

Step02 执行“文件”|“导入”|“导入到库”命令，打开“导入到库”对话框，如图 2-10 所示。

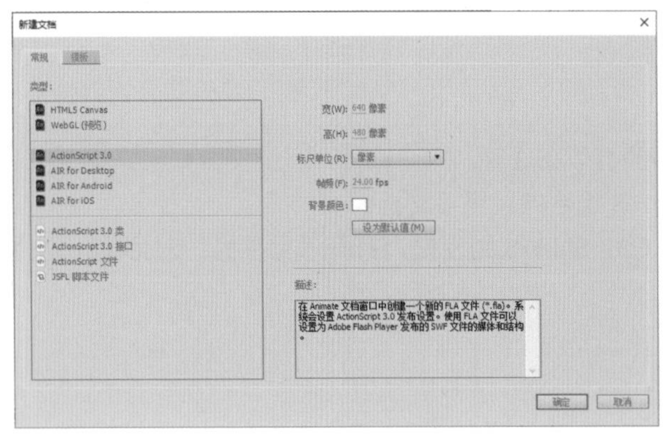

图 2-9

图 2-10

Step03 选中要导入的素材文件，单击“打开”按钮，将选中的素材文件导入至“库”面板中，如图 2-11 所示。

Step04 选中“库”面板中的对象，按住鼠标将其拖曳至舞台中，效果如图 2-12 所示。

至此，就完成图像素材的导入。

图 2-11

图 2-12

知识点拨

执行“文件”|“导入”|“导入到舞台”命令，打开“导入”对话框，选择合适的素材文件后单击“打开”按钮，可直接将素材导入至舞台。

2.2 测试影片

动画制作完成后，就需要将其导出，供其他的应用程序使用。在发布和导出动画之前，需要先对其进行测试。在 Animate 软件中，测试影片分为在测试环境中测试和在编辑模式中测试两种方式。

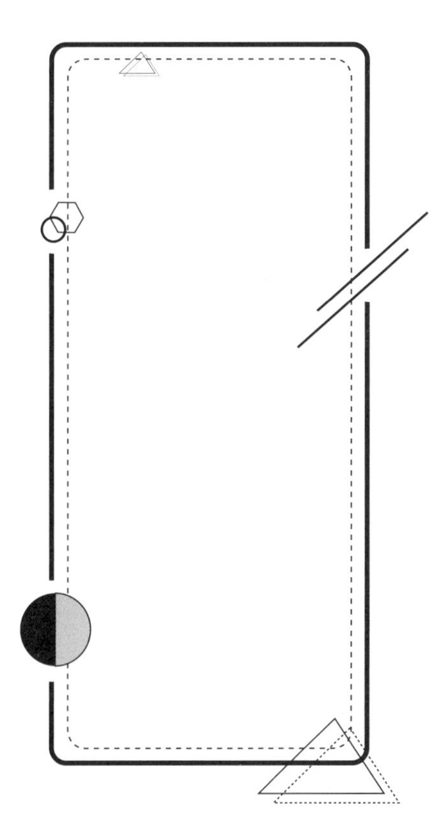

2.2.1 在测试环境中测试

要评估影片、动作脚本或其他重要的动画元素，必须在测试环境下进行，这样可以直观地观看影片的效果，检测动画是否达到设计的要求。执行“控制”|“测试”命令或按 Ctrl+Enter 组合键即可进行测试。

在测试环境中测试的优点是可以完整地测试影片，但是该方式只能完整地播放测试，不能单独选择某一段进行测试。

2.2.2 在编辑模式中测试

除了在测试环境中测试外，用户还可以在编辑环境中进行简单的测试。移动时间线至第 1 帧，执行“控制”|“播放”命令或按 Enter 键，即可在编辑模式中进行测试。下面将介绍在编辑模式中可测试和不可测试的内容。

1. 可测试的内容

在编辑模式下可以测试以下 4 种内容。

（1）按钮状态

可以测试按钮在弹起、按下、触摸和单击状态下的外观。

（2）主时间轴上的声音

播放时间轴时，可以试听放置在主时间轴上的声音（包括那些与舞台动画同步的声音）。

（3）主时间轴上的帧动作

任何附着在帧或按钮上的 goto、play 和 stop 动作都将在主时间轴上起作用。

（4）主时间轴中的动画

主时间轴上的动画（包括形状和动画过渡）起作用。这里说的是主时间轴，不包括影片剪辑或按钮元件所对应的时间轴。

2. 不可测试的内容

在 Animate 软件的编辑环境中，不可测试以下 4 种内容。

（1）影片剪辑

影片剪辑中的声音、动画和动作将不可见或不起作用，只有影片剪辑的第一帧才会出现在编辑环境中。

（2）动作

用户无法测试交互作用、鼠标事件或依赖其他动作的功能。

（3）动画速度

Animate 编辑环境中的重放速度比最终优化和导出的动画慢。

（4）下载性能

用户无法在编辑环境中测试动画在Web上的流动或下载性能。

与在测试环境中测试相比，在编辑环境中测试的优点是方便快捷，可以针对某一段影片进行单独测试。但是该测试方式测试的内容有局限，有一些无法测试的内容。

2.3 优化影片

优化影片，可以减少影片所占用的空间，使用户在下载或播放时更加流畅。本节将对优化影片相关的知识进行介绍。

2.3.1 优化元素和线条

优化元素和线条时需要注意以下 4 点。

◎ 组合元素。

◎ 使用图层将动画过程中发生变化的元素与保持不变的元素分离。

◎ 使用“修改”|“形状”|“优化”命令将用于描述形状的分隔线的数量降至最少。

◎ 限制特殊线条类型的数量，如虚线、点线、锯齿线等。实线所需的内存较少。用铅笔工具创建的线条比用刷子笔触创建的线条所需的内存更少。

ACAA课堂笔记

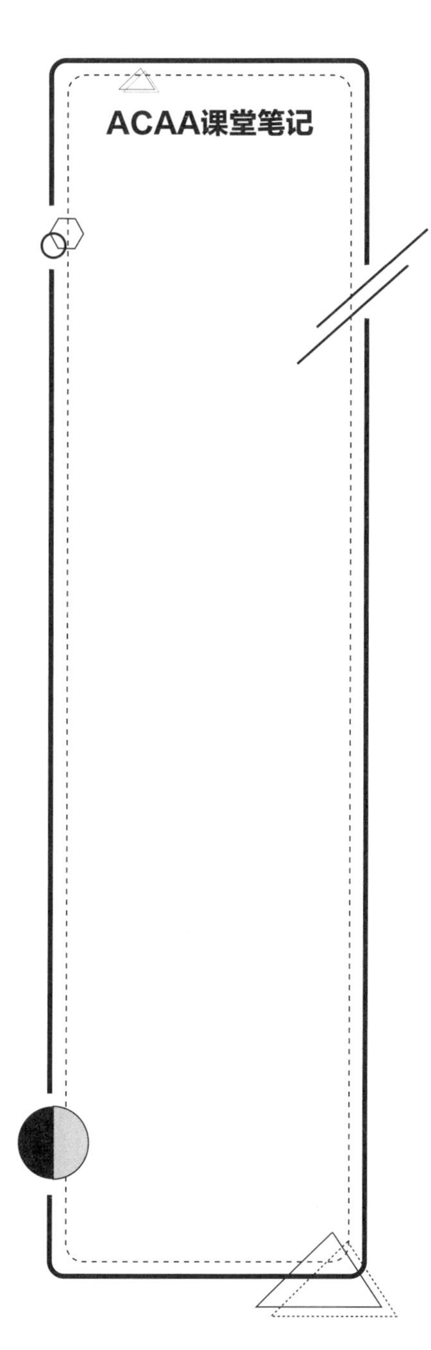

2.3.2 优化文本

优化文本时需要注意以下两点。

◎ 限制字体和字体样式的使用，过多地使用字体或字体样式，不但会增大文件的大小，而且不利于作品风格的统一。

◎ 在嵌入字体选项中，选择嵌入所需的字符，而不要选择嵌入整个字体。

2.3.3 优化动画

优化动画时需要注意以下 6 点。

◎ 对于每个多次出现的元素，将其转换为元件，然后在文档中调用该元件的实例，这样在网上浏览时下载的数据就会变少。

◎ 创建动画序列时，尽可能使用补间动画。补间动画所占用的文件空间要小于逐帧动画，动画帧数越多差别越明显。

◎ 对于动画序列，使用影片剪辑而不是图形元件。

◎ 限制每个关键帧中的改变区域；在尽可能小的区域内执行动作。

◎ 避免使用动画式的位图元素；使用位图图像或者使用静态元素作为背景。

◎ 尽可能使用 mp3 这种占用空间小的声音格式。

2.3.4 优化色彩

优化色彩时需要注意以下 3 点。

◎ 在创建实例的各种颜色效果时，应多使用实例的“颜色样式”功能。使用“颜色”面板，使文档的调色板与浏览器特定的调色板相匹配。

◎ 在对作品影响不大的情况下，减少渐变色的使用，而代之以单色。使用渐变色填充区域比使用纯色填充区域大概多使用 50 个字节。

◎ 尽量少用 Alpha 透明度，它会减慢播放速度。

2.4 发布影片

影片经测试、优化后，就可以利用发布命令将其发布为不同格式的文件，以便于影片的传播。下面将针对影片的发布进行介绍。

2.4.1 发布为 Animate 文件

执行“文件”|“发布设置”命令，或单击“属性”面板中的“发布设置”按钮，打开“发布设置”

对话框，然后切换至 Flash（.swf）选项卡，如图 2-13 所示。

该选项卡中各选项作用如下。

◎ 目标：用于设置播放器版本，默认为 Flash Player 26。

◎ 脚本：用于设置 ActionScript 版本。Animate 仅支持 ActionScript 3.0。

◎ 输出名称：用于设置文档输出名称。

◎ JPEG 品质：用于控制位图压缩，图像品质越低，生成的文件就越小；图像品质越高，生成的文件就越大。值为 100 时图像品质最佳，压缩比最小。

◎ 音频流：用于为 SWF 文件中的声音流设置采样率和压缩。单击“音频流”右侧的链接，即可打开“声音设置”对话框可以根据需要进行设置，如图 2-14 所示。

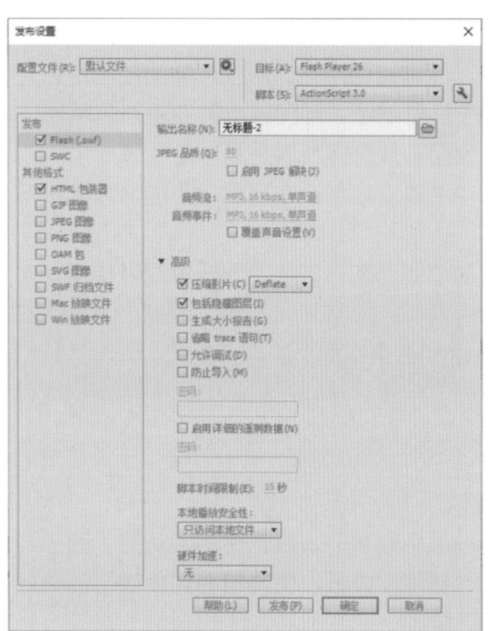

图 2-13

图 2-14

◎ 音频事件：用于为 SWF 文件中的事件声音设置采样率和压缩。单击“音频事件”右侧的链接，即可打开“声音设置”对话框，可以根据需要进行设置。

◎ 覆盖声音设置：勾选该复选框后，将覆盖在“属性”面板的“声音”部分中为个别声音指定的设置。

◎ 压缩影片：该复选框默认为选中状态，用于压缩 SWF 文件以减小文件大小和缩短下载时间。当文件包含大量文本或 ActionScript 时，使用此选项十分有益。经过压缩的文件只能在 Flash Player 6 或更高版本中播放。

◎ 包括隐藏图层：该复选框默认为选中状态，用于导出 Animate 文档中所有隐藏的图层。取消勾选“包括隐藏图层”复选框，将阻止把生成的 SWF 文件中标记为隐藏

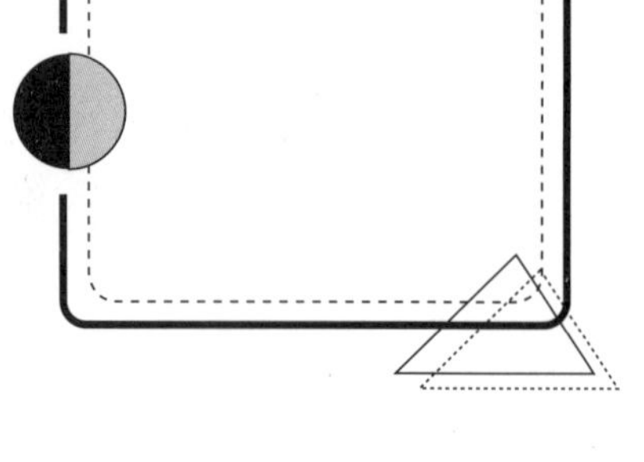

ACAA课堂笔记

的所有图层（包括嵌套在影片剪辑内的图层）导出。这样，用户就可以通过使图层不可见来轻松测试不同版本的 Animate 文档。

◎ 生成大小报告：勾选该复选框后，将生成一个报告，按文件列出最终 Animate 内容中的数据量。

◎ 省略 trace 语句：勾选该复选框后，可使 Animate 忽略当前 SWF 文件中的 ActionScript trace 语句。若勾选该复选框，trace 语句的信息将不会显示在“输出”面板中。

◎ 允许调试：勾选该复选框后，将激活调试器并允许远程调试 Animate SWF 文件。可让用户使用密码来保护 SWF 文件。

◎ 防止导入：勾选该复选框后，将防止其他人导入 SWF 文件并将其转换回 FLA 文档。可使用密码来保护 Animate SWF 文件。

◎ 脚本时间限制：用于设置脚本在 SWF 文件中执行时可占用的最大时间量。在“脚本时间限制”后输入一个数值，Flash Player 将取消执行超出此限制的任何脚本。

◎ 本地播放安全性：用于选择要使用的 Animate 安全模型。指定是授予已发布的 SWF 文件本地安全性访问权，还是网络安全性访问权。“只访问本地文件”可使已发布的 SWF 文件与本地系统上的文件和资源交互，但不能与网络上的文件和资源交互。“只访问网络”可使已发布的 SWF 文件与网络上的文件和资源交互，但不能与本地系统上的文件和资源交互。

◎ 硬件加速：若要使 SWF 文件能够使用硬件加速，可以从“硬件加速”下拉列表中选择选项。第 1 级为直接：“直接”模式通过允许 Flash Player 在屏幕上直接绘制，而不是让浏览器进行绘制，从而改善播放性能。第 2 级为 GPU：在 GPU 模式中，Flash Player 利用图形卡的可用计算能力执行视频播放并对图层化图形进行复合。根据用户的图形硬件的不同，这将提供更高一级的性能优势。

如果播放系统的硬件能力不足以启用加速，则 Flash Player 会自动恢复为正常绘制模式。若要使包含多个 SWF 文件的网页发挥最佳性能，可只对其中的一个 SWF 文件启用硬件加速。在测试影片模式下，不使用硬件加速。在发布 SWF 文件时，嵌入该文件的 HTML 文件包含一个 wmode HTML 参数。选择第 1 级或第 2 级硬件加速会将 wmode HTML 参数分别设置为 direct 或 gpu。打开硬件加速，会覆盖在“发布设置”对话框 HTML 选项卡中选择的“窗口模式”设置，因为该设置也存储在 HTML 文件中的 wmode 参数中。

2.4.2 发布为 HTML 文件

在 Web 浏览器中播放 Animate 内容需要一个能激活 SWF 文件并指定浏览器设置的 HTML 文档。“发布”命令会根据模板文档中的 HTML 参数自动生成此文档。

模板文档可以是包含适当模板变量的任意文本文件，包括纯 HTML 文件、含有特殊解释程序代码的文件或是 Animate 附带的模板。若要手动输入 Animate 的 HTML 参数或自定义内置模板，可使用 HTML 编辑器。HTML 参数确定内容出现在窗口中的位置、背景颜色、SWF 文件大小，等等，并设置 object 和 embed 标签的属性。可以在“发布设置”对话框的 HTML 面板中更改这些设置和其他设置。更改这些设置，会覆盖已在 SWF 文件中设置的选项。

执行“文件”|“发布设置”命令，打开“发布设置”对话框，单击“其他格式”下的“HTML 包装器”，选项卡如图 2-15 所示。

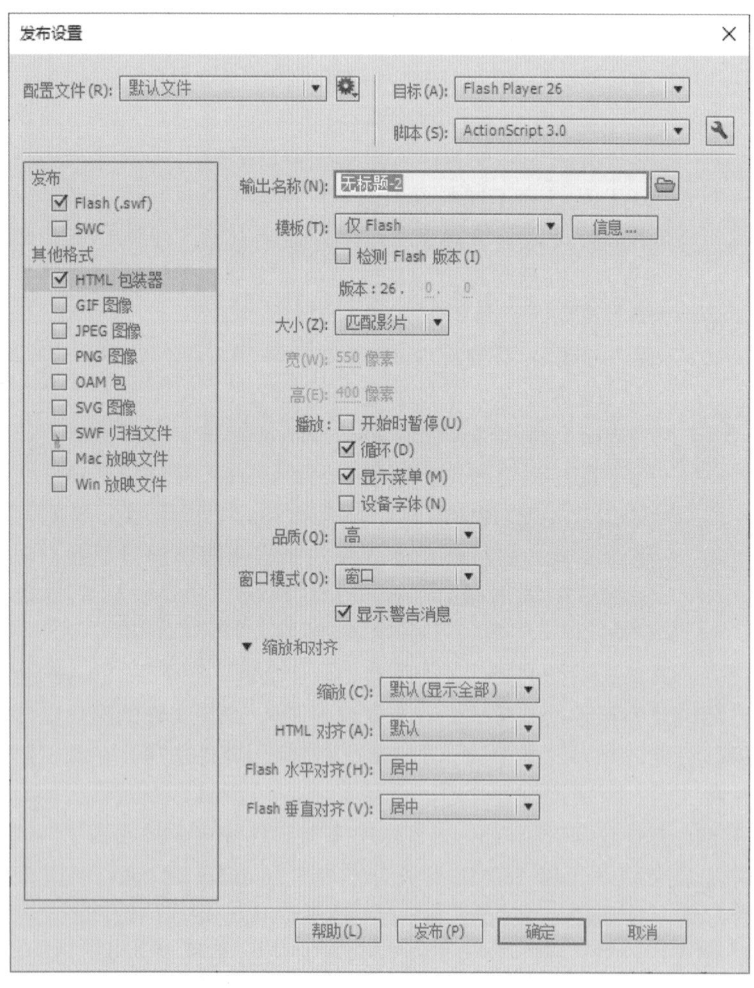

图 2-15

ACAA课堂笔记

下面将介绍该选项卡中的部分选项。

1. 大小

该选项可以设置HTML object和embed标签中宽和高的属性值。

（1）匹配影片：使用SWF文件的大小。

（2）像素：输入宽度和高度的像素数量。

（3）百分比：SWF文件占据浏览器窗口指定百分比的面积。输入要使用的宽度百分比和高度百分比。

2. 播放

该选项可以控制SWF文件的播放和功能。

（1）开始时暂停

勾选该复选框后，会一直暂停播放SWF文件，直到用户单击按钮或从快捷菜单中选择"播放"命令后才开始播放。默认不选中此选项，即加载内容后就立即开始播放（PLAY参数设置为true）。

（2）循环

该复选框默认处于选中状态。勾选后，内容到达最后一帧后再重复播放。取消选择此选项会使内容在到达最后一帧后停止播放。

（3）显示菜单

该复选框默认处于选中状态。用户右击（Windows）或按住Control键并单击（Macintosh）SWF文件时，会显示一个快捷菜单。若要在快捷菜单中只显示"关于Animate"，取消选择此选项。默认情况下，会选中此选项（MENU参数设置为true）。

（4）设备字体（仅限Windows）

勾选该复选框后，会用消除锯齿（边缘平滑）的系统字体替换用户系统上未安装的字体。使用设备字体可使小号字体清晰易辨，并能减小SWF文件的大小。此选项只影响那些包含静态文本（创作SWF文件时创建且在内容显示时不会发生更改的文本）且文本设置为用设备字体显示的SWF文件。

3. 品质

该选项用于确定时间和外观之间的平衡点。

（1）低

使回放速度优先于外观，并且不使用消除锯齿功能。

（2）自动降低

优先考虑速度，但是也会尽可能改善外观。回放开始时，消除锯齿功能处于关闭状态。如果Flash Player检测到处理器可以处理消除锯齿功能，就会自动打开该功能。

（3）自动升高

在开始时是回放速度和外观两者并重，但在必要时会牺牲外观来保证回放速度。回放开始时，消除锯齿功能处于打开状态。

如果实际帧频降到指定帧频之下，就会关闭消除锯齿功能以提高回放速度。若要模拟“视图”|“消除锯齿”设置，使用此设置。

（4）中

会应用一些消除锯齿功能，但并不会平滑位图。“中”选项生成的图像品质要高于“低”设置生成的图像品质，但低于“高”设置生成的图像品质。

（5）高

默认品质为“高”。使外观优先于回放速度，并始终使用消除锯齿功能。如果 SWF 文件不包含动画，则会对位图进行平滑处理；如果 SWF 文件包含动画，则不会对位图进行平滑处理。

（6）最佳

提供最佳的显示品质，而不考虑回放速度。所有的输出都已消除锯齿，而且始终对位图进行光滑处理。

4. 窗口模式

该选项用于控制 object 和 embed 标签中的 HTML wmode 属性。

（1）窗口

默认情况下，不会在 object 和 embed 标签中嵌入任何窗口相关的属性。内容的背景不透明并使用 HTML 背景颜色，HTML 代码无法呈现在 Animate 内容的上方或下方。

（2）不透明无窗口

将 Animate 内容的背景设置为不透明，并遮蔽该内容下面的所有内容，使 HTML 内容显示在该内容的上方或上面。

（3）透明无窗口

将 Animate 内容的背景设置为透明，使 HTML 内容显示在该内容的上方和下方。

（4）直接

当使用直接模式时，在 HTML 页面中，无法将其他非 SWF 图形放置在 SWF 文件的上面。

5. HTML 对齐

该选项用于在浏览器窗口中定位 SWF 文件窗口。

（1）默认

使内容在浏览器窗口内居中显示，如果浏览器窗口小于应用程序，则会裁剪边缘。

（2）左、右、上

将 SWF 文件与浏览器窗口的相应边缘对齐，并根据需要裁剪其余的三边。

6. 缩放

该选项用于在已更改文档原始宽度和高度的情况下将内容放到指定的边界内。

ACAA课堂笔记

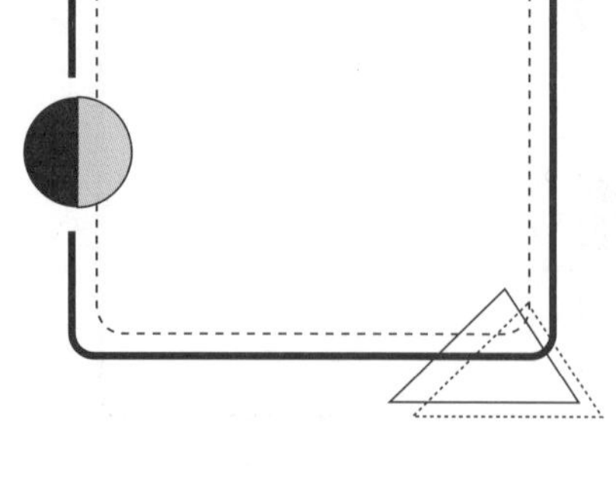

ACAA课堂笔记

（1）默认（显示全部）

在指定的区域显示整个文档，并且保持 SWF 文件的原始高宽比，而不发生扭曲。应用程序的两侧可能会显示边框。

（2）无边框

对文档进行缩放以填充指定的区域，并保持 SWF 文件的原始高宽比，同时不会发生扭曲，并根据需要裁剪 SWF 文件边缘。

（3）精确匹配

在指定区域显示整个文档，但不保持原始高宽比，因此可能会发生扭曲。

（4）无缩放

禁止文档在调整 Flash Player 窗口大小时进行缩放。

2.4.3　发布为 EXE 文件

通过将影片发布为 EXE 文件，可以使用户的影片在没有安装 Animate 应用程序的计算机上能够播放。

执行“文件”｜“发布设置”命令，打开“发布设置”对话框，选择“Win 放映文件”选项卡，单击“输出名称”选项右侧的“选择发布目标”按钮，打开“选择发布目标”对话框，选择合适的位置与名称，如图 2-16 所示。完成后单击“保存”按钮返回到“发布设置”对话框，单击“发布”按钮进行发布或单击“确定”按钮完成设置，再执行“文件”｜“发布”命令即可。

图 2-16

若想发布成 Mac 电脑使用的可执行格式，则选择“Mac 放映文件”选项卡进行设置即可。

知识点拨

Animate 软件常用来制作一些复杂的动画，在动画制作完成时，即可导出动画并进行预览。若在导出动画之后预览发现声音和动画的动作对不上，可以打开“发布设置”对话框，单击“音频流”和“音频事件命令”链接，打开“声音设置”对话框，单击下拉列表按钮，选择ADPCM选项即可，如图 2-17 所示。

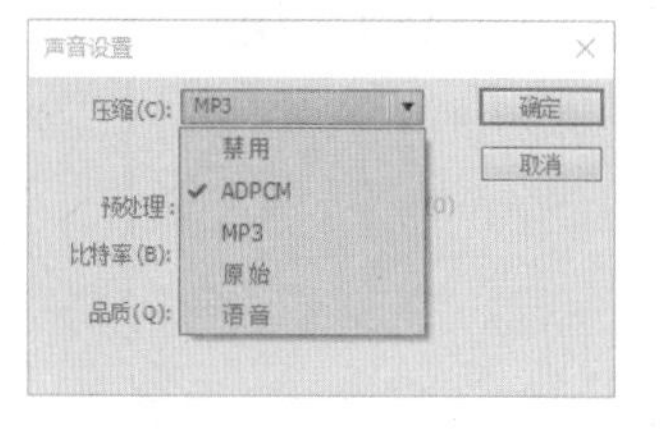

图 2-17

实例：发布 Animate 文件

本案例将练习发布 Animate 文件，涉及的知识点包括打开已有文档、发布设置等。

Step01 执行“文件”｜“打开”命令，打开“打开”对话框，选中本章素材文件，如图 2-18 所示。完成后单击“打开”按钮，打开素材文件。

Step02 执行“文件”｜“发布设置”命令，打开“发布设置”对话框，在该对话框中进行设置，如图 2-19 所示。

图 2-18

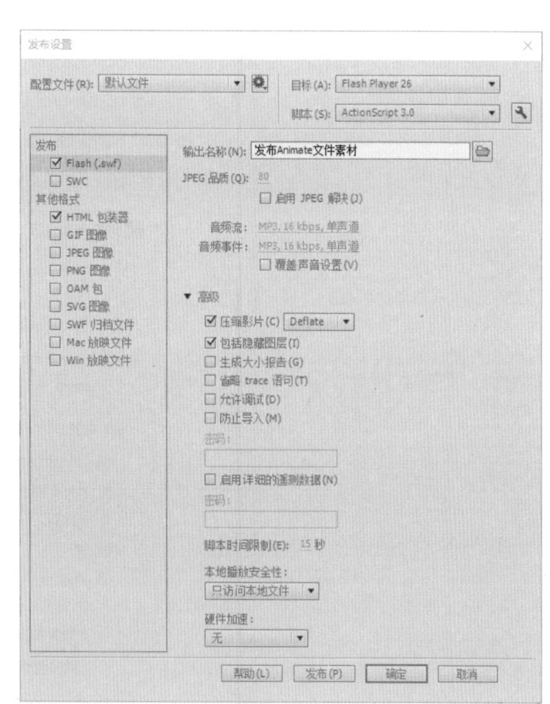

图 2-19

Step03 选择“Win 放映文件”选项卡，单击“输出名称”选项右侧的“选择发布目标”按钮，打开“选择发布目标”对话框，选择合适的位置与名称，如图 2-20 所示。

Step04 完成后单击“保存”按钮，返回到“发布设置”对话框，单击“发布”按钮进行发布，即可在设置的位置找到该文件，如图 2-21 所示。

至此，完成文件的发布。

图 2-20　　　　　　　　图 2-21

2.5 导出文件

用户可以将文档中的内容导出为图像、GIF、SWF 等格式，使用相关的软件可以编辑或打开导出的内容。本节将对此进行介绍。

2.5.1 导出图像

该软件中可以导出 SVG、JPEG、PNG 和 GIF4 种图像格式。下面将针对如何导出图像进行介绍。

1. 导出图像

制作完成 Animate 文档后，执行“文件”|“导出”|“导出图像”命令，打开“导出图像”对话框，如图 2-22 所示。在该对话框中选择合适的格式，并进行设置，完成后单击“保存”按钮，打开“另存为”对话框，如图 2-23 所示。在该对话框中设置参数后单击“保存”按钮即可导出图像。

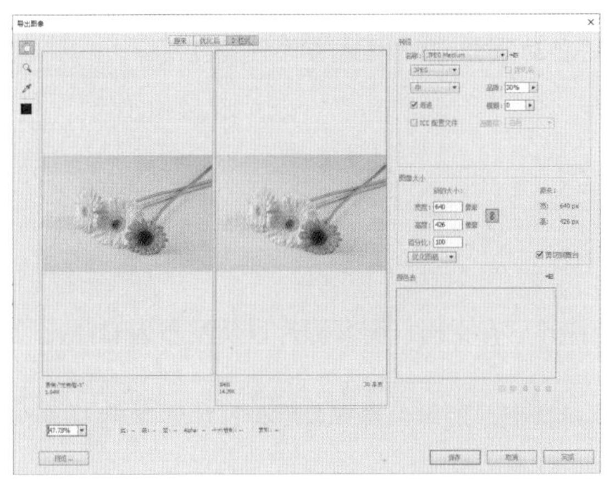

图 2-22

图 2-23

2. 导出图像（旧版）

使用“导出图像（旧版）”命令可以直接打开“导出图像（旧版）”对话框保存文件。

制作完成 Animate 文档后，执行“文件”｜“导出”｜“导出图像（旧版）”命令，打开“导出图像（旧版）”对话框，如图 2-24 所示。选择合适的保存位置、名称以及保存类型，即可导出图像。

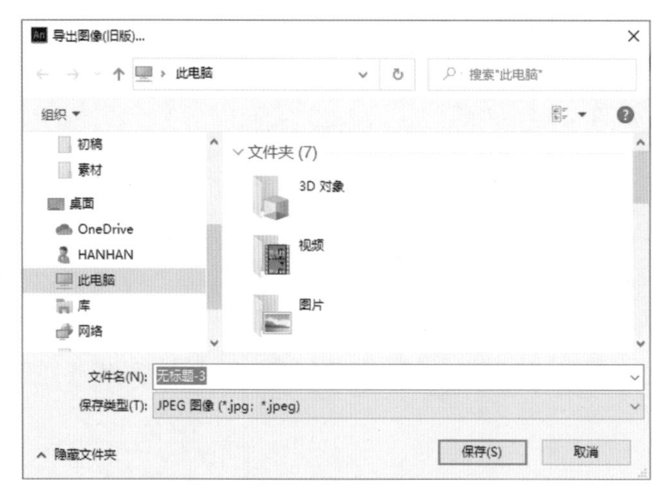

图 2-24

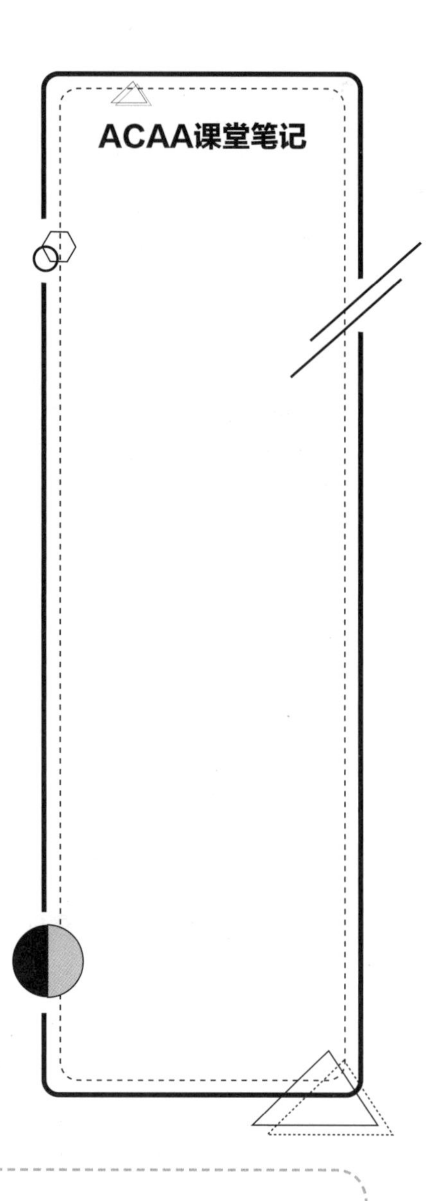

2.5.2　导出影片

“导出影片”命令可以将动画导出为包含画面、动作和声音等全部内容的动画文件。执行“文件”｜“导出”｜“导出影片”命令，打开“导出影片”对话框，选择 SWF 格式保存即可。

知识点拨

保存文件后，按 Ctrl+Enter 组合键测试影片，将自动导出 SWF 格式文件。

2.6 课堂实战：网站导航的发布

本案例将练习发布网站导航，涉及的知识点包括打开已有文档、测试影片以及发布为 HTML 文件等。

Step01 执行“文件”｜“打开”命令，打开“打开”对话框，选中本章素材文件，如图 2-25 所示。完成后单击“打开”按钮，打开素材文件，如图 2-26 所示。

图 2-25

图 2-26

Step02 按 Ctrl+Enter 组合键测试影片，效果如图 2-27、图 2-28 所示。

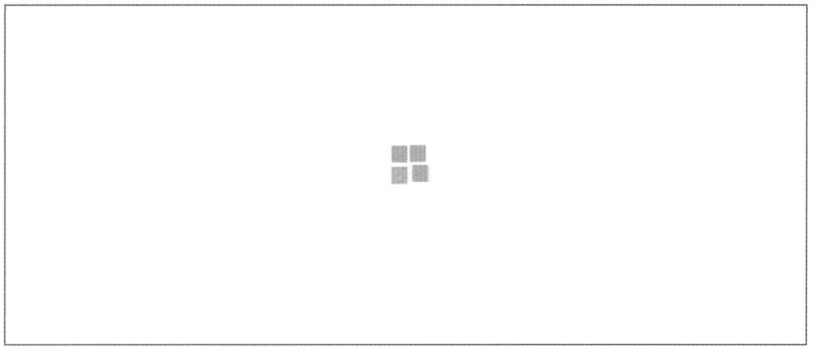

图 2-27

图 2-28

Step03 执行“文件”｜“发布设置”命令，打开“发布设置”对话框，单击“其他格式”下的“HTML 包装器”，并进行设置，如图 2-29 所示。

Step04 完成后单击“发布”按钮，即可按照设置发布影片，如图 2-30 所示。

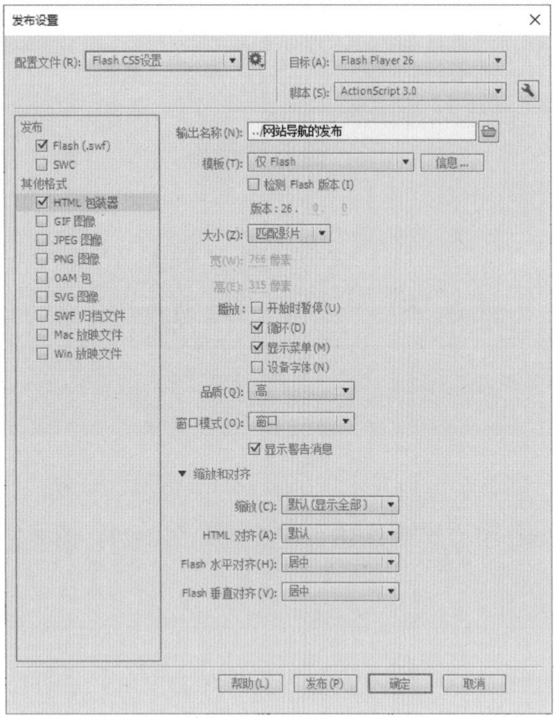

图 2-29

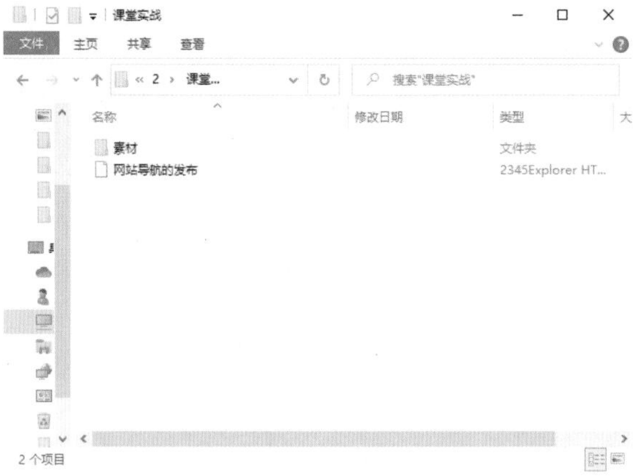

图 2-30

Step05 执行“文件”｜“另存为”命令，打开“另存为”对话框，选择合适的位置保存文档，如图 2-31 所示。

图 2-31

至此，完成网站导航的发布。

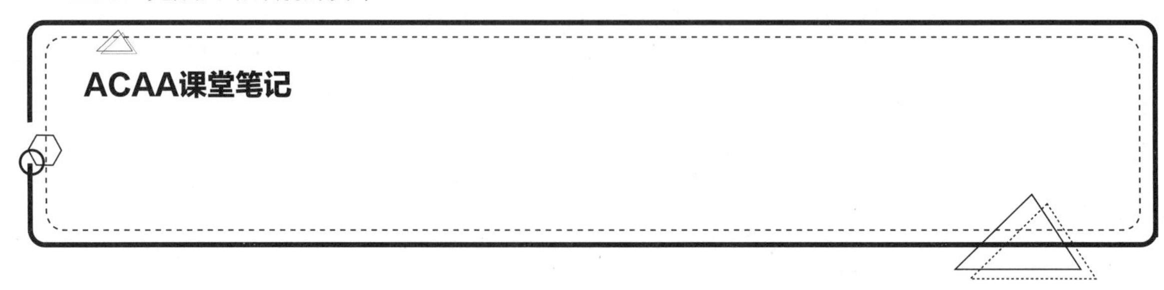

2.7 课后练习

一、选择题

1. 制作完成后，输出的 Animate 影片文件是（　　）格式。

A. .fla　　B. .swf

C. .avi　　D. .flv

2. 在制作 Animate 动画时，我们需要将众多的素材合理地运用到动画中，使动画能够更精彩，下面（　　）是不需要搜集的素材。

A. 影片剪辑　　B. 图片

C.asp 文件　　D. 音乐

3. 若需要在没有安装 Animate 插件的电脑中播放动画效果，需要将其发布为（　　）格式。

A. SWF 文件　　B. HTML 文件

C. FLA 文件　　D. EXE 文件

二、填空题

1. 按________键将在编辑模式下测试影片。

2. 若想将动画发布成 MAC 电脑使用的可执行格式，需要选择________选项卡进行设置。

3. 执行“控制” | “测试”命令或按________组合键可以在测试环境中进行测试。

4. 保存文件后，按 Ctrl+Enter 组合键测试影片，将自动导出________文件。

三、操作题

1. 导出 GIF 格式动画

（1）本案例将练习导出 GIF 格式动画，效果如图 2-32、图 2-33 所示。

图 2-32

图 2-33

（2）操作思路：

Step01 打开素材文件，按 Ctrl+Enter 组合键测试效果；

Step02 执行“文件” | “导出” | “导出动画 GIF”命令，打开“导出图像”对话框进行设置即可。

2. 发布为 EXE 文件

（1）本案例将练习将文档发布为 EXE 文件，以便于用户在没有安装 Animate 应用程序的计算机中播放。如图 2-34、图 2-35 所示为播放效果。

图 2-34

图 2-35

（2）操作思路：

Step01 打开素材文件，按 Ctrl+Enter 组合键测试效果；

Step02 执行“文件”｜“发布设置”命令，打开“发布设置”对话框，选择“Win 放映文件”选项卡进行设置，完成后发布即可。

第3章 绘制与编辑图形

内容导读

Animate 软件中包括多种绘图工具，通过这些绘图工具，用户可以绘制矢量图形并进行编辑，得到需要的效果。本章将针对图形的绘制与编辑进行详细的介绍，通过本章的学习，可以帮助用户掌握绘图工具的使用，学会如何编辑图形对象等。

学习目标

- 学会使用辅助工具
- 学会使用绘图工具
- 学会填充颜色
- 学会编辑图形对象
- 掌握修饰图形对象的方法

3.1 常用辅助工具

在制作动画时，可以使用标尺、网格、辅助线等辅助工具对某些对象进行精确定位。本节将对这三种工具的使用与设置进行介绍。

3.1.1 标尺

执行“视图”｜“标尺”命令，或按Ctrl+Alt+Shift+R组合键，即可打开标尺，如图3-1所示。舞台的左上角是标尺的零起点。再次执行“视图”｜“标尺”命令或按相应的组合键，即可将其隐藏。

一般情况下，标尺的度量单位是像素，用户也可以根据使用习惯更改其度量单位。执行“修改”｜“文档”命令，打开“文档设置”对话框，在该对话框中设置“单位”即可，如图3-2所示。

图3-1

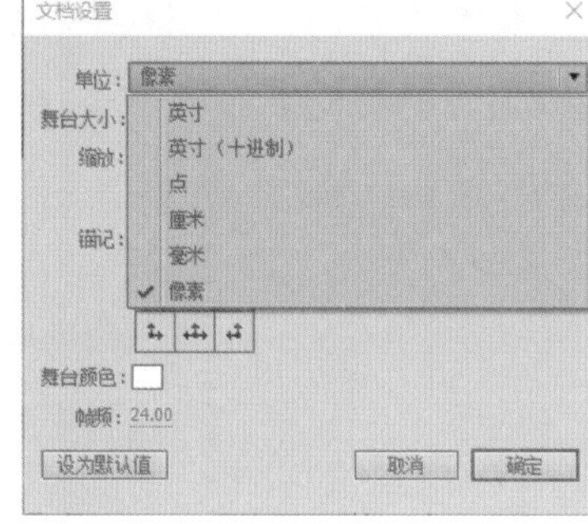

图3-2

3.1.2 网格

执行“视图”｜“网格”｜“显示网格”命令，或按Ctrl+’组合键，即可显示网格，如图3-3所示。再次执行该命令，可将网格隐藏。

执行“视图”｜“网格”｜“编辑网格”命令，或按Ctrl+Alt+G组合键，可以打开“网格”对话框，如图3-4所示。在该对话框中可以对网格的颜色、间距和贴紧精确度等选项进行设置，以满足不同用户的需求。若勾选“贴紧至网格”复选框，则可以紧贴水平和垂直网格线绘制图形，即使网格不可见，也可以紧贴网格线绘制图形。

图3-3

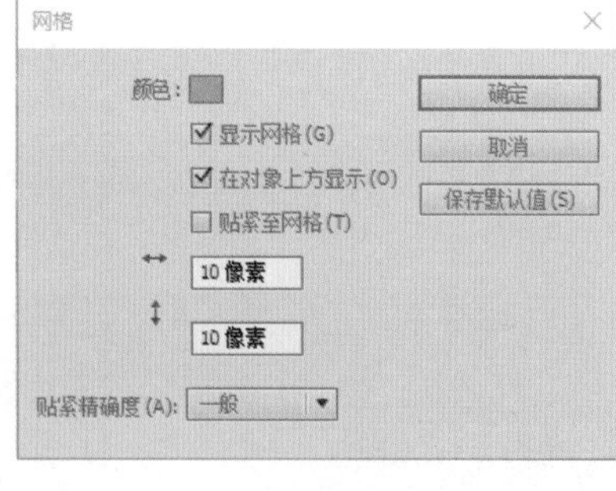

图3-4

3.1.3 辅助线

在添加辅助线之前，需要先显示标尺。标尺显示后，执行“视图”｜“辅助线”｜“显示辅助线”命令，或按Ctrl+;组合键，可以显示或隐藏辅助线。在水平标尺或垂直标尺上按住鼠标向舞台拖动，即可添加辅助线，辅助线的默认颜色为蓝色，如图3-5所示。

执行“视图”｜“辅助线”｜“编辑辅助线”命令，打开“辅助线”对话框，如图3-6所示。在该对话框中可以对辅助线进行编辑，如调整辅助线颜色、锁定辅助线和贴紧至辅助线等。

知识点拨

若想删除单个辅助线，选中该辅助线将其拖曳至标尺上即可；若想删除当前场景中的所有辅助线，执行“视图”|“辅助线”|“清除辅助线”命令即可。

图 3-5

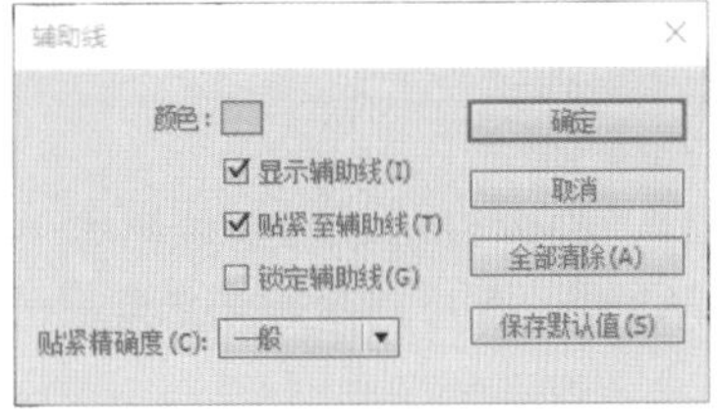

图 3-6

3.2 常见绘图工具

Animate 软件中包括多种绘图工具，可以方便快捷地绘制各种矢量图形。下面将对常见绘图工具进行介绍。

3.2.1 线条工具

线条工具 是专门用于绘制直线的工具。选择工具箱中的线条工具，在舞台中按住鼠标左键并拖曳，当直线达到需要的长度和斜度时，释放鼠标即可。使用线条工具可以绘制出各种直线图形，并且可以对直线的样式、粗细程度和颜色等进行设置，如图 3-7 所示为绘制的不同样式的直线。

选择工具箱中的线条工具 后，在其对应的“属性”面板中可以设置线条的属性，如图 3-8 所示。

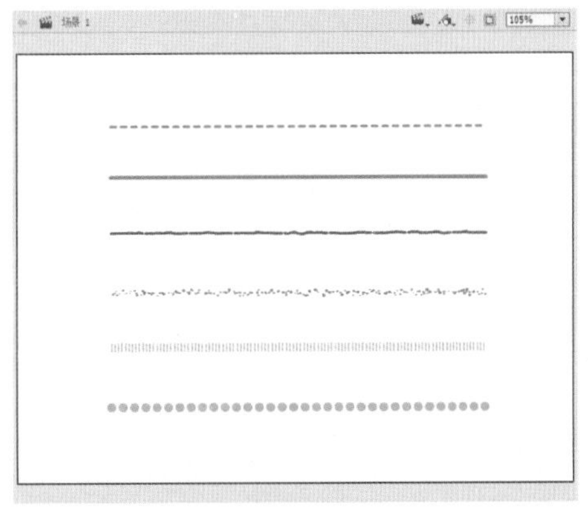

图 3-7

图 3-8

在线条工具的“属性”面板中，部分常用选项作用如下。

◎ 笔触颜色 ：用于设置所绘线段的颜色。

◎ 笔触：用于设置线段的粗细。

◎ 样式：用于设置线段的样式。

◎ 编辑笔触样式 ：单击该按钮，打开“笔触样式”对话框，如图 3-9 所示。从中可以对线条的类型等属性进行设置。

◎ 缩放：用于设置在 Player 中笔触缩放的类型。

◎ 提示：勾选该复选框，可以将笔触锚记点保持为全像素，防止出现模糊线。

◎ 端点：用于设置线条端点的形状，包括“无”“圆角”和“方形”。

◎ 接合：用于设置线条之间接合的形状，包括“尖角”“圆角”和“斜角”。

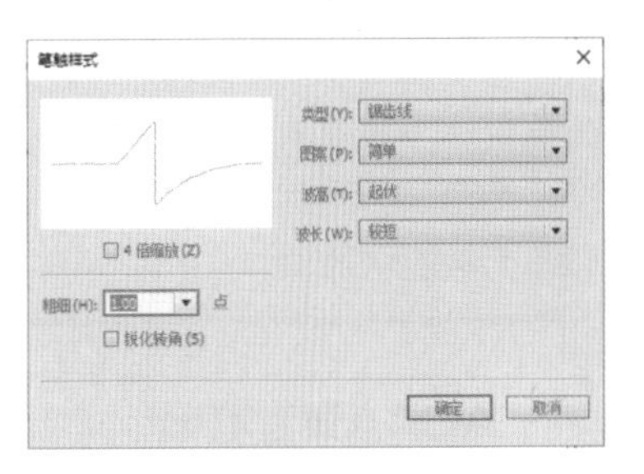

图 3-9

直线绘制完成后，若想对其颜色、类型等进行修改，也可以选中绘制的直线，在“属性”面板中进行设置，如图 3-10 所示。

图 3-10

知识点拨

直线的绘制技巧

在绘制直线时，按住 Shift 键可以绘制水平线、垂直线和 45° 斜线；按住 Alt 键，则可以绘制任意角度的直线。

3.2.2 铅笔工具

选择工具箱中的铅笔工具，在舞台上单击鼠标，按住鼠标不放并拖曳，即可绘制出线条，如图 3-11 所示。若想绘制平滑或者伸直的线条，可以在工具箱下方的选项区域中为铅笔工具选择一种绘画模式，如图 3-12 所示。

铅笔工具的 3 种绘图模式的作用分别如下。

◎ 伸直：选择该绘图模式，当绘制出近似的正方形、圆、直线或曲线等图形时，Animate 将根据它的判断调整成规则的几何形状。

◎ 平滑：用于绘制平滑曲线。在“属性”面板可以设置平滑参数。

◎ 墨水：用于随意地绘制各类线条，这种模式不对笔触进行任何修改。

图 3-11

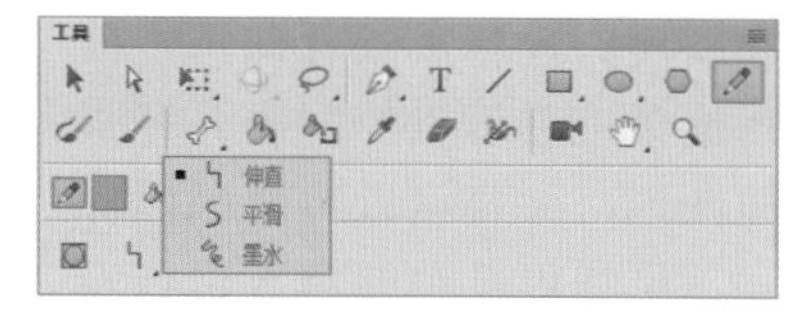

图 3-12

3.2.3 矩形工具

矩形工具组包括矩形工具和基本矩形工具两种。下面将对这两种工具进行详细介绍。

1. 矩形工具

矩形工具用于绘制长方形和正方形。选择工具箱中的矩形工具，或按 R 键切换至矩形工具，在舞台中单击鼠标左键并拖曳，当达到合适的位置时，释放鼠标即可绘制矩形。在绘制矩形过程中，按住 Shift 键可以绘制正方形，如图 3-13、图 3-14、图 3-15 所示分别为绘制的正方形、无填充的正方形和无边正方形。

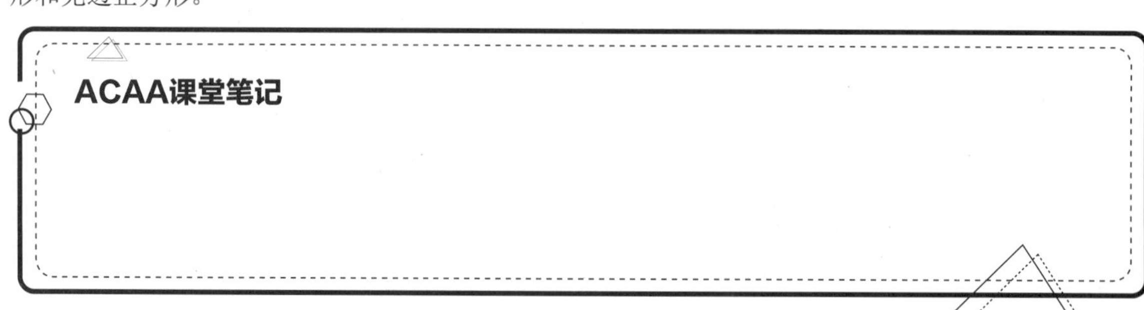

图 3-13

图 3-14

图 3-15

选择工具箱中的矩形工具，在“属性”面板中可以对其属性进行设置，如图 3-16 所示。

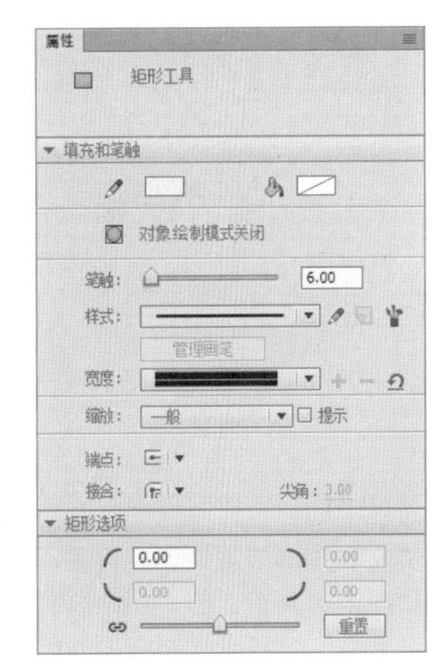

图 3-16

2. 基本矩形工具

基本矩形工具和矩形工具作用是一样的，但是前者在创建形状时与后者又有所不同，会将形状绘制为独立的对象。创建基本形状后，可以选择舞台上的形状，然后调整“属性”面板中的参数来更改半径和尺寸。

在矩形工具组上单击并按住鼠标左键，在弹出的菜单中选择“基本矩形工具”，在舞台上拖动鼠标，即可绘制基本矩形，此时绘制的矩形有四个节点，用户可以直接拖动节点或在“属性”面板的“矩形选项”区域中设置参数来改变矩形的边角，如图 3-17、图 3-18 所示。

使用选择工具选择绘制好的基本矩形时，可在“属性”面板中进一步修改形状或指定填充和笔触颜色。

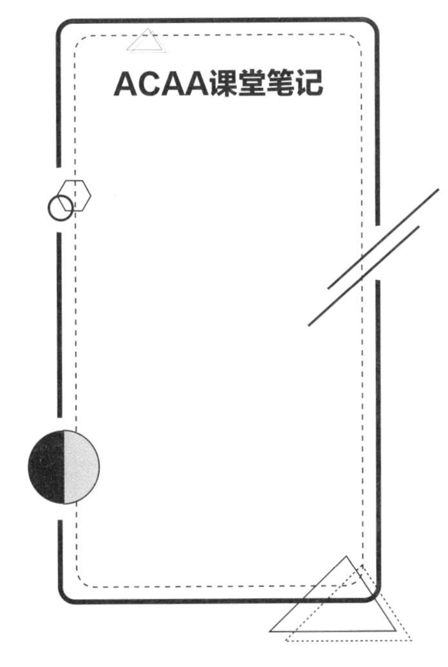

图 3-17

图 3-18

知识点拨

用户在使用基本矩形工具绘制基本矩形时，按↑键和↓键可以改变圆角的半径。

3.2.4 椭圆工具

椭圆工具组包括椭圆工具和基本椭圆工具两种。下面将对这两种工具进行详细介绍。

1. 椭圆工具

椭圆工具可用于绘制正圆或者椭圆。合理地使用椭圆工具，可以绘制出各式各样简单却生动的图形。

选择工具箱中的椭圆工具可或按 O 键切换至椭圆工具，在舞台中按住鼠标左键并拖曳，当图形达到所需形状及大小时，释放鼠标即可绘制椭圆。在绘制椭圆之前或在绘制过程中，按住 Shift 键可以绘制正圆。如图 3-19、图 3-20、图 3-21 所示分别为圆、无填充的圆和无边圆。

图 3-19

图 3-20

图 3-21

选中椭圆工具，在“属性”面板中同样可以对椭圆工具的填充和笔触等属性进行设置，如图 3-22 所示。在“椭圆选项”区域中，可以设置椭圆的开始角度、结束角度和内径等，如图 3-23 所示。

在“椭圆选项”区域中，各选项的含义介绍如下。

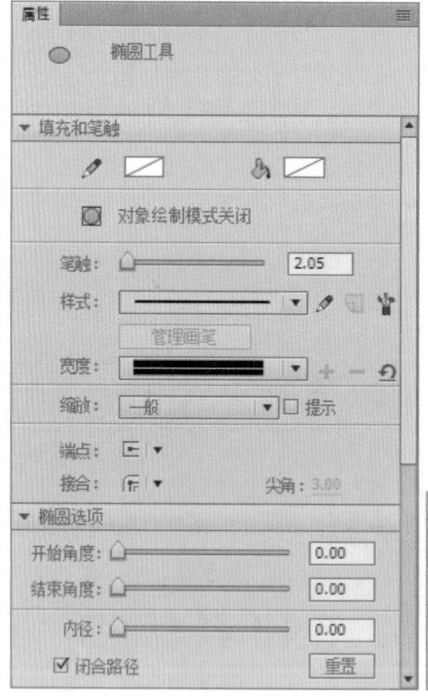

图 3-22

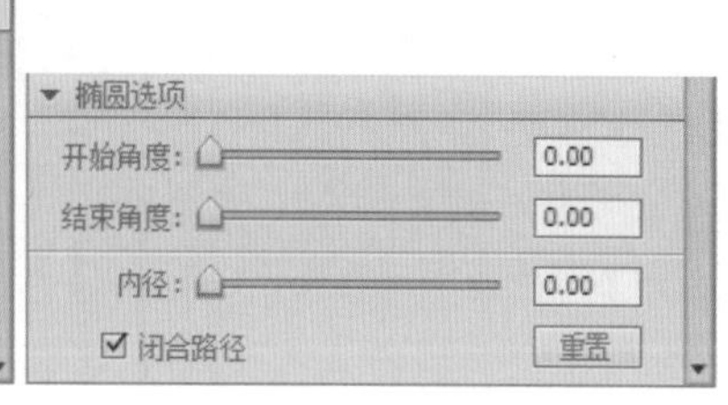

图 3-23

- ◎ 开始角度 / 结束角度：用于绘制扇形以及其他有创意的图形。
- ◎ 内径：参数值范围为 0 ～ 99。为 0 时绘制的是填充的椭圆；为 99 时绘制的是只有轮廓的椭圆；为中间值时绘制的是内径不同大小的圆环。
- ◎ 闭合路径：确定图形闭合与否。
- ◎ 重置：重置椭圆工具的所有控件，并将在舞台上绘制的椭圆形状恢复为原始大小和形状。

2. 基本椭圆工具

在椭圆工具组上单击并按住鼠标左键，在弹出的菜单中选择“基本椭圆工具”，在舞台上拖动鼠标，即可绘制基本椭圆。

按住 Shift 键并拖动鼠标，释放鼠标即可绘制正圆。此时绘制的图形有节点，用户可以直接拖动节点或在“属性”面板的椭圆选项中设置参数，如图 3-24 所示，即可改变形状，如图 3-25 所示。

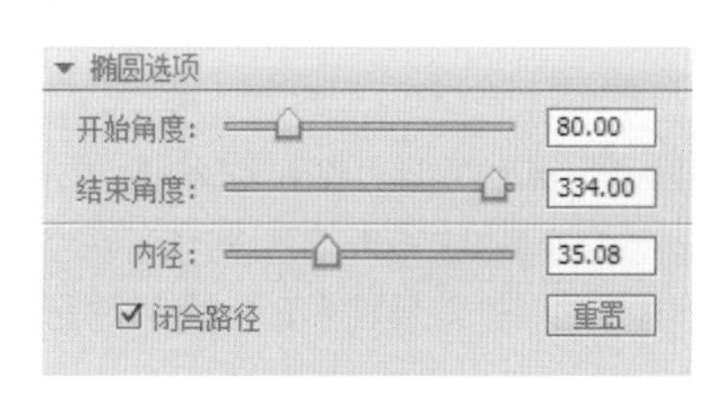

图 3-24

图 3-25

知识点拨

基本矩形工具和基本椭圆工具创建的图形可以通过“打散”命令（选中后按 Ctrl+B 组合键）得到普通矩形和椭圆。

3.2.5 多角星形工具

多角星形工具可以在舞台中绘制多边形或多角星。选中工具箱中的多角星形工具，在舞台上拖动即可创建图形。此时“属性”面板即显示多角星形的相关属性，如图 3-26 所示。若单击“选项”按钮，则将打开如图 3-27 所示的“工具设置”对话框，在该对话框中可修改图形样式等参数。

在“工具设置”对话框的“样式”下拉列表中可选择多边形或星形，在“边数”文本框中输入数据确定形状的边数。选择“星形”样式时，可以通过改变“星形顶点大小”数值来改变星形的形状，如图 3-28 所示分别为不同设置绘制的图形。

图 3-26

图 3-27

图 3-28

知识点拨

“星形顶点大小”只针对星形样式，输入的数字越接近0，创建的顶点就越深。若是绘制多边形，则一般保持默认设置。

3.2.6 画笔工具

在Animate中有两种画笔工具，即画笔工具（Y）和画笔工具（B）。这两种画笔工具作用类似，都可以绘制任意形状的图形，但不同的是画笔工具（Y）可以通过沿绘制路径应用所选艺术画笔的图案，绘制出风格化的画笔笔触，而画笔工具（B）绘制的形状是色块。下面将针对这两种画笔工具进行介绍。

1. 画笔工具（Y）

画笔工具（Y）可以使用类似于Illustrator软件中常用的艺术画笔和图案画笔，绘制出风格化的画笔笔触，如图3-29、图3-30所示。

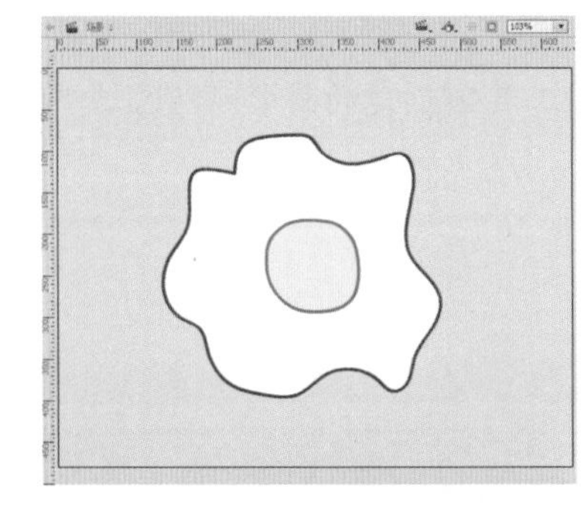

图 3-29

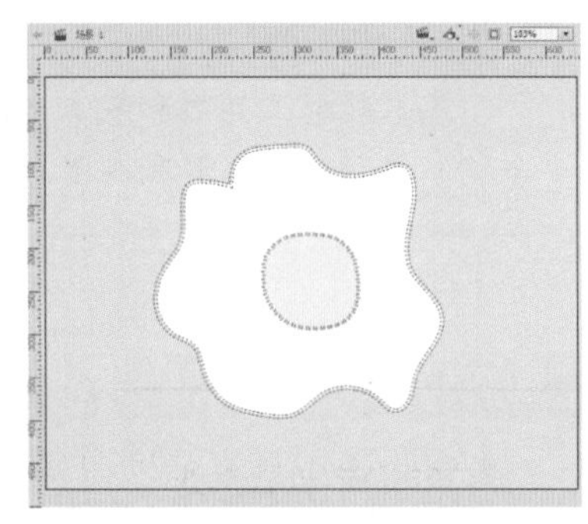

图 3-30

选择工具箱中的画笔工具（Y），在“属性”面板中可以对其属性参数进行设置，如图3-31所示。

“属性”面板中部分选项作用如下。

◎ 对象绘制：用于设置是否采用对象绘制模式。

◎ 编辑笔触样式：单击该按钮可打开“画笔选项”对话框，如图3-32所示。在该对话框中可以对画笔笔触进行设置。

◎ 画笔库：单击该按钮可以打开“画笔库”面板，如图3-33所示。在该面板中选择合适的画笔双击，即可添加到文档。

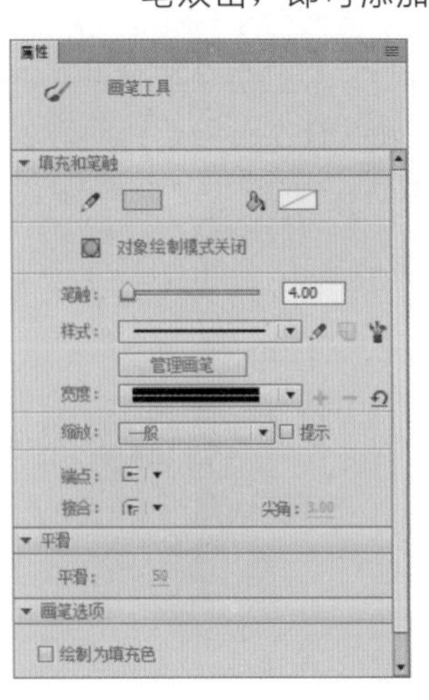

图 3-31

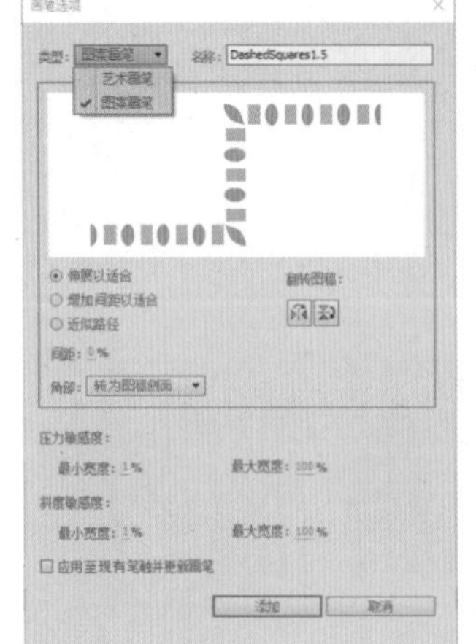

图 3-32

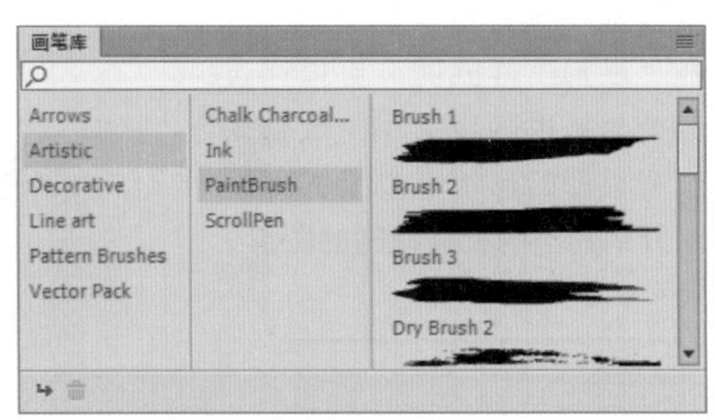

图 3-33

2. 画笔工具（B）

画笔工具（B）可用于绘制色块，用户可以根据需要自定义画笔，在项目中制作更为丰富的效果。

选中工具箱中的画笔工具（B）或按 B 键，切换至画笔工具，在“属性”面板中可设置其属性，如图 3-34 所示。在该面板中，除了可以设置填充和笔触外，还可以对绘制形状的平滑度进行设置。设置完成后，在舞台上拖动鼠标即可绘制需要的图形。

“画笔形状”区域部分选项作用如下。

◎ 画笔形状：用于选择画笔形状。如图 3-35 所示为 Animate 软件中自带的画笔形状。

◎ 添加自定义画笔形状：单击该按钮后，将打开“笔尖选项”对话框，如图 3-36 所示。在该对话框中进行设置，完成后单击“确定”按钮即可按照设置添加画笔形状。

◎ 删除自定义画笔形状：单击该按钮，将删除选中的自定义画笔，此操作不可逆。

图 3-34

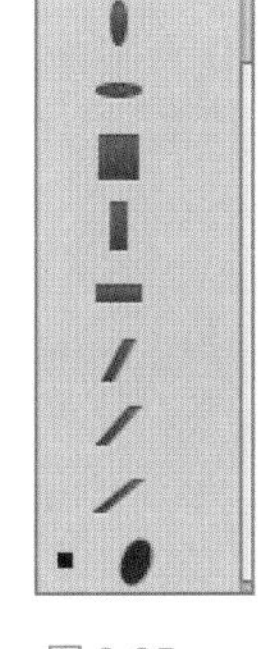

图 3-35

图 3-36

◎ 编辑自定义画笔形状：单击该按钮，将打开“笔尖选项”对话框对当前选中画笔的形状进行设置。

◎ 大小：用于设置画笔大小。

除了在“属性”面板中设置外，用户还可以选中工具箱中的画笔工具（B），在工具箱下方的选项区域中可以设置画笔模式，如图 3-37 所示。

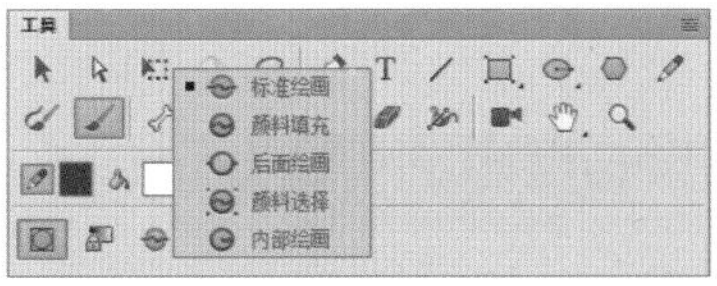

图 3-37

这 5 种画笔模式作用分别如下。

◎ 标准绘画：使用该模式绘图，在笔刷所经过的地方，线条和填充全部被笔刷填充所覆盖。

◎ 颜料填充：使用该模式只能对填充部分或空白区域填充颜色，不会影响对象的轮廓。

◎ 后面绘画：使用该模式可以在舞台上同一层中的空白区域填充颜色，不会影响对象的轮廓和填充部分。

◎ 颜料选择：必须要先选择一个对象，然后使用刷子工具在该对象所占有的范围内填充（选择的对象必须是打散后的对象）。

◎ 内部绘画：该模式分为 3 种状态。当刷子工具的起点和结束点都在对象的范围以外时，刷子工具填充空白区域；当起点和结束点有一个在对象的填充部分以内时，则填充刷子工具所经过的填充部分（不会对轮廓产生影响）；当刷子工具的起点和结束点都在对象的填充部分以内时，则填充刷子工具所经过的填充部分。

3.2.7 钢笔工具

钢笔工具可以绘制出平滑精确的直线或曲线。对于绘制完成的直线和曲线，也可以通过调整线条上的节点来改变直线段和曲线段的样式，如图 3-38 所示为钢笔工具组。选中工具箱中的钢笔工具或按 P 键，即可切换至钢笔工具。

钢笔工具可以精确地控制绘制的图形，并很好地控制绘制的节点、节点的方向点等，因此，备受喜欢精准设计的人员的喜爱。如图 3-39 所示为使用钢笔工具绘制的图形。

下面将针对钢笔工具组中工具的一些操作进行介绍。

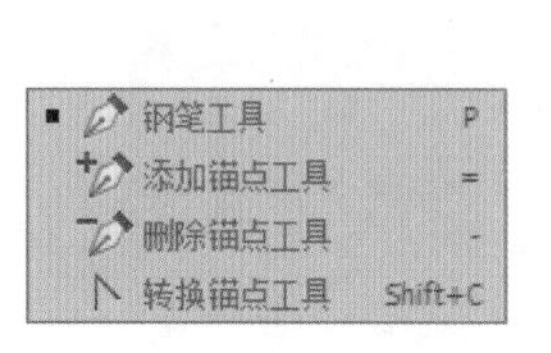

图 3-38

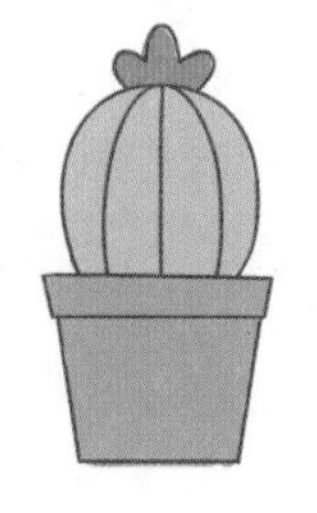

图 3-39

1. 画直线

选择钢笔工具后，每单击一次鼠标左键，就会产生一个锚点，且与前一个锚点自动用直线连接；在绘制的同时，若按住 Shift 键，则将线段角度约束为 45° 的倍数。如图 3-40 所示为使用钢笔工具绘制的直线。

2. 画曲线

绘制曲线是钢笔工具最强大的功能。添加新的线段时，在某一位置按住鼠标左键后不要松开，拖动鼠标，则新的锚点与前一个锚点用曲线相连，并且会显示控制曲率的切线控制点。如图 3-41 所示为使用钢笔工具绘制的曲线。

图 3-40　　图 3-41

知识点拨

若将钢笔工具移至曲线起始点处，当指针变为形状时单击鼠标，即可闭合曲线，并填充默认的颜色。

3. 曲线点与转角点转换

若要将转角点转换为曲线点，可以使用部分选取工具选择该点，然后按住 Alt 键拖动该点来调整切线手柄；若要将曲线点转换为转角点，使用钢笔工具单击该点即可。

4. 添加锚点

使用钢笔工具组中的添加锚点工具，可以在曲线上添加锚点，绘制出更加复杂的曲线。

在钢笔工具组中选中添加锚点工具，移动笔尖对准要添加锚点的位置，待光标变为形状时，单击鼠标，即可添加锚点。

5. 删除锚点

删除锚点与添加锚点正好相反，选择删除锚点工具后，将笔尖对准要删除的锚点，待光标变为形状时，单击鼠标即可删除锚点。

6. 转换锚点

使用转换锚点工具，可以转换曲线上的锚点类型。当光标变为形状时，将光标移至曲线需操作的锚点上，单击鼠标，即可将曲线点转换为转角点，如图 3-42、图 3-43 所示。选中转角点并拖曳，即可将转角点转换为曲线点。

图 3-42　　图 3-43

实例：绘制卡通头像

本案例将练习绘制一个卡通头像，涉及的知识点包括新建并保存文件、椭圆工具、部分选取工具、线条工具等。

Step01 执行“文件”|“新建”命令，新建 Animate 文档并对舞台进行设置，如图 3-44 所示。完成后保存文件。

Step02 使用椭圆工具在舞台中绘制椭圆，如图 3-45 所示。

Step03 使用部分选取工具调整椭圆的形状，并删除多余部分，如图 3-46 所示。

Step04 使用椭圆工具和线条工具，绘制头像的细节五官，并删除多余部分，如图 3-47 所示。

至此，就完成卡通头像的绘制。

图 3-44

图 3-45

图 3-46

图 3-47

知识点拨

双击最后一个绘制的锚点可以结束开放曲线的绘制，也可以按住 Ctrl 键单击舞台中的任意位置结束绘制；要结束闭合曲线的绘制，可以移动光标至起始锚点位置上，当光标变为形状时在该位置单击，即可闭合曲线并结束绘制操作。

3.3 颜色填充工具

用户可以使用颜料桶工具、墨水瓶工具等制作出丰富的填充效果。下面将针对软件中的颜色填充工具进行介绍。

3.3.1 颜料桶工具

颜料桶工具可以为工作区内有封闭区域的图形填色，包括空白区域或已有颜色的区域。若恰当设置，颜料桶工具还可以为一些没有完全封闭的图形区域填充颜色。

选择工具箱中的颜料桶工具或者按K键，切换至颜料桶工具。此时，工具箱中的选项区中显示“锁定填充”按钮和“空隙大小”按钮。若单击“锁定填充”按钮，则当使用渐变填充或者位图填充时，可以将填充区域的颜色变化规律锁定，作为这一填充区域周围的色彩变化规范。

单击“空隙大小”按钮右下角的小三角形，在弹出的下拉菜单中包括用于设置空隙大小的4种模式，如图3-48所示。

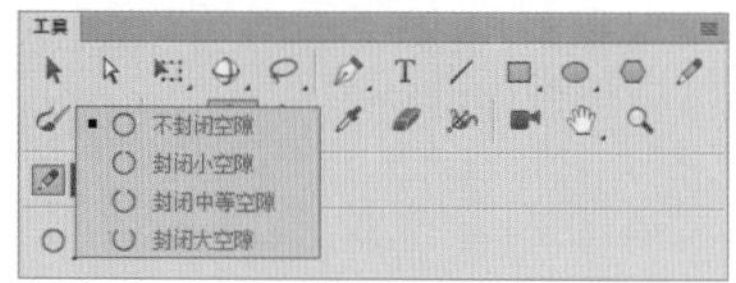

图 3-48

这4种模式介绍如下。

◎ 不封闭空隙：选择该模式，只填充完全闭合的空隙。

◎ 封闭小空隙：选择该模式，可填充具有小缺口的区域。

◎ 封闭中等空隙：选择该模式，可填充具有中等缺口的区域。

◎ 封闭大空隙：选择该模式，可填充具有较大缺口的区域。

3.3.2 墨水瓶工具

墨水瓶工具可以改变当前线条的颜色（不包括渐变和位图）、尺寸和线型等，或者为填充色描边，包括笔触颜色、笔触高度与笔触样式的设置。墨水瓶工具只影响矢量图形。下面将介绍使用墨水瓶工具描边的方法。

1. 为填充色描边

选择工具箱中的墨水瓶工具或者按S键切换至墨水瓶工具，在“属性”面板中设置笔触参数，移动光标至舞台区域，在需要描边的填充色上方单击，即可为图形描边，如图3-49、图3-50所示为描边前后的效果。

图 3-49

图 3-50

ACAA课堂笔记

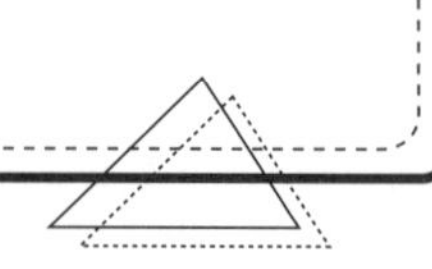

ACAA课堂笔记

2. 为文字描边

选择墨水瓶工具，在“属性”面板中设置笔触参数，在打散（按 Ctrl+B 组合键）的文字上方单击，即可为文字描边，如图 3-51、图 3-52 所示为描边前后的效果。

图 3-51

图 3-52

3.3.3 滴管工具

滴管工具类似于格式刷工具，使用它可以从舞台中指定的位置拾取填充、位图、笔触等的颜色属性，并应用于其他对象上。在将吸取的渐变色应用于其他图形时，必须先取消“锁定填充”按钮的选中状态，否则填充的将是单色。

1. 提取填充色属性

选择工具箱中的滴管工具或按 I 键切换至滴管工具，当光标靠近填充色时单击，即可获得所选填充色的属性，此时光标变成颜料桶的样子；如果单击另一个填充色，即可改变这个填充色的属性。

2. 提取线条属性

选择滴管工具，当光标靠近线条时单击，即可获得所选线条的属性，此时光标变成墨水瓶的样子；如果单击另一个线条，即可改变这个线条的属性。

3. 提取渐变填充色属性

选择滴管工具，在渐变填充色上方单击，提取渐变填充色，此时在另一个区域中单击即可应用提取的渐变填充色。

4. 位图转换为填充色

滴管工具不但可以吸取位图中的某个颜色，而且可以将整幅图片作为元素，填充到图形中。

选择图像并按 Ctrl+B 组合键将其打散，选择滴管工具，移动光标至图像上单击，如图 3-53 所示。然后选择绘制的图形，单击即可为绘制的图形填充图像，如图 3-54 所示。

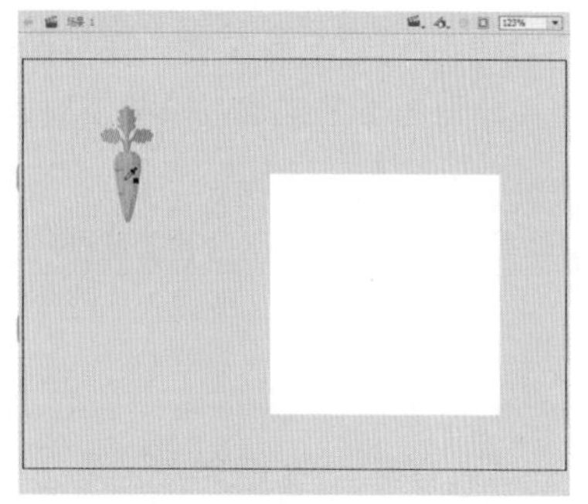

图 3-53

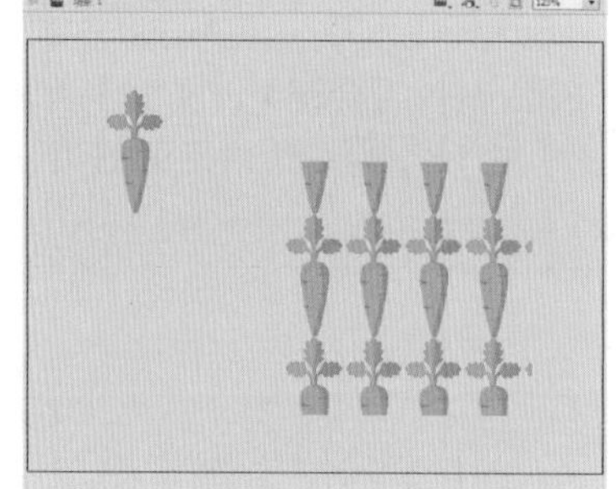

图 3-54

■ 实例：填充卡通头像

本案例将练习为绘制的卡通头像填充颜色，主要用到的工具为颜料桶工具，下面将对此进行介绍。

Step01 执行“文件”|“打开”命令，打开绘制的卡通头像文件，选择工具箱中的颜料桶工具，设置填充色为 #FADEAA，选择“封闭大空隙”模式，在头像主体位置单击，填充颜色，如图 3-55 所示。

Step02 设置填充色为 #FFF6E4，选择“封闭小空隙”模式，单击耳朵、其余面部、手部位，填充颜色，效果如图 3-56 所示。

图 3-55

图 3-56

Step03 设置填充色为 #F48DC4，单击腮红、嘴巴部位，填充颜色，效果如图 3-57 所示。

Step04 设置填充色为黑色，单击其余部位，填充颜色，效果如图 3-58 所示。

至此，就完成卡通头像的填充。用户也可以根据自己的喜好，选择不同的配色方案进行填充。

ACAA课堂笔记

图 3-57

图 3-58

3.4 选择对象工具

Animate 软件中提供多种选择工具，帮助用户在编辑图形之前选择图形。常用的选择工具包括选择工具、部分选取工具以及套索工具等。下面将对这几种选择工具进行介绍。

ACAA课堂笔记

3.4.1 选择工具

选择工具是最常用的一种工具。当用户要选择单个或多个整体对象时，包括形状、组、文字、实例和位图等，都可以使用选择工具。

1. 选择单个对象

选择工具箱中的选择工具或按 V 键切换至选择工具，在要选择的对象上单击鼠标左键即可选中单个对象。

2. 选择多个对象

先选取一个对象，按住 Shift 键，依次单击每个要选取的对象即可，如图 3-59 所示。或在空白区域按住鼠标左键拖曳出一个矩形范围，将要选择的对象都包含在矩形范围内，如图 3-60 所示。

图 3-59

图 3-60

ACAA课堂笔记

3. 双击选择图形

使用选择工具在对象上双击鼠标左键即可将其选中。若在线条上双击鼠标，则可以将颜色相同、粗细一致、连在一起的线条同时选中。

4. 取消选择对象

若使用鼠标单击工作区的空白区域，则取消对所有对象的选择；若需要在已经选择的多个对象中取消对某个对象的选择，则可以按住 Shift 键，使用鼠标单击该对象。

5. 移动对象

使用选择工具选中对象，按住鼠标左键并拖曳，即可将对象拖到其他位置。

6. 修改形状

选择工具可以修改对象的外框线条，在修改外框线条之前必须取消该对象的选择。将光标移至两条线的交角处，当鼠标指针变为形状时，按住鼠标左键拖曳，则可以拉伸线的交点，如图 3-61 所示。若将光标移至线条附近，当鼠标指针变为形状时，按住鼠标左键拖曳，则可以变形线条，如图 3-62 所示。

图 3-61

图 3-62

3.4.2 部分选取工具

部分选取工具可以选择矢量图形上的锚点。当要选择对象的锚点，并对锚点进行拖曳或调整路径方向时，就可以使用部分选取工具。

选择工具箱中的部分选取工具或者按 A 键即可切换至部分选取工具。在使用部分选取工具时，不同的情况下鼠标的指针形状也不同。

（1）当鼠标指针移到某个锚点上时，鼠标指针变为形状，这时按住鼠标左键拖动可以改变该锚点的位置。

（2）当鼠标指针移到没有节点的曲线上时，鼠标指针变为

ACAA课堂笔记

形状，这时按住鼠标左键拖动可以移动图形的位置。

（3）当鼠标指针移到锚点的调节柄上时，鼠标指针变为▶形状，按住鼠标左键拖动可以调整与该锚点相连的线段的弯曲程度。

3.4.3 套索工具

套索工具组包括套索工具、多边形工具和魔术棒 3 种选择工具，主要用于选取不规则的物体。下面将针对这 3 种工具进行介绍。

1. 套索工具

当要选择打散对象的某一部分时，即可使用套索工具。选择套索工具后，按住鼠标左键并拖曳，圈出要选择的范围，接着释放鼠标左键，Animate 会自动选取套索工具圈定的封闭区域；当线条没有封闭时，Animate 将用直线连接起点和终点，自动闭合曲线，如图 3-63、图 3-64 所示。

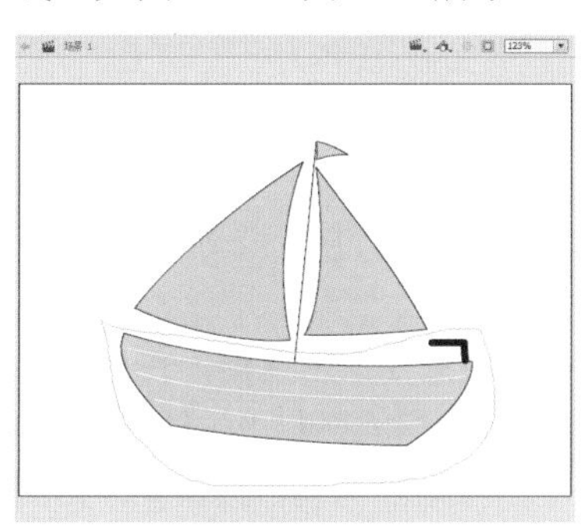

图 3-63

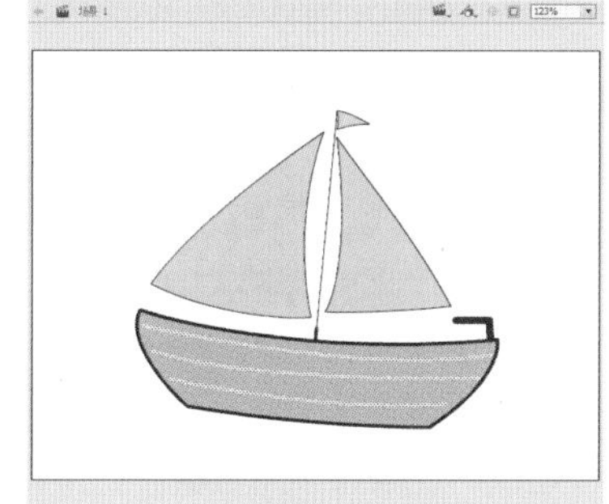

图 3-64

2. 多边形工具

多边形工具可以比较精确地选取不规则图形。选择多边形工具，在舞台中每次单击鼠标就会确定一个端点，最后光标回到起始处双击，形成一个多边形，即选择的范围，如图 3-65、图 3-66 所示。

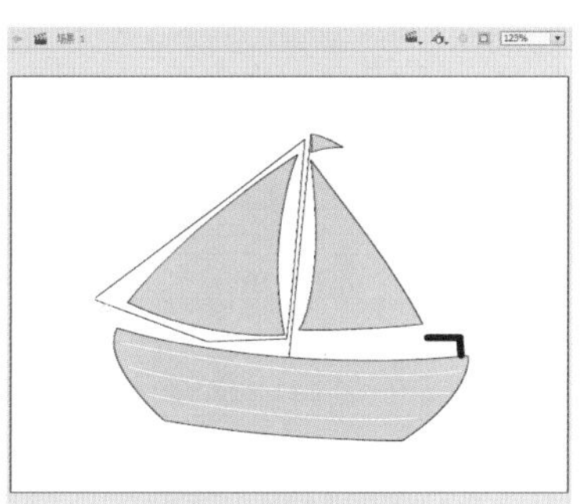

图 3-65

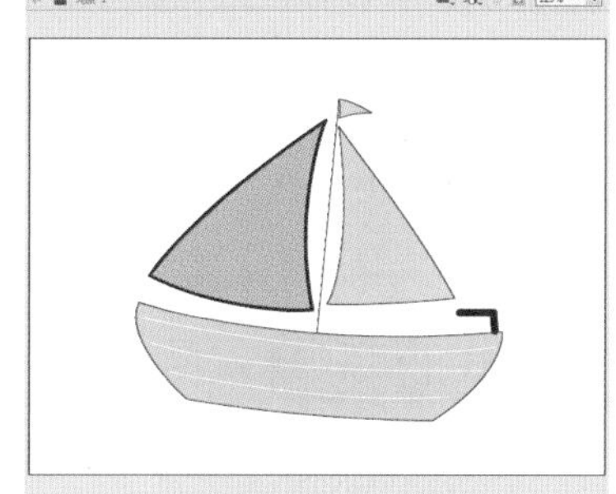

图 3-66

3. 魔术棒

魔术棒主要用于对位图的操作。导入位图对象后，按Ctrl+B组合键打散位图对象，选择魔术棒，在“属性”面板中设置合适的参数，在位图上单击即可选中与单击点颜色类似的区域，如图3-67、图3-68所示。

图 3-67

图 3-68

3.5 编辑图形对象

绘制完成图形后，若对绘制的图形不满意，可以通过编辑工具或命令对图形进行修改，使得图形更加完美。下面将对此进行介绍。

3.5.1 任意变形工具

任意变形工具是功能非常强大的编辑工具，通过该工具，可以对对象做出扭曲、旋转、倾斜等操作，下面将对此一一介绍。

选中绘制的对象，单击工具箱中的任意变形工具，在工具箱下方会出现5个按钮，分别是“贴紧至对象”按钮、“旋转与倾斜”按钮、“缩放”按钮、“扭曲”按钮、“封套”按钮，如图3-69所示。

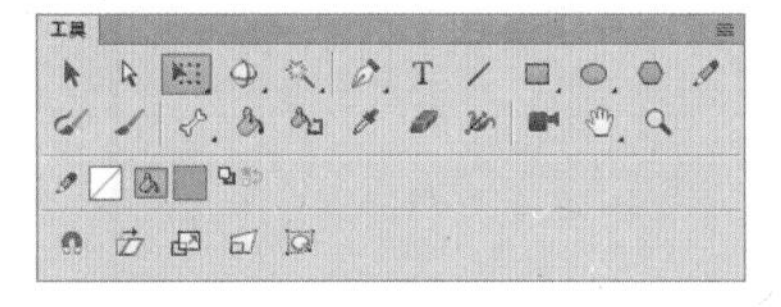
图 3-69

1. 扭曲对象

“扭曲”按钮可以对图形进行扭曲变形，增强图形的透视效果。选择任意变形工具，单击“扭曲”按钮，移动光标至选定对象上，当光标变为形状时，拖动边框上的角控制点或边控制点即可移动角或边，如图3-70、图3-71所示。

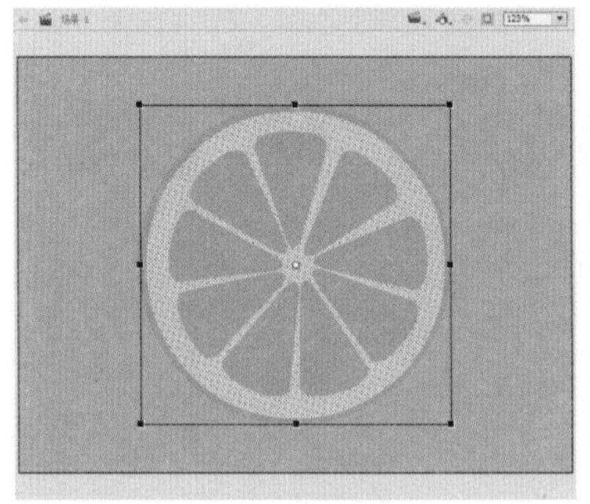
图 3-70

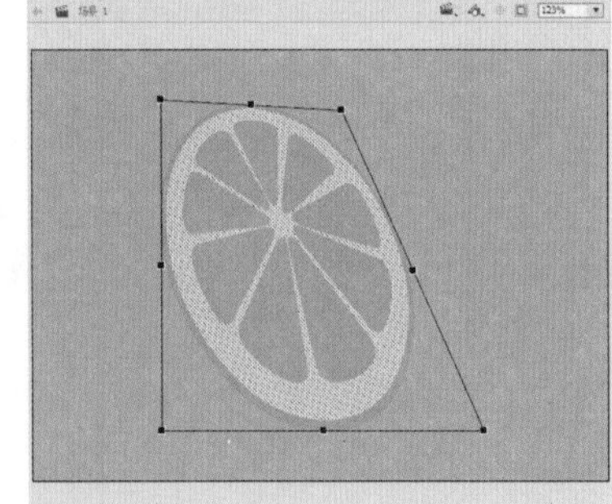
图 3-71

知识点拨

在拖动角控制点时，若按住Shift键，光标变为形状时，则可对对象进行锥化处理。扭曲只对在场景中绘制的图形有效，对位图和元件无效。

ACAA课堂笔记

2. 封套对象

“封套”按钮可以对图形进行任意形状的修改，弥补了扭曲在某些局部无法达到的变形效果。

选中对象，选择任意变形工具，单击“封套”按钮，在对象的四周会显示若干控制点和切线手柄，拖动这些控制点及切线手柄，即可对对象进行任意形状的修改。封套把图形“封”在里面，更改封套的形状会影响该封套内的对象的形状。用户可以通过调整封套的点和切线手柄来编辑封套形状，如图 3-72、图 3-73 所示。

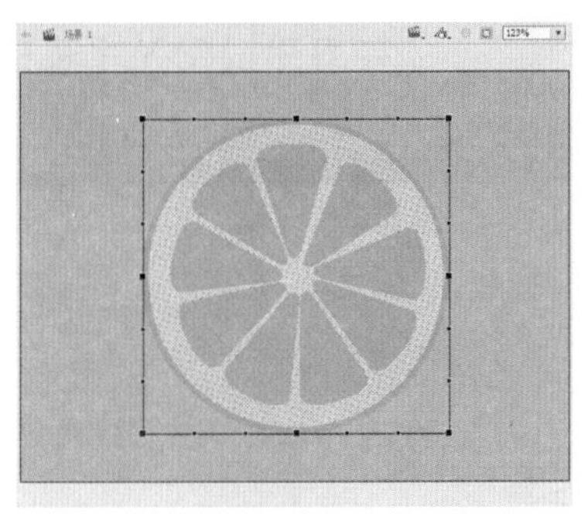

图 3-72

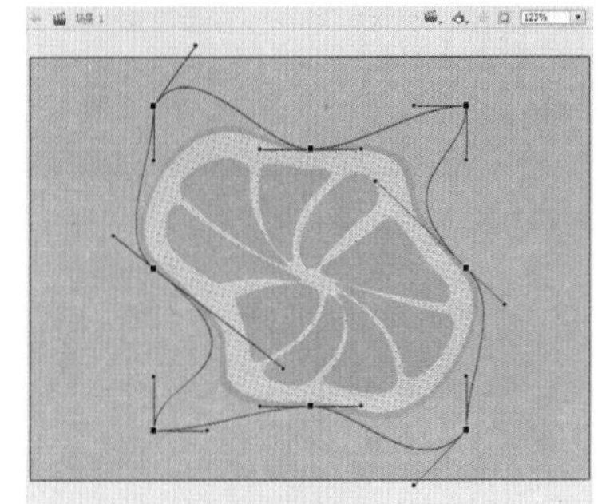

图 3-73

3. 缩放对象

“缩放”按钮可以在垂直或水平方向上缩放对象，还可以在垂直和水平方向上同时缩放。选中要缩放的对象，选择任意变形工具，单击“缩放”按钮，对象四周会显示控制点，拖动对象某条边上的中点可将对象进行垂直或水平的缩放，拖动某个角点则可以使对象在垂直和水平方向上同时进行缩放，如图 3-74、图 3-75 所示。

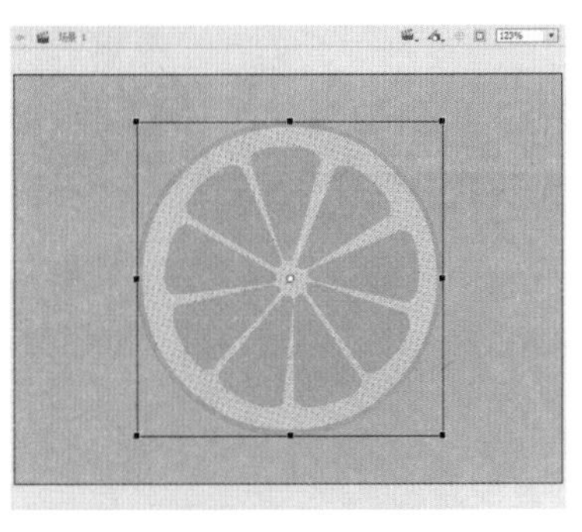

图 3-74

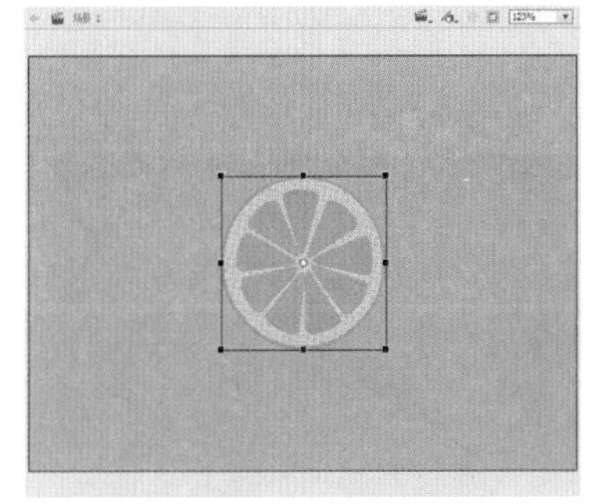

图 3-75

4. 旋转与倾斜对象

“旋转与倾斜”按钮可以对对象进行旋转和倾斜操作。选中对象，选择任意变形工具，单击“旋转与倾斜”按钮，对象

四周会显示控制点，移动光标至任意一个角点上，光标变为形状时，拖动鼠标即可对选中的对象进行旋转，如图3-76所示。当鼠标指针移至任意一边的中点上，鼠标指针变为或形状时，拖动鼠标即可对选中的对象进行垂直或水平方向的倾斜，如图3-77所示。

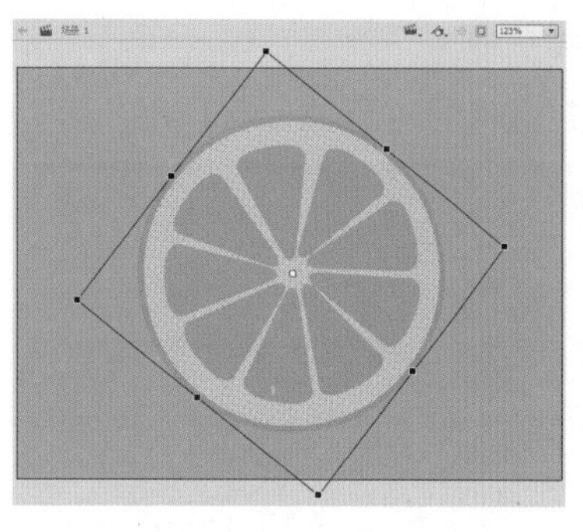

图 3-76

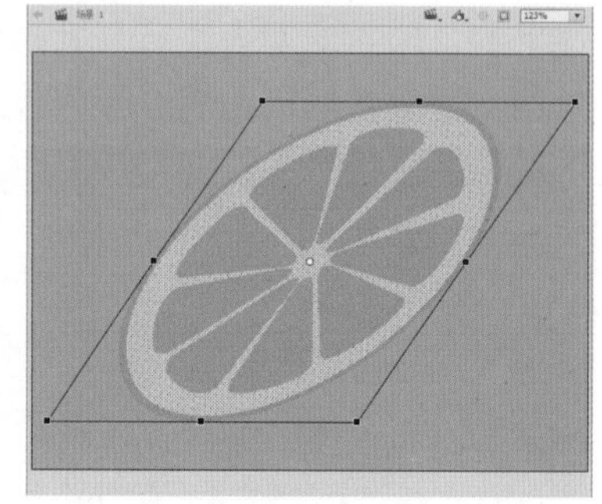

图 3-77

5. 翻转对象

制作图像时，除了使用任意变形工具编辑对象外，用户还可以通过菜单命令，使所选对象进行垂直或水平翻转，而不改变对象在舞台上的相对位置。

选择需要翻转的图形对象，执行“修改”｜“变形”｜“水平翻转”命令，即可将图形进行水平翻转；选择需要翻转的图形对象，执行“修改”｜“变形”｜“垂直翻转”命令，即可将图形进行垂直翻转。

3.5.2 渐变变形工具

渐变变形工具可以对图形中的渐变进行调整。选中舞台中绘制的渐变对象，长按工具箱中的任意变形工具，在弹出的菜单中选择“渐变变形工具”，显示选中对象的控制点，进行调节即可，如图3-78、图3-79所示。

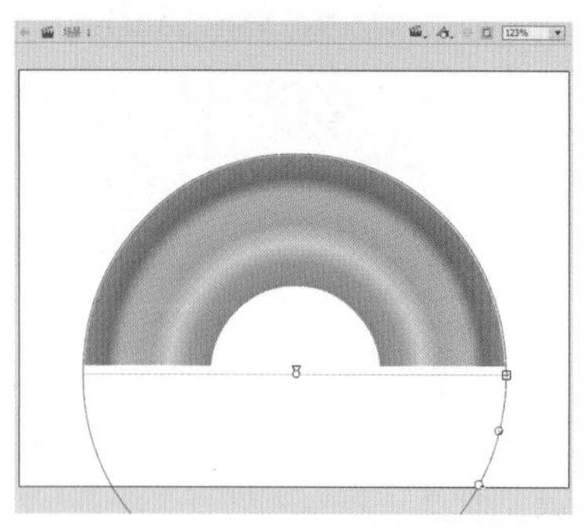

图 3-78

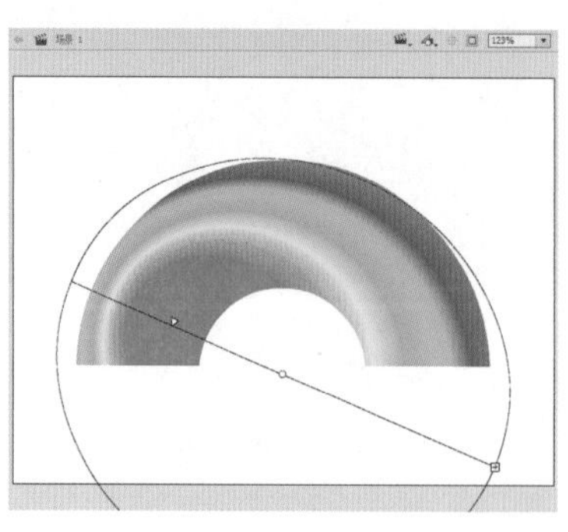

图 3-79

ACAA课堂笔记

3.5.3　骨骼工具

骨骼工具可以使用骨骼对对象进行动画处理。这些骨骼按父子关系链接成线性或枝状的骨架，当一个骨骼移动时，与其连接的骨骼也发生相应的移动。

选中工具箱中的骨骼工具，沿对象结构添加骨骼，如图3-80所示。使用选择工具调整骨骼节点，即可改变对象造型，如图3-81所示。

图3-80

图3-81

3.5.4　橡皮擦工具

橡皮擦工具可以擦除文档中绘制的图形对象，从而得到需要的效果。选中橡皮擦工具，在工具箱的选项区域中单击“橡皮擦模式”按钮，在弹出的菜单中可以选择橡皮擦模式，如图3-82所示。

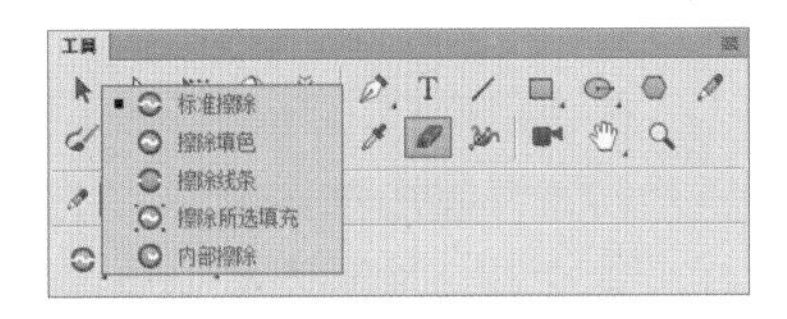

图3-82

这5种模式作用如下。

◎ 标准擦除：选择该模式，将只擦除同一层上的笔触和填充。
◎ 擦除填色：选择该模式，将只擦除填色，其他区域不影响。
◎ 擦除线条：选择该模式，将只擦除笔触，不影响其他内容。
◎ 擦除所选填充：选择该模式，将只擦除当前选定的填充。
◎ 内部擦除：选择该模式，将只擦除橡皮擦笔触开始处的填充。

选中工具箱中的橡皮擦工具，按住鼠标左键在需要擦除的地方拖动即可擦除经过的对象区域，如图3-83、图3-84所示。

图3-83

图3-84

知识点拨

若想删除文档中所以内容，双击工具箱中的橡皮擦工具即可。

3.5.5　宽度工具

宽度工具可以变化笔触的粗细度，从而调整笔触效果。

使用任意绘图工具绘制笔触或形状，选中宽度工具，移动光标至笔触上，即可显示潜在的宽度

点数和宽度手柄，选定宽度点数拖动宽度手柄，即可增加笔触可变宽度，如图 3-85、图 3-86 所示。

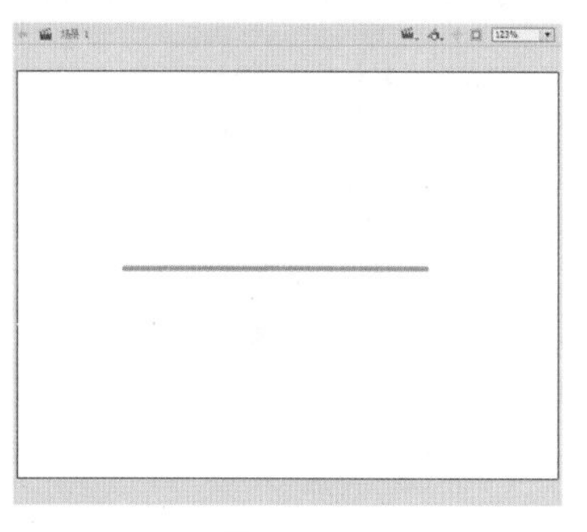

图 3-85

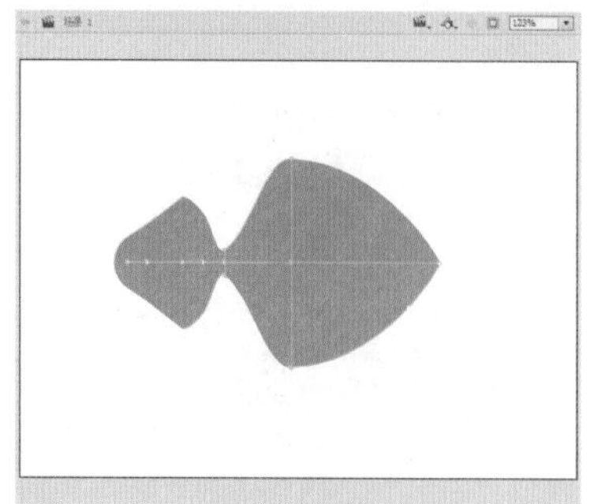

图 3-86

3.5.6 合并对象

在使用椭圆工具、矩形工具或画笔工具绘制矢量图形时，可以单击工具箱选项区域中的“对象绘制”按钮，在工作区中进行对象绘制。绘制完对象后，可执行“修改”|“合并对象”菜单中的“联合”“交集”“打孔”“裁切”等子命令，合并或改变现有对象来创建新形状。一般情况下，所选对象的堆叠顺序决定了操作的工作方式。

1. 联合对象

执行“修改”|“合并对象”|“联合”命令，可以将两个或多个形状合成一个对象绘制图形。如图 3-87、图 3-88 所示为联合前后的效果。

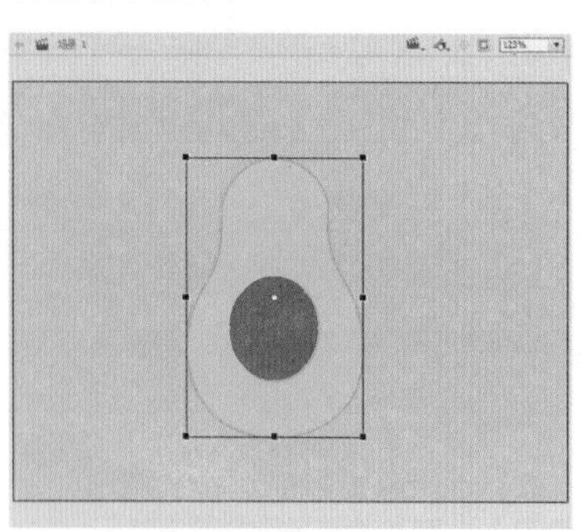

图 3-87

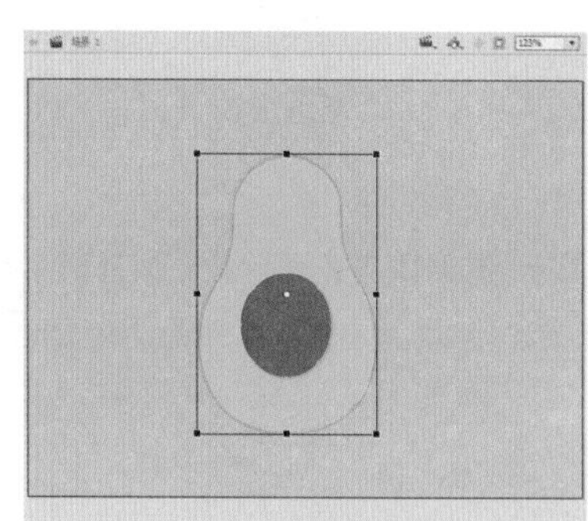

图 3-88

2. 交集对象

执行“修改”|“合并对象”|“交集”命令，可以将两个或多个形状重合的部分创建为新形状，生成的形状使用堆叠中最上面形状的填充和笔触。如图 3-89、图 3-90 所示为交集对象前后的效果。

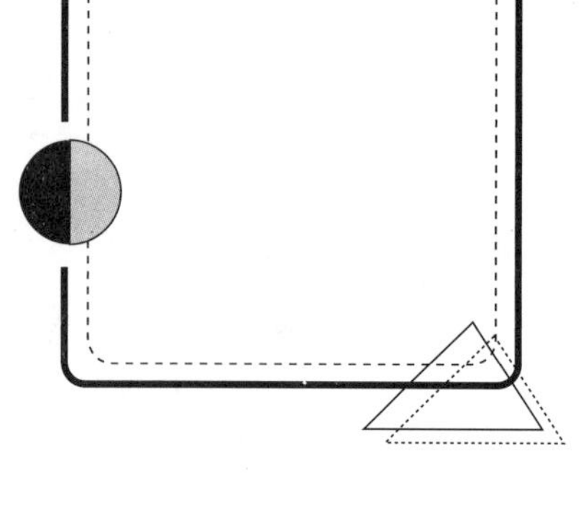

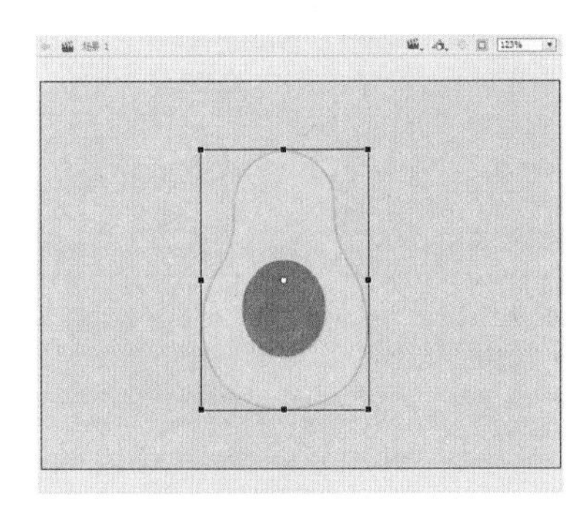

图 3-89

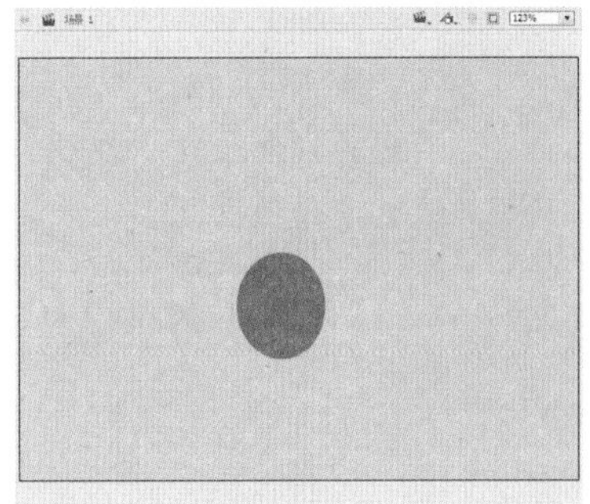

图 3-90

3. 打孔对象

执行“修改”|“合并对象”|“打孔”命令，可以删除所选对象的某些部分，这些部分由所选对象的重叠部分决定。如图 3-91、图 3-92 所示为打孔前后效果。

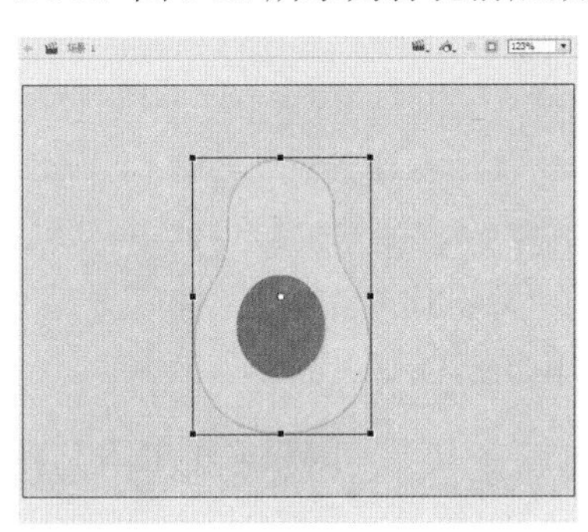

图 3-91

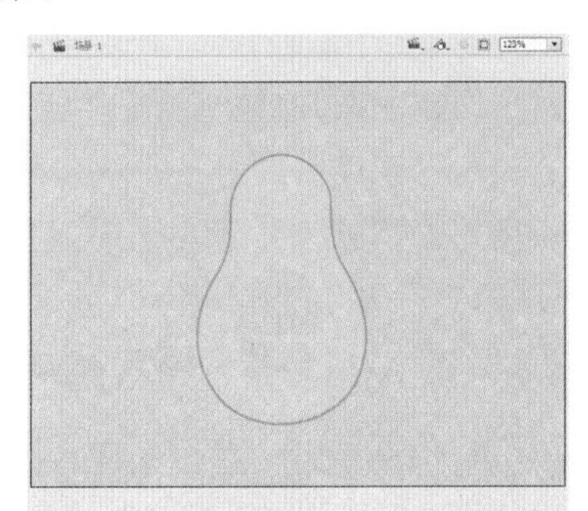

图 3-92

4. 裁切对象

“裁切”命令与“交集”命令的效果比较相似，执行“修改”|“合并对象”|“裁切”命令，可以使用一个对象的形状裁切另一个对象，这里用上面的对象定义裁切区域的形状。如图 3-93、图 3-94 所示为裁切前后效果。

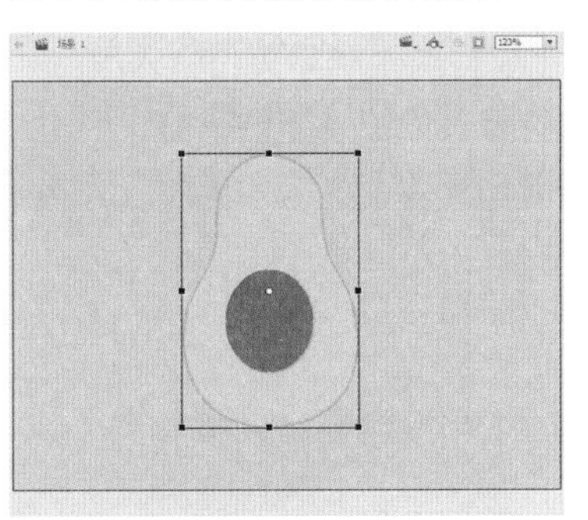

图 3-93

图 3-94

知识点拨

“交集”命令与“裁切”命令比较类似，区别在于“交集”命令保留上面的图形，“裁切”命令保留下面的图形。

5. 删除封套

执行“修改”|“合并对象”|“删除封套”命令，可以删除图形中使用的封套，如图3-95、图3-96所示为删除封套前后效果。

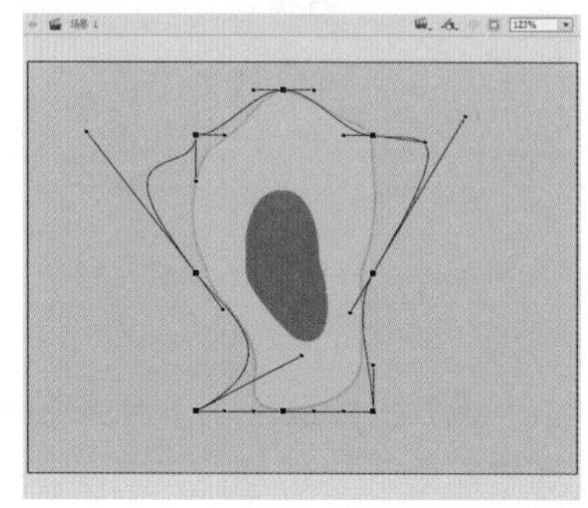

图 3-95

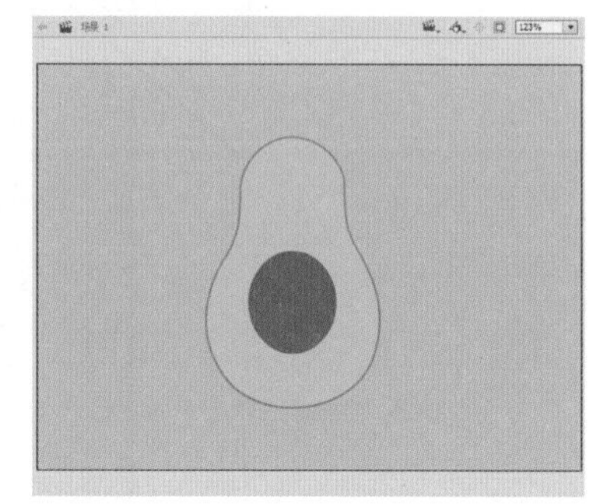

图 3-96

知识点拨

“删除封套”命令只适用于对象绘制模式。

3.5.7 组合和分离对象

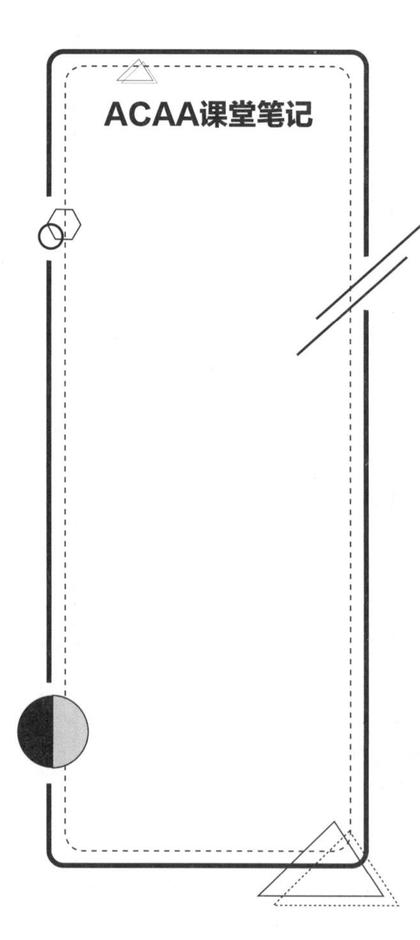

制作动画时，通过组合或分离对象，可以更好地对多个对象进行操作，下面将对此进行介绍。

1. 组合对象

组合就是将图形块或部分图形组成一个独立的整体，可以在舞台上任意拖动而其中的图形内容及周围的图形内容不会发生改变，以便于绘制或进行再编辑。组合后的图形可以与其他图形或组再次组合，从而得到一个复杂的多层组合图形。同时，一个组合中可以包含多个组合及多层次的组合。

执行“修改”|“组合”命令，或者按Ctrl+G组合键即可将选择的对象进行组合，如图3-97、图3-98所示为组合前后的效果。

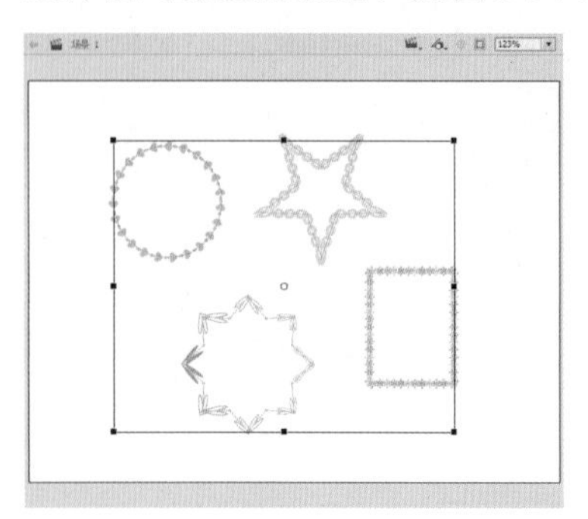

图 3-97

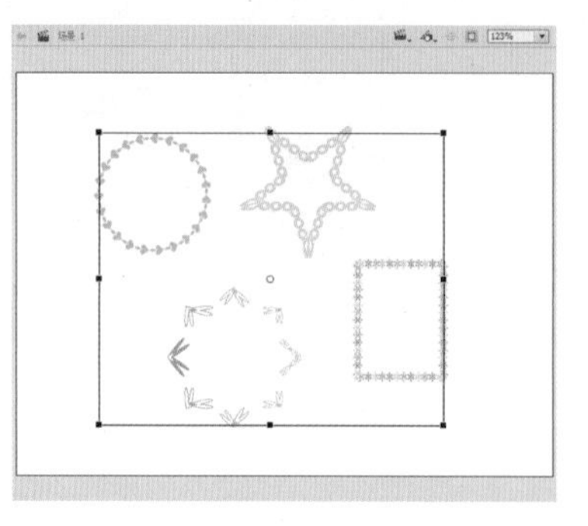

图 3-98

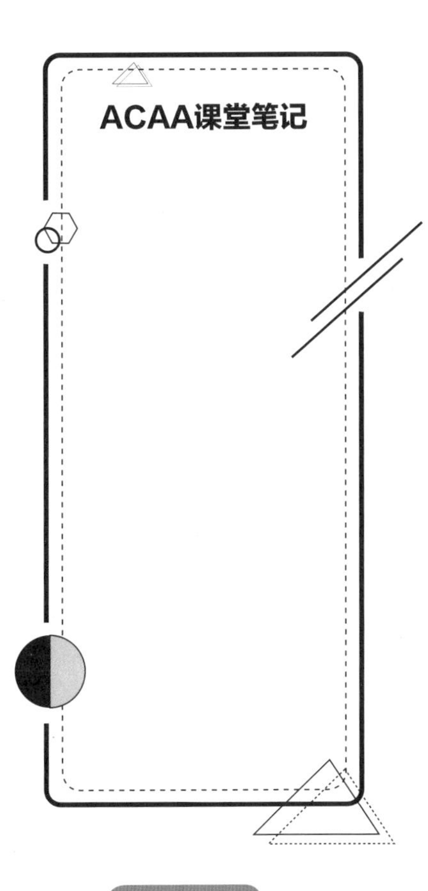
ACAA课堂笔记

若需要对组中的单个对象进行编辑，可以通过“取消组合”命令或按Ctrl+Shift+G组合键将组对象进行解组，也可以选中对象，双击进入该组的编辑状态进行编辑。

2. 分离对象

“分离”命令与“组合”命令的作用相反。它可以将已有的整体图形分离为可进行编辑的矢量图形，使用户可以对其再进行编辑。在制作变形动画时，需用分离命令将图形的组合、图像、文字或组件转变成图形。

执行“修改”|“分离”命令或按Ctrl+B组合键，即可分离选择的对象，如图3-99、图3-100所示为元件分离前后的效果。

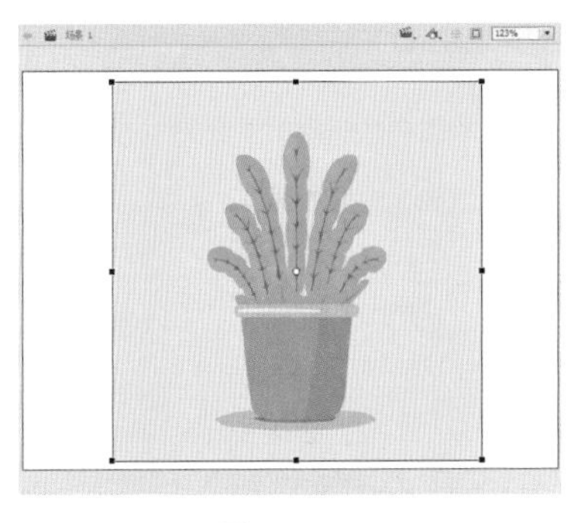

图3-99

图3-100

知识点拨

“分离”命令与“取消组合”命令不同，“取消组合”命令可以将组合的对象分开，并将组合的元素返回到组合之前的状态。但不会分离位图、实例或文字，也不会将文字转换成轮廓。

3.5.8 对齐与分布对象

“对齐”与“分布”命令可以调整所选图形的相对位置关系，从而将杂乱分布的图形整齐排列在舞台中。选中对象，执行“修改”|“对齐”命令，在弹出的菜单中选择相应的子命令，即可完成相应的操作。

除了使用“对齐”命令，用户还可以通过“对齐”面板进行对齐和分布操作，执行“窗口”|“对齐”命令或者按Ctrl+K组合键，即可打开“对齐”面板，如图3-101所示。

在“对齐”面板中，包括对齐、分布、匹配大小、间隔和与舞台对齐5个功能区，下面将对这5个功能区中各按钮的含义及应用进行介绍。

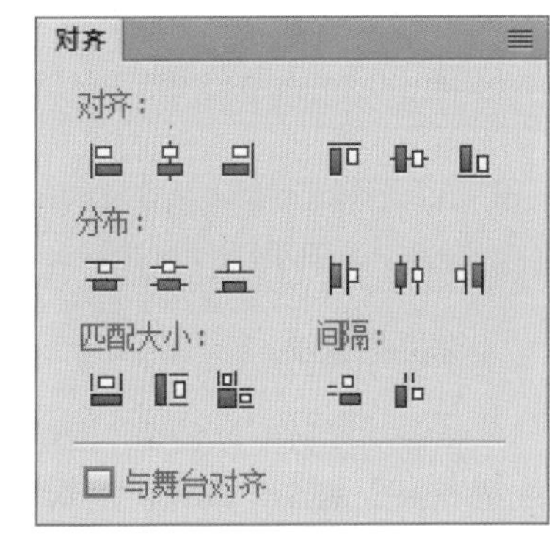

图3-101

ACAA课堂笔记

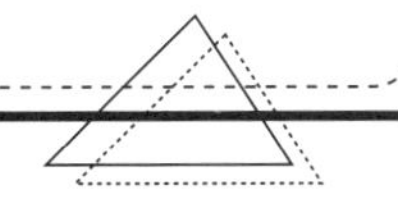

1. 对齐

对齐是指按照某种方式来排列对齐对象。在该功能区中，包括“左对齐”、“水平中齐”、“右对齐”、“顶对齐”、“垂直中齐”以及“底对齐”6个按钮。如图3-102、图3-103所示为单击“垂直中齐”按钮对齐的前后。

图 3-102

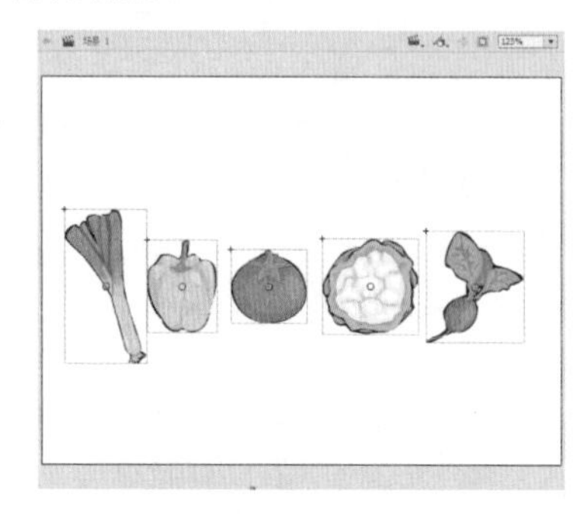

图 3-103

2. 分布

分布是指将舞台上间距不一的图形，均匀地分布在舞台中，使画面效果更加美观。在默认状态下，均匀分布图形将以所选图形的两端为基准，对其中的图形进行位置调整。

在该功能区中，包括“顶部分布”、“垂直居中分布”、“底部分布”、“左侧分布”、“水平居中分布”以及“右侧分布”6个按钮。如图3-104、图3-105所示为单击“水平居中分布”按钮的前后效果。

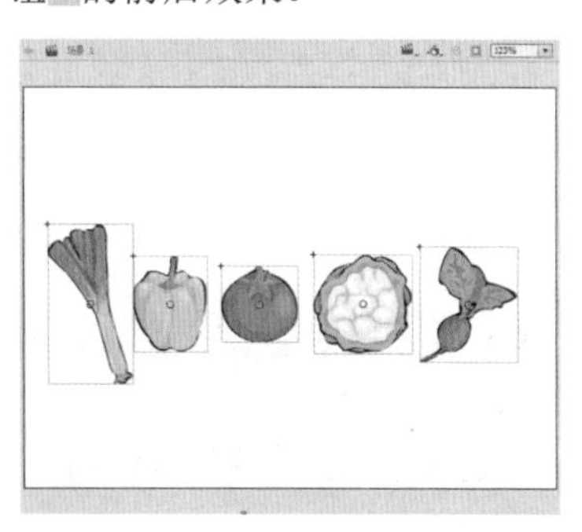

图 3-104

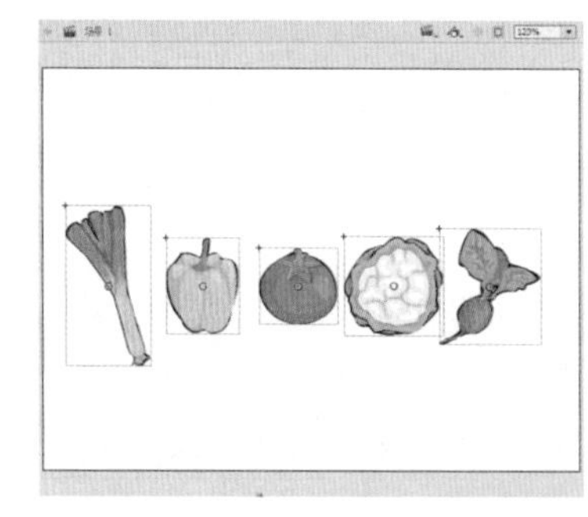

图 3-105

3. 匹配大小

在该功能区中，包括“匹配宽度”、“匹配高度”、“匹配宽和高”3个按钮，分别选择这3个按钮，可将选择的对象分别进行水平缩放、垂直缩放、等比例缩放，其中最左侧的对象是其他所选对象匹配的基准。

4. 间隔

间隔与分布有些相似，但是分布的间距标准是多个对象的同

ACAA课堂笔记

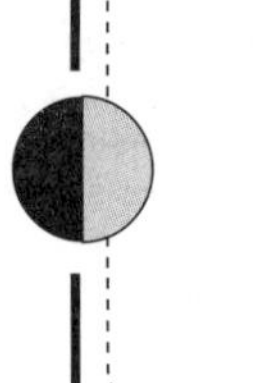

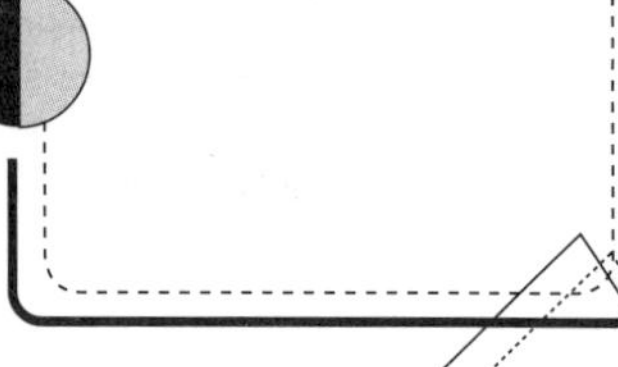

ACAA课堂笔记

一侧，而间距则是相邻两对象的间距。在该功能区中，包括“垂直平均间隔”和“水平平均间隔”两种，可使选择的对象在垂直方向或水平方向的间隔距离相等。如图 3-106、图 3-107 所示为单击“垂直平均间隔”按钮的前后效果。

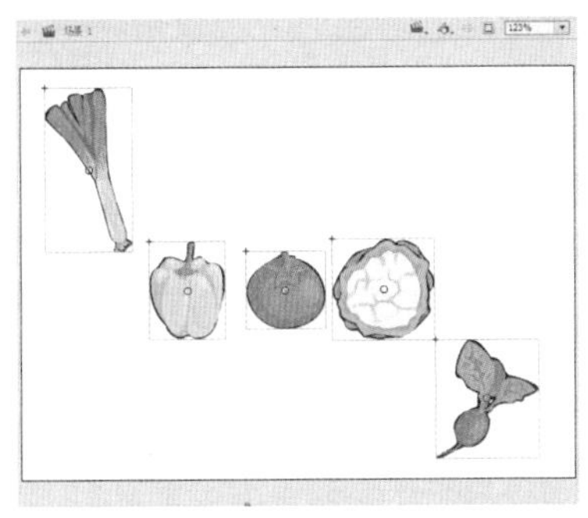

图 3-106

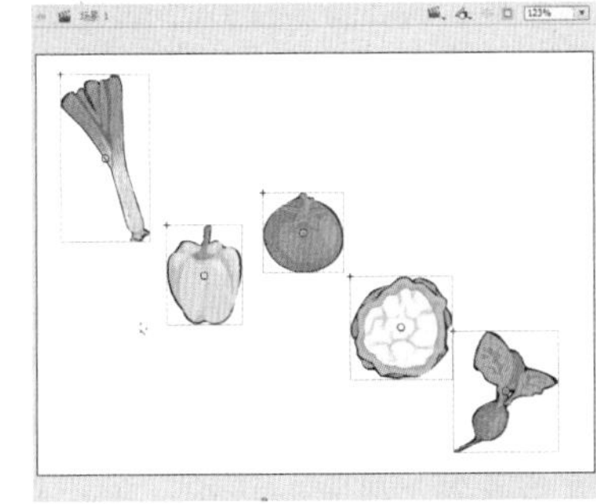

图 3-107

5. 与舞台对齐

勾选该复选框后，可使对齐、分布、匹配大小、间隔等操作以舞台为基准。

3.5.9 排列对象

“排列”命令可以调整对象顺序，使画面效果更加美观。下面将介绍如何使用“排列”命令对图形对象进行排列。

在同一图层中，对象按照创建的先后顺序分别位于不同的层次，最新创建的对象位于最上面，但用户可以根据需要更改对象的层叠顺序。

执行“修改”|“排列”命令，在弹出的菜单中选择需要的子命令，如图 3-108 所示，即可调整所选图形的排列顺序。

修改(M) 文本(T) 命令(C) 控制(O)
文档(D)... Ctrl+J
转换为元件(C)... F8
转换为位图(B)
分离(K) Ctrl+B
位图(W)
元件(S)
形状(P)
合并对象(O)
时间轴(N)
变形(T)
排列(A)
对齐(N)
组合(G) Ctrl+G
取消组合(U) Ctrl+Shift+G

移至顶层(F) Ctrl+Shift+向上箭头
上移一层(R) Ctrl+向上箭头
下移一层(E) Ctrl+向下箭头
移至底层(B) Ctrl+Shift+向下箭头
锁定(L) Ctrl+Alt+L
解除全部锁定(U) Ctrl+Shift+Alt+L

图 3-108

知识点拨

画出来的线条和形状总是在组和元件的下面。若需要将它们移动到上面，就必须组合它们或者将它们变成元件。

3.6 修饰图形对象

图形绘制完成后，还可以对其进行修饰，如改变原图形的形状、线条等，或者将多个图形组合起来，以达到最佳的表现效果。

3.6.1 优化曲线

优化功能通过改进曲线和填充的轮廓，减少用于定义这些元素的曲线数量来平滑曲线。优化操作还可以减小文件的大小。

选中要优化的图形，执行“修改”|“形状”|“优化”命令，打开“优化曲线”对话框，如图3-109所示。在该对话框中设置参数并单击“确定”按钮，在打开的对话框中单击“确定”按钮，如图3-110所示。

图3-109

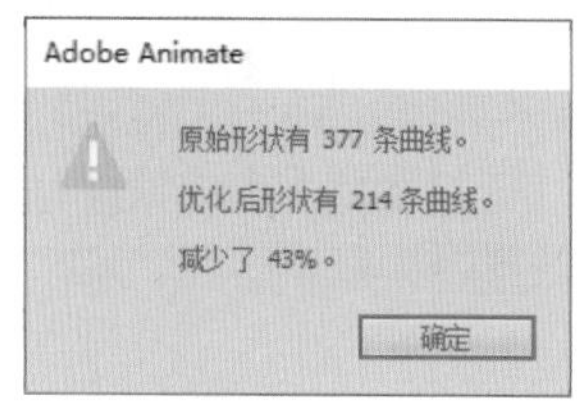

图3-110

在“优化曲线”对话框中，各参数的作用如下。

◎ 优化强度：在数值框中输入数值设置优化强度。

◎ 显示总计消息：勾选该复选框，在完成优化操作时，将弹出提示对话框。

如图3-111、图3-112所示为优化前后效果。

图3-111

图3-112

3.6.2 将线条转换为填充

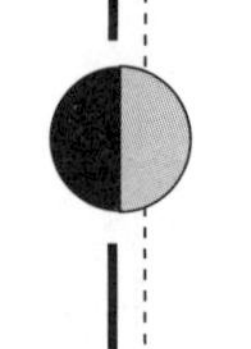

“将线条转换为填充”命令可以将矢量线条转换为填充色块，它便于创建一些特殊效果，使动画中的线条更活泼，避免了传统动画线条粗细一致的现象，但缺点是文件会变大。

选中线条对象，执行“修改”|“形状”|“将线条转换为填充”

命令，将外边线转换为填充色块。此时，使用选择工具，将光标移至线条附近，按住鼠标左键拖曳，可以将转化为填充的线条拉伸变形，如图 3-113、图 3-114 所示。

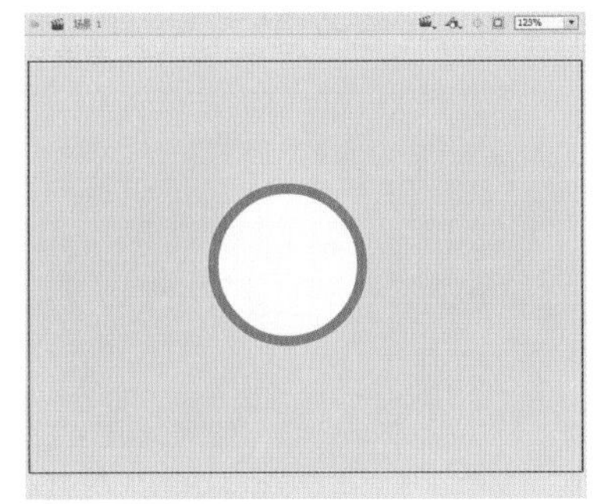

图 3-113

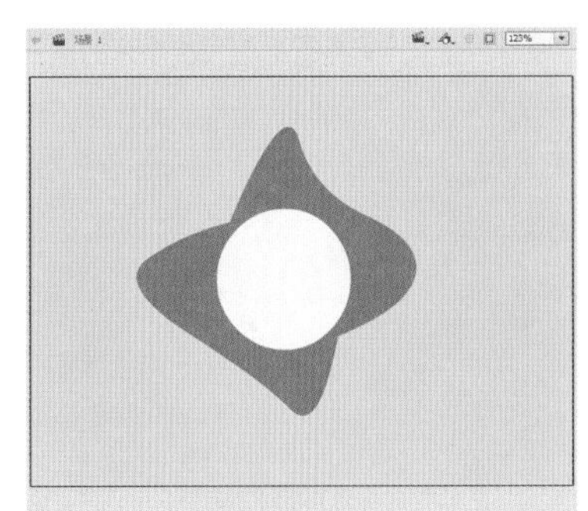

图 3-114

3.6.3 扩展填充

执行“修改”|“形状”|“扩展填充”命令，打开“扩展填充”对话框，如图 3-115 所示。在该对话框中设置参数，可以对所选图形的外形进行修改。

图 3-115

1. 扩展填充

扩展是指以图形的轮廓为界，向外扩展、放大填充。选中图形的填充颜色，执行“修改”|“形状”|“扩展填充”命令，弹出“扩展填充”对话框，“方向”选择“扩展”，设置完成后单击“确定”按钮，填充色向外扩展。如图 3-116、图 3-117 所示为扩展前后效果。

图 3-116

图 3-117

2. 插入填充

插入是指以图形的轮廓为界，向内收紧、缩小填充。执行“修改”|“形状”|“扩展填充”命令，弹出“扩展填充”对话框，“方向”选择“插入”，设置完成后单击“确定”按钮，填充色向内收缩，如图 3-118、图 3-119 所示为扩展前后效果。

图 3-118

图 3-119

3.6.4 柔化填充边缘

“柔化填充边缘”命令与“扩展填充”命令相似，都是对图形的轮廓进行放大或缩小填充。不同的是柔化填充边缘可以在填充边缘产生多个逐渐透明的图形层，形成边缘柔化的效果，可用于制作雪花、月光等效果。

执行“修改”|“形状”|“柔化填充边缘”命令，在弹出的“柔化填充边缘”对话框中设置边缘柔化效果，如图 3-120 所示。

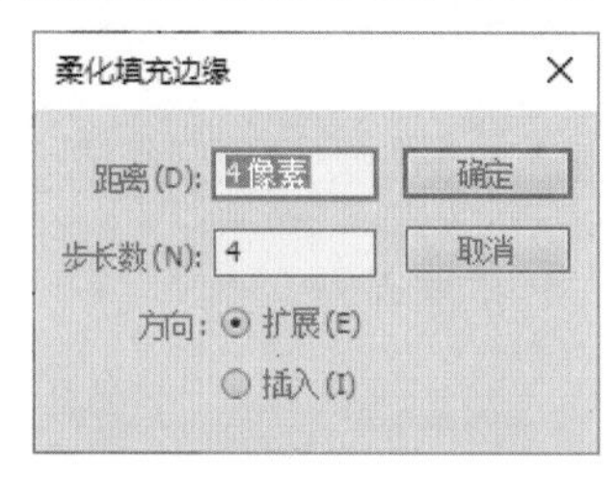

图 3-120

在“柔化填充边缘”对话框中，各参数含义如下。

◎ 距离：边缘柔化的范围，值越大，则柔化越宽，以像素为单位。

◎ 步长数：柔化边缘生成的渐变层数。步长数越多，效果就越平滑。

◎ 方向：选择边缘柔化的方向，选择“扩展”按钮，则向外扩大柔化边缘；选择“插入”按钮，则向内缩小柔化边缘。

3.7 课堂实战：绘制树叶背景

本案例将练习绘制树叶背景，主要涉及的工具包括钢笔工具、宽度工具等。

Step01 新建文档，设置舞台颜色为浅绿色，如图 3-121 所示。

Step02 使用钢笔工具在舞台中合适位置绘制一段线段，如图 3-122 所示。

ACAA课堂笔记

图 3-121

图 3-122

Step03 选中宽度工具，移动光标至线段上，选定宽度点数并拖动宽度手柄，调整线段，如图 3-123 所示。

Step04 使用相同的方式，绘制线段并调整宽度，制作叶柄，效果如图 3-124 所示。

图 3-123

图 3-124

Step05 使用相同的方式，绘制叶脉部分，效果如图 3-125 所示。

Step06 选中绘制的所有对象，按 Ctrl+G 组合键将其组合，如图 3-126 所示。

图 3-125

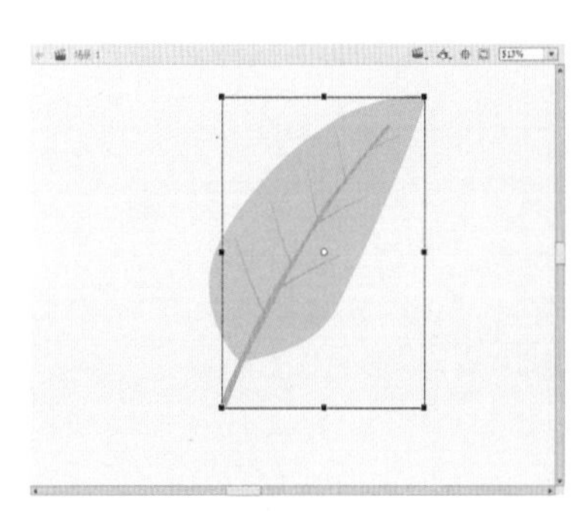

图 3-126

Step07 选中组合对象，按住 Alt 键拖曳复制，并调整至合适位置，如图 3-127 所示。

Step08 使用相同的方法继续复制对象并进行调整，直至铺满整个页面，如图 3-128 所示。

图 3-127

图 3-128

至此，就完成树叶背景的绘制。

ACAA课堂笔记

3.8 课后练习

一、选择题

1. 显示网格的方法是（　　）。

A. 执行“插入”|“网格”|“显示网格”命令

B. 执行“窗口”|“网格”|“显示网格”命令

C. 执行“编辑”|“网格”|“显示网格”命令

D. 执行“视图”|“网格”|“显示网格”命令

2. 若要为对象填充颜色，应该选择（　　）。

A. 墨水瓶工具　　B. 颜料桶工具

C. 滴管工具　　D. 画笔工具

3. 以下（　　）可以对渐变进行变形操作。

A. 渐变变形工具　　B. 部分选取工具

C. 颜料桶工具　　D. 任意变形工具

4. 执行（　　）命令，可以将两个或多个形状重合的部分创建为新形状，生成的形状使用堆叠中最上面的形状的填充和笔触。

A. “修改”|“合并对象”|“交集”

B. “修改”|“合并对象”|“联合”

C. “修改”|“合并对象”|“裁切”

D. “修改”|“合并对象”|“打孔”

二、填空题

1. Animate 软件中的辅助工具包括________、网格、________等。

2. ________可以比较精确地选取不规则图形。

3. ________可以变化笔触的粗细度，从而调整笔触效果。

4. 墨水瓶工具可以改变当前线条的颜色（不包括渐变和位图）、________和________等，或者为填充色描边，包括笔触颜色、笔触高度与笔触样式的设置。

三、操作题

1. 绘制自然景物

（1）本案例将练习使用矩形工具、渐变变形工具、钢笔工具等绘制自然景物。效果如图 3-129 所示。

（2）操作思路：

Step01 打开本章素材文件，使用矩形工具绘制渐变矩形，并进行调整；

Step02 新建图层，并绘制图像；

Step03 将“库”面板中的素材文件拖曳至舞台中，并进行调整。

图 3-129

Step04 保存文件即可。

2. 绘制企业标志

（1）本案例将练习制作企业标志，涉及的知识点包括钢笔工具、颜料桶工具、滤镜等，效果如图 3-130 所示。

图 3-130

（2）操作思路：

Step01 打开 Animate 软件，新建文档并设置舞台颜色；

Step02 使用钢笔工具绘制蝴蝶图像，并进行调整填充；

Step03 将其转换为元件，并添加滤镜效果；

Step04 保存文件。

第4章 时间轴与图层的应用

内容导读

时间轴和图层是 Animate 动画的基础，几乎所有动画的播放顺序、动作行为等都是在时间轴和图层中设置的。通过本章的学习，可以帮助读者熟悉“时间轴”面板、帧的类型、帧的编辑操作以及图层的编辑操作等。

学习目标

- 了解“时间轴”面板
- 掌握帧的类型
- 学会编辑帧
- 学会编辑图层

4.1 时间轴和帧

时间轴和帧是非常重要的内容。通过时间轴和帧，可以决定帧对象的播放顺序。本节将对时间轴和帧的相关知识进行详细介绍。

4.1.1 认识时间轴

时间轴是创建动画的核心部分。在时间轴中可以组织和控制一定时间内的图层和帧中的文档内容。图层和帧中的图像、文字等对象随着时间的变化而变化，从而形成动画。启动 Animate 软件后，若工作界面中找不到“时间轴”面板，可以执行“窗口”｜“时间轴”命令，或按 Ctrl+Alt+T 组合键打开“时间轴”面板，如图 4-1 所示。

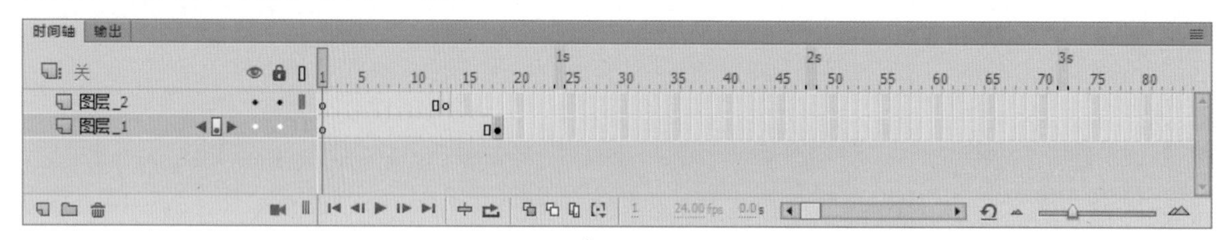

图 4-1

时间轴由图层、播放头、帧等元素组成，各组成部分的含义如下。

◎ 图层：在不同的图层中放置相应的对象，制作层次丰富、变化多样的动画效果。

◎ 播放头：用于指示当前在舞台中显示的帧。

◎ 帧：是 Animate 动画的基本单位，代表不同的时刻。

◎ 帧频率：用于指示当前动画每秒钟播放的帧数。

◎ 运行时间：用于指示播放到当前位置所需要的时间。

4.1.2 帧概述

帧是影像动画中的最小单位。在 Animate 软件中，一帧就是一幅静止的画面，画面中的对象在不同的帧中产生大小、位置、形状等的变化，再以一定的速度从左到右播放时间轴中的帧，连续的帧就形成动画。帧数，就是在 1 秒钟时间里传输的图片的帧数，通常用 fps（Frames Per Second）表示。帧率越高，动画越流畅逼真。下面将介绍帧的相关知识。

1. 帧的类型

Animate 软件中的帧主要分为 3 种类型，即普通帧、关键帧和空白关键帧，如图 4-2 所示。

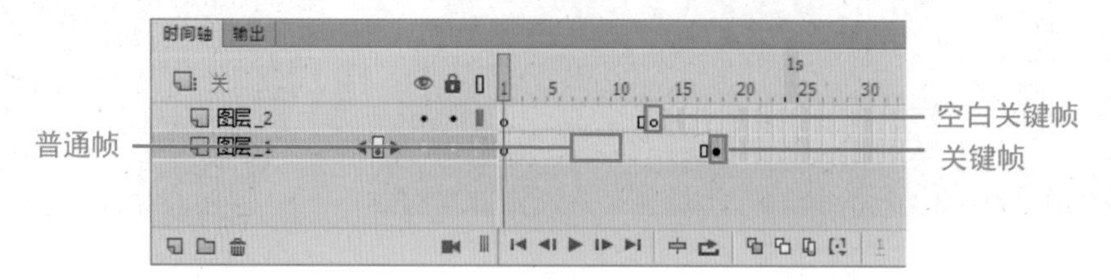

图 4-2

这 3 种帧的作用介绍如下。

◎ 关键帧：关键帧是指在动画播放过程中，呈现关键性动作或内容变化的帧。关键帧定义了动画的变化环节。在时间轴中，关键帧以一个实心的小黑点来表示。

◎ 普通帧：普通帧一般处于关键帧后方，其作用是延长关键帧中动画的播放时间，一个关键帧后的普通帧越多，该关键帧的播放时间越长。普通帧以灰色方格来表示。

◎ 空白关键帧：这类关键帧在时间轴中以一个空心圆表示，该关键帧中没有任何内容。若在其中添加内容，则转变为关键帧。

2. 设置帧的显示状态

单击“时间轴”面板右上角的菜单按钮，在弹出的下拉菜单中选择相应的命令，即可改变帧的显示状态，如图 4-3 所示为弹出的下拉菜单。

图 4-3

该下拉菜单中常用选项的作用如下。

◎ 很小 / 小 / 一般 / 中 / 大：用于设置帧单元格的大小。

◎ 预览：以缩略图的形式显示每帧的状态。

◎ 关联预览：显示对象在各帧中的位置，有利于观察对象在整个动画过程中的位置变化。

◎ 较短：缩小帧单元格的高度。

◎ 彩色显示帧：该命令是系统默认的选项，用于设置帧的外观以不同的颜色显示。若取消对该选项的勾选，则所有的帧都以白色显示。

3. 设置帧速率

帧速率就是单位时间内播放的帧数。帧速率太低会使动画卡顿，帧速率太高会使动画的细节变得模糊。默认情况下，Animate 文档的帧速率是 24 帧 / 秒。

设置帧速率的方法主要有以下 3 种。

◎ 在时间轴底部的“帧频率”标签上单击，在文本框中直接输入。

◎ 在“文档设置”对话框的“帧频”文本框中进行设置，如图 4-4 所示。

◎ 在“属性”面板的 FPS 文本框中输入，如图 4-5 所示。

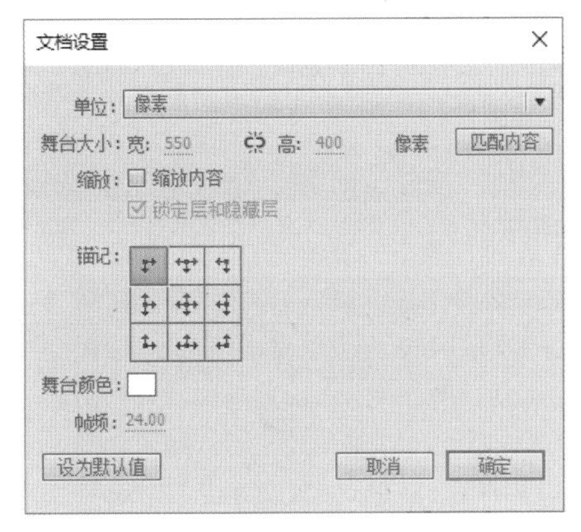

图 4-4

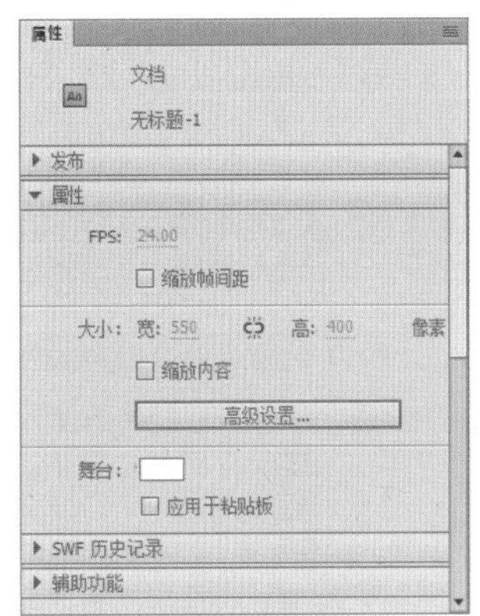

图 4-5

ACAA课堂笔记

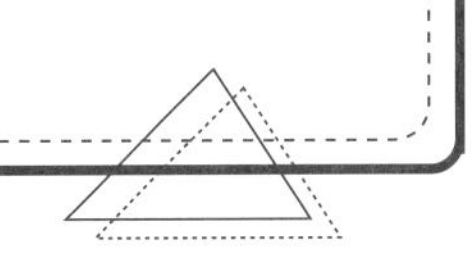

4.2 帧的编辑

连续的帧组成了动画，在制作动画时，需要掌握帧的基本操作。编辑帧的基本操作包括选择帧、插入帧、移动帧、复制帧、删除和清除帧、转换帧等。本节将对此进行介绍。

4.2.1 选择帧

在编辑帧之前，需要先选中帧。根据选择范围的不同，帧的选择有以下 4 种情况。

◎ 若要选中单个帧，只需在时间轴上单击帧所在位置即可，如图 4-6 所示。

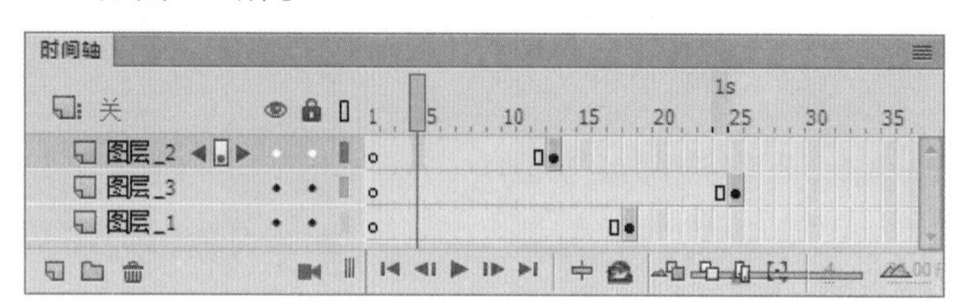

图 4-6

◎ 若要选择连续的多个帧，可以直接按住鼠标左键拖动，或先选择第一帧，然后按住 Shift 键单击最后一帧，如图 4-7 所示。

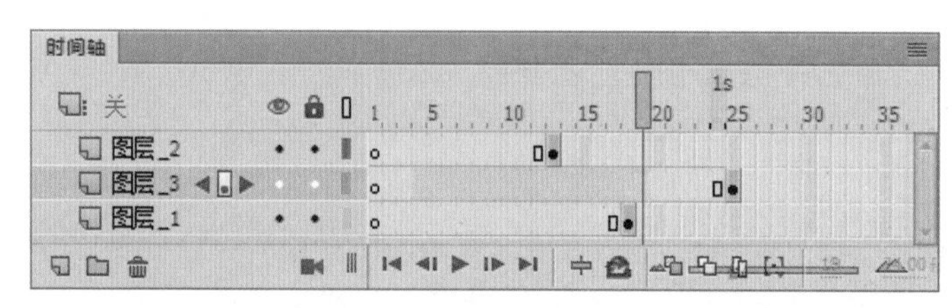

图 4-7

◎ 若要选择不连续的多个帧，按住 Ctrl 键，依次单击要选择的帧即可，如图 4-8 所示。

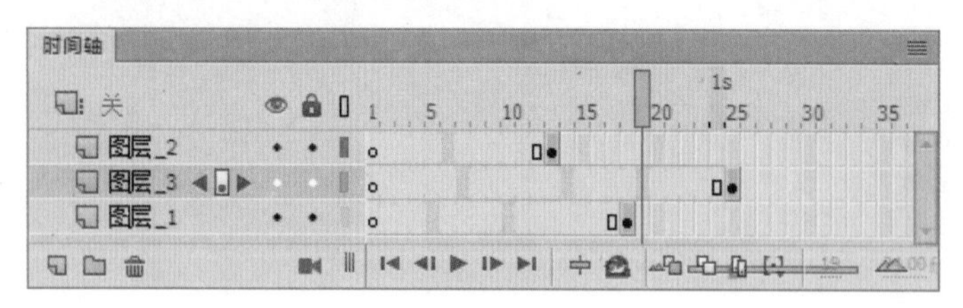

图 4-8

◎ 若要选择所有的帧，只需选择某一帧后右击鼠标，在弹出的快捷菜单中选择“选择所有帧”命令即可，如图 4-9 所示。

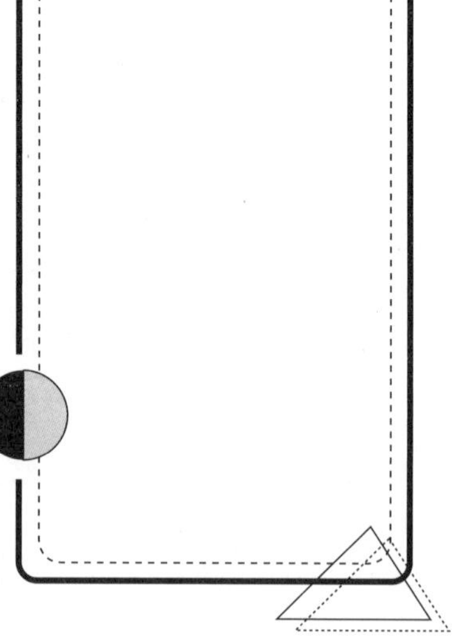

ACAA课堂笔记

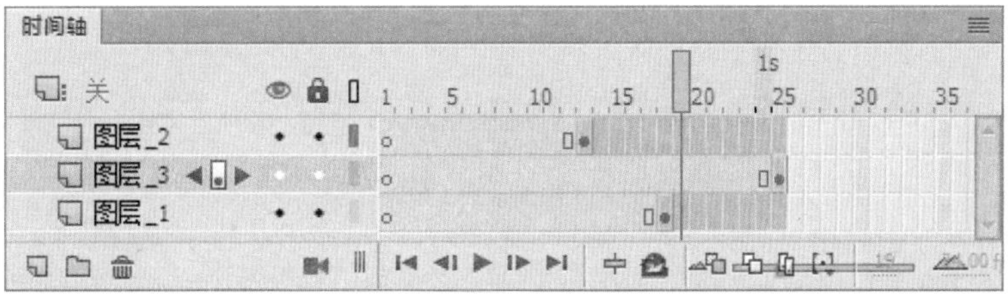

图 4-9

4.2.2 插入帧

根据制作动画的需要，用户可以在编辑动画过程中任意插入普通帧、关键帧以及空白关键帧。接下来将针对这 3 种类型帧的插入方式进行介绍。

1. 插入普通帧

插入普通帧的方法主要有以下 3 种。

◎ 在需要插入帧的位置右击鼠标，在弹出的快捷菜单中选择“插入帧”命令。

◎ 在需要插入帧的位置单击鼠标，执行“插入”｜“时间轴”｜“帧”命令。

◎ 在需要插入帧的位置单击鼠标，按 F5 键。

2. 插入关键帧

插入关键帧主要有以下 3 种方法。

◎ 在需要插入关键帧的位置右击鼠标，在弹出的快捷菜单中选择“插入关键帧”命令。

◎ 在需要插入关键帧的位置单击鼠标，执行“插入”｜“时间轴”｜“关键帧”命令。

◎ 在需要插入关键帧的位置单击鼠标，按 F6 键。

3. 插入空白关键帧

插入空白关键帧主要有以下 4 种方法。

◎ 在需要插入空白关键帧的位置右击鼠标，在弹出的快捷菜单中选择“插入空白关键帧”命令。

◎ 若前一个关键帧中有内容，在需要插入空白关键帧的位置单击鼠标，执行“插入”｜“时间轴”｜“空白关键帧”命令。

◎ 若前一个关键帧中没有内容，直接插入关键帧即可得到空白关键帧。

◎ 按 F7 键插入。

4.2.3 移动帧

在制作动画的过程中，若需要重新调整时间轴上帧的顺序，可以选中要移动的帧，然后按住鼠标左键将其拖曳至目标位置，如图 4-10、图 4-11 所示。

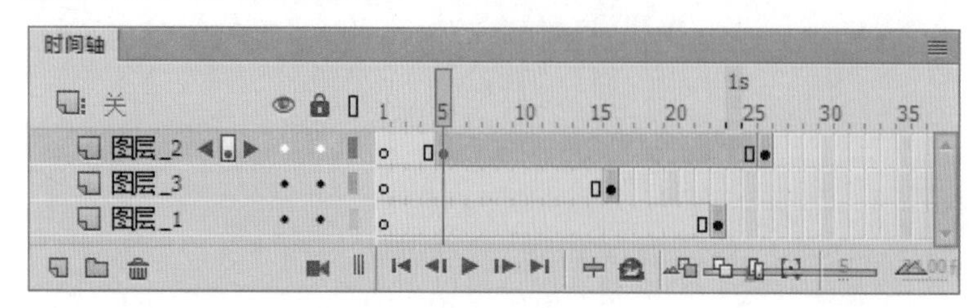

图 4-10

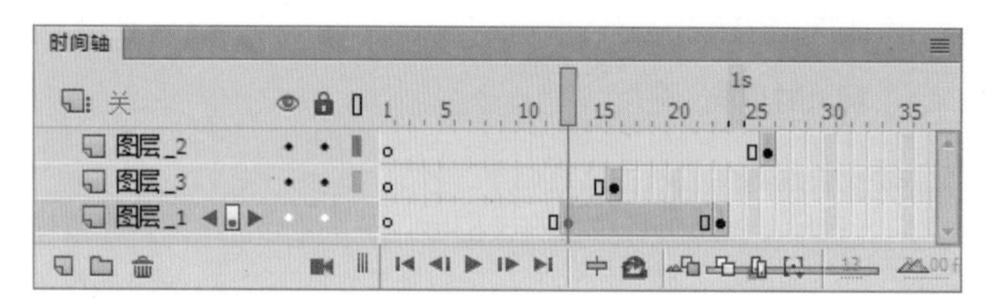

图 4-11

4.2.4 复制帧

在制作动画的过程中，对帧进行复制操作可以得到内容完全相同的帧，从而减少工作时间，提升工作效率。

复制帧的方法主要有以下两种。

◎ 选中要复制的帧，按住 Alt 键拖曳至目标位置即可。

◎ 选中要复制的帧，右击鼠标，在弹出的快捷菜单中选择“复制帧”命令；移动鼠标至目标位置，右击鼠标，在弹出的快捷菜单中选择“粘贴帧”命令即可。

4.2.5 删除和清除帧

用户可以通过删除帧或清除帧来处理文档中多余的或错误的帧。删除帧可以将帧删除；而清除帧只清除帧中的内容，将选中的帧转换为空白帧，不删除帧。

1. 删除帧

选中要删除的帧，右击鼠标，在弹出的快捷菜单中选择“删除帧”命令或按 Shift+F5 组合键，即可将帧删除。

2. 清除帧

选中要清除的帧，右击鼠标，在弹出的快捷菜单中选择“清除帧”命令即可。

ACAA课堂笔记

知识点拨

若想清除关键帧，选中要清除的关键帧，右击鼠标，在弹出的快捷菜单中选择"清除关键帧"命令，即可将选中的关键帧转化为普通帧。

4.2.6 转换帧

用户可以根据需要将帧转换为关键帧或空白关键帧。

1. 转换为关键帧

选中要转换为关键帧的帧，右击鼠标，在弹出的快捷菜单中选择"转换为关键帧"命令即可，如图 4-12 所示。

2. 转换为空白关键帧

"转换为空白关键帧"命令可以将当前帧以后的帧转换为空白关键帧。选中需要转换为空白关键帧的帧，右击鼠标，在弹出的快捷菜单中选择"转换为空白关键帧"命令即可，如图 4-13 所示。

图 4-12　　图 4-13

知识点拨

"翻转帧"命令可以颠倒选中的帧的播放序列，即最后一个关键帧变为第一个关键帧，第一个关键帧成为最后一个关键帧。

选中时间轴中某一图层上的所有帧（该图层上至少包含有两个关键帧，且位于帧序的开始和结束位置）或多个帧，使用以下任意一种方法即可完成翻转帧的操作：

◎ 执行"修改"｜"时间轴"｜"翻转帧"命令。

◎ 在选中的帧上右击鼠标，在弹出的快捷菜单中选择"翻转帧"命令。

实例：制作文字波动效果

本案例将练习制作文字波动效果，涉及的知识点主要包括关键帧的插入、文字工具T的使用等。

Step01 新建文档，并设置舞台颜色为浅粉色，如图 4-14 所示。

Step02 使用文字工具T在舞台中输入文字，选中输入的文字，在"属性"面板中设置文字属性，效果如图 4-15 所示。

图 4-14

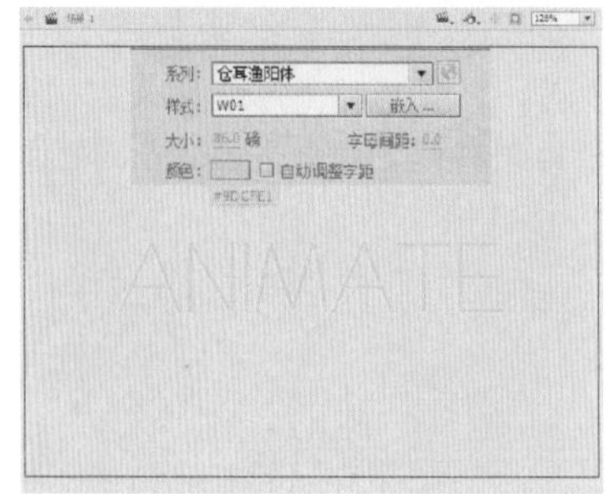

图 4-15

Step03 选中输入的文字，按 Ctrl+B 组合键将其打散，如图 4-16 所示。

Step04 选中“时间轴”面板中的第 2 帧，按 F6 键插入关键帧，选中第 1 个字母，向上移动其位置，效果如图 4-17 所示。

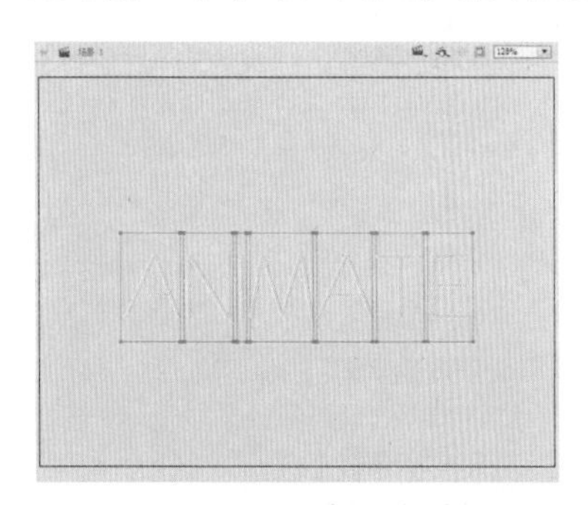

图 4-16

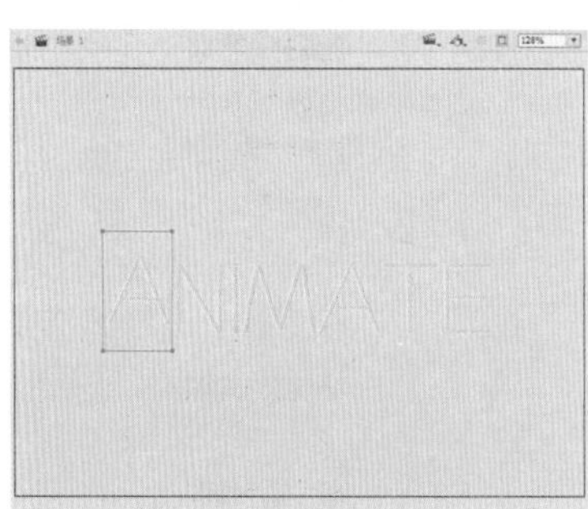

图 4-17

Step05 选中“时间轴”面板中的第 3 帧，按 F6 键插入关键帧，选中第 1 个字母和第 2 个字母，向上移动其位置，效果如图 4-18 所示。

Step06 选中“时间轴”面板中的第 4 帧，按 F6 键插入关键帧，选中第 1 个字母向下移动其位置，选中第 2 个字母和第 3 个字母向上移动其位置，效果如图 4-19 所示。

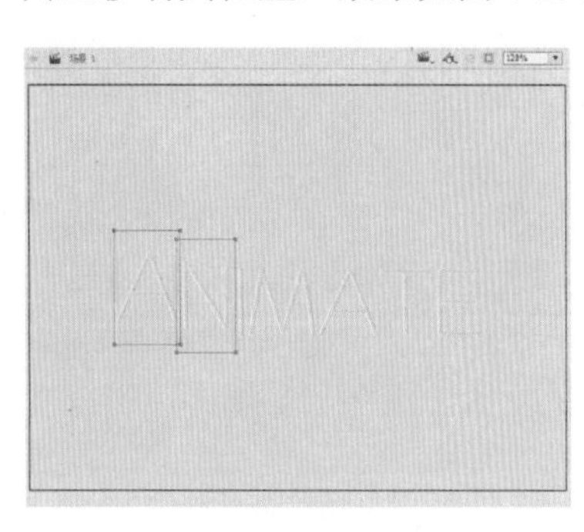

图 4-18

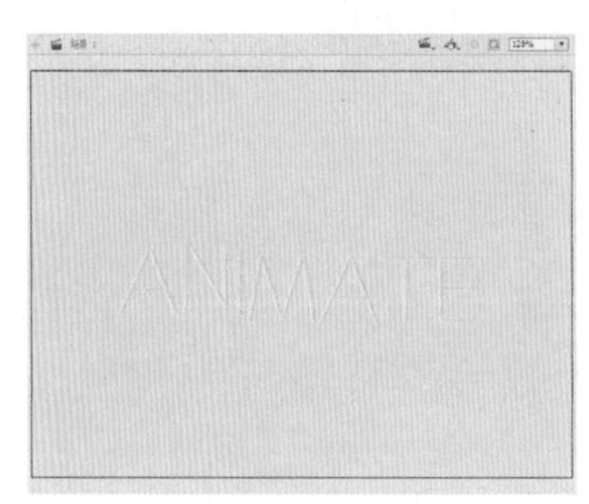

图 4-19

ACAA课堂笔记

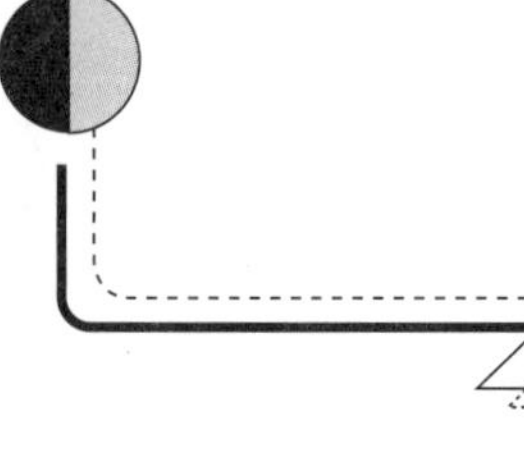

ACAA课堂笔记

Step07 选中“时间轴”面板中的第 5 帧，按 F6 键插入关键帧，选中第 1 个字母和第 2 个字母向下移动其位置，选中第 3 个字母和第 4 个字母向上移动其位置，效果如图 4-20 所示。

Step08 选中“时间轴”面板中的第 6 帧，按 F6 键插入关键帧，选中第 2 个字母和第 3 个字母向下移动其位置，选中第 4 个字母和第 5 个字母向上移动其位置，效果如图 4-21 所示。

图 4-20

图 4-21

Step09 选中“时间轴”面板中的第 7 帧，按 F6 键插入关键帧，选中第 3 个字母和第 4 个字母向下移动其位置，选中第 5 个字母和第 6 个字母向上移动其位置，效果如图 4-22 所示。

Step10 选中“时间轴”面板中的第 8 帧，按 F6 键插入关键帧，选中第 4 个字母和第 5 个字母向下移动其位置，选中第 6 个字母和第 7 个字母向上移动其位置，效果如图 4-23 所示。

图 4-22

图 4-23

Step11 选中“时间轴”面板中的第 9 帧，按 F6 键插入关键帧，选中第 5 个字母和第 6 个字母向下移动其位置，选中第 7 个字母向上移动其位置，效果如图 4-24 所示。

Step12 选中“时间轴”面板中的第 10 帧，按 F6 键插入关键帧，选中第 6 个字母和第 7 个字母，向下移动其位置，效果如图 4-25 所示。

图 4-24

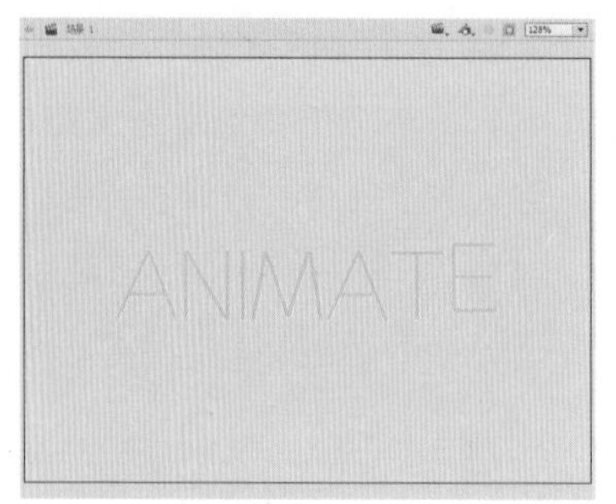

图 4-25

ACAA课堂笔记

Step13 选中“时间轴”面板中的第 11 帧，按 F6 键插入关键帧，选中第 7 个字母，向下移动其位置，效果如图 4-26 所示。

Step14 按 Ctrl+Enter 组合键测试，效果如图 4-27 所示。

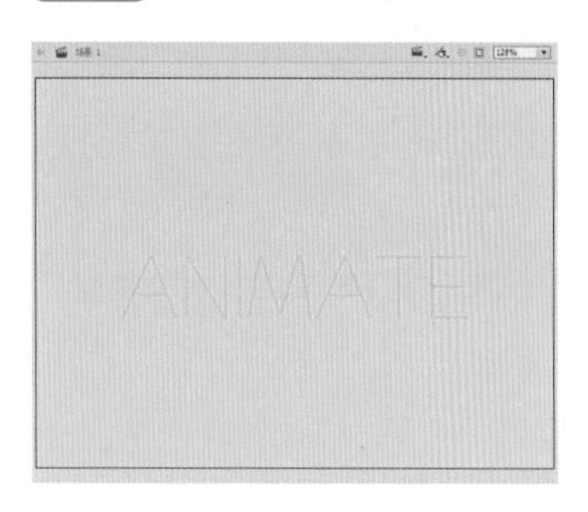

图 4-26

图 4-27

至此，完成文字波动效果的制作。

4.3 图层的编辑

图层就像堆叠在一起的多张幻灯片，每个图层都包含一个显示在舞台中的不同图像。若上面一层的某个区域没有内容，透过这个区域可以看到下面一层相同位置的内容。

新建 Animate 文档后，有且只有“图层 _1”。单击图层编辑区中的“新建图层”按钮，即可添加新的图层，或执行“插入”|“时间轴”|“图层”命令创建新图层。默认情况下，新创建的图层将按照图层 _1、图层 _2、图层 _3 的顺序命名，如图 4-28 所示。

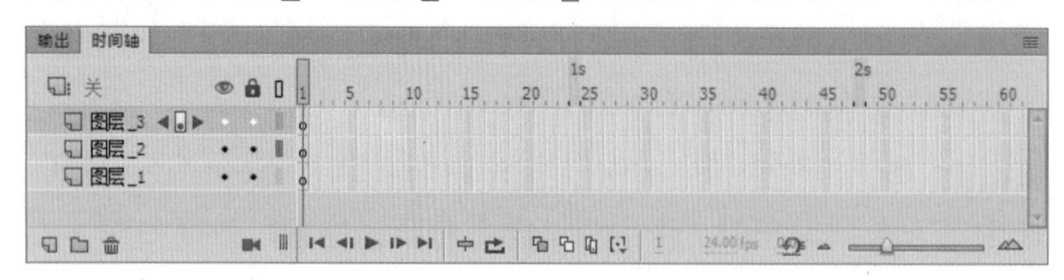

图 4-28

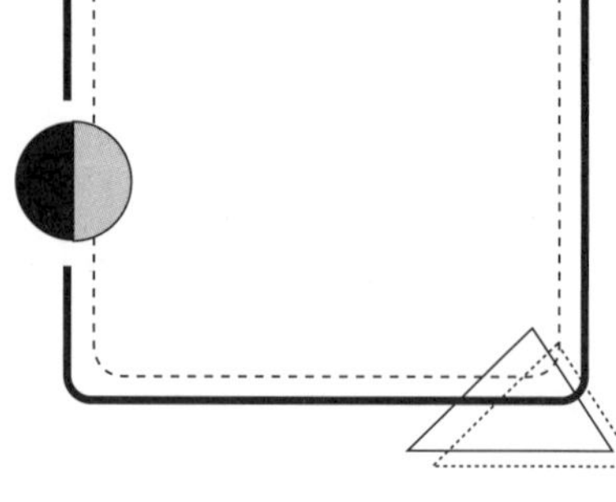

知识点拨

在“图层”编辑区选择已有的图层，右击鼠标，在弹出的快捷菜单中选择“插入图层”命令也可以创建图层。

ACAA课堂笔记

4.3.1 选择图层

在编辑图层之前，需要先选取图层。用户可以根据需要选择单个图层，也可以选择多个图层。

1. 选择单个图层

选择单个图层有以下 3 种方法。

◎ 在时间轴的“图层查看”区中单击图层，即可将其选择。

◎ 在时间轴的“帧查看”区的帧上单击，即可选择该帧所对应的图层。

◎ 在舞台上单击要选择图层中所含的对象，即可选择该图层。

2. 选择多个图层

按住 Shift 键的同时选择图层，可以选择多个相邻的图层，如图 4-29 所示；按住 Ctrl 键的同时选择图层，可以选择多个不相邻的图层，如图 4-30 所示。

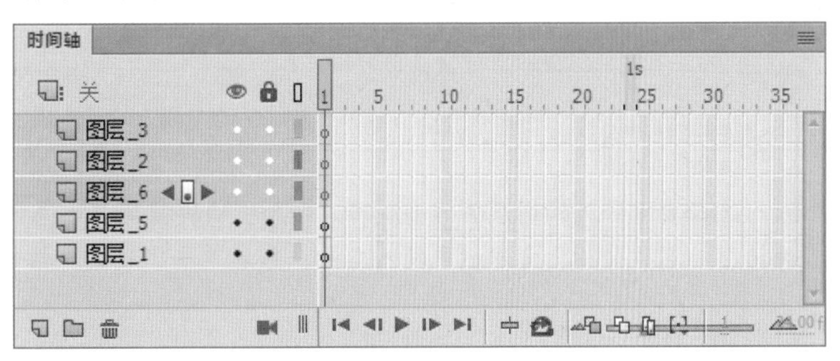

图 4-29

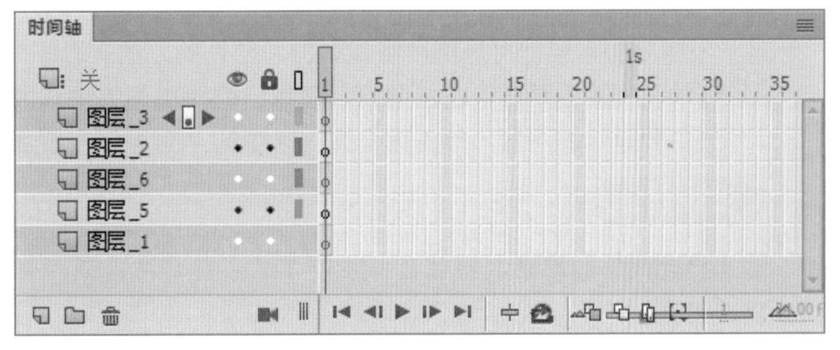

图 4-30

4.3.2 重命名图层

在制作动画的过程中，为了更好地辨识和整理图层内容，可以重命名图层。选中图层，在其名称上双击鼠标左键，进入编辑状态，如图 4-31 所示。在文本框中输入新名称，按 Enter 键或在空白处单击即可，如图 4-32 所示。

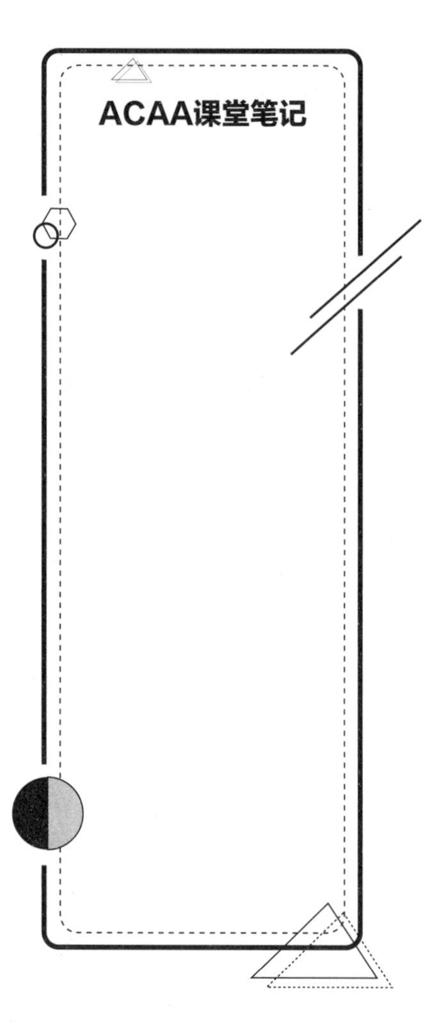

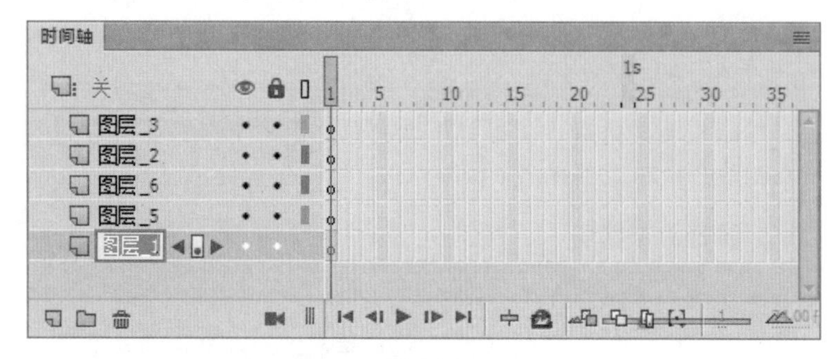

图 4-31

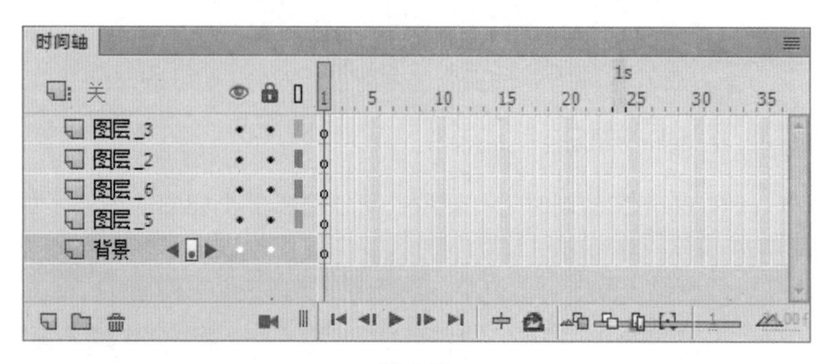

图 4-32

知识点拨

选择要重命名的图层并右击鼠标，在弹出的快捷菜单中选择“属性”命令，打开“图层属性”对话框，在“名称”文本框中输入名称，然后单击“确定”按钮也可重命名图层。

4.3.3 删除图层

对于不需要的图层，用户可以将其删掉。常见的方法有以下两种。

◎ 选中要删除的图层，右击鼠标，在弹出的快捷菜单中选择“删除图层”命令。

◎ 选中要删除的图层，单击图层编辑区中的“删除”按钮。

知识点拨

选择要删除的图层，按住鼠标左键不放，将其拖动到“删除”按钮上，释放鼠标也可删除所选图层。

4.3.4 设置图层的属性

软件中的各个图层都是相互独立的，且拥有独立的时间轴和帧，用户可以在一个图层上修改图

层内容，而不会影响其他图层。

选中图层并右击鼠标，在弹出的快捷菜单中选择“属性”命令，打开“图层属性”对话框，如图 4-33 所示。

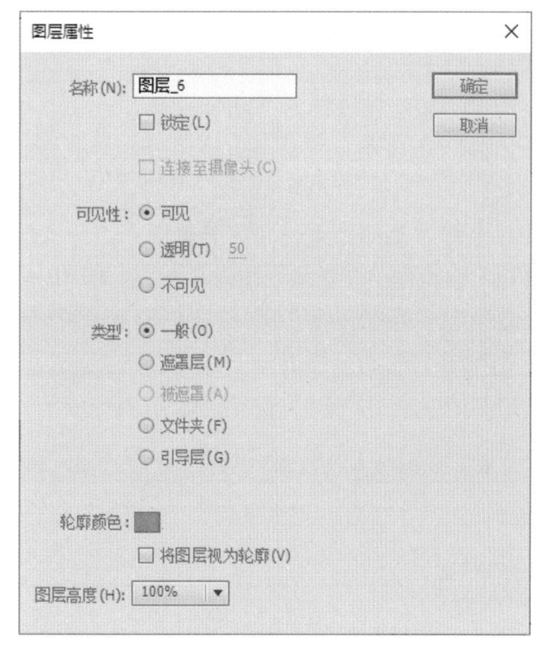

图 4-33

在该对话框中，各选项的含义介绍如下。

◎ 名称：用于设置图层的名称。

◎ 锁定：若勾选该复选框，则锁定图层；若取消勾选该复选框，则可以解锁图层。

◎ 可见性：用于设置图层是否可见。若选择“可见”，则显示图层；若选择“不可见”，则隐藏图层；若选择“透明”，则可以设置图层不透明度。默认选择“可见”。

◎ 类型：用于设置图层类型，包括“一般”“遮罩层”“被遮罩”“文件夹”和“引导层”5 种。默认为“一般”。

◎ 轮廓颜色：用于设置图层轮廓颜色。

◎ 将图层视为轮廓：勾选该复选框，图层中的对象将以线框模式显示。

◎ 图层高度：用于设置图层的高度。

知识点拨

选择图层类型时，有 5 种选项，分别介绍如下。

◎ 若选择“一般”选项，则默认为普通图层；

◎ 若选择“遮罩层”选项，则会将该图层创建为遮罩图层；

◎ 若选择“被遮罩”选项，则该图层与上面的遮罩层建立链接关系，成为被遮罩层，该选项只有在选择遮罩层下面一层时才可用；

◎ 若选择“文件夹”选项，则会将图层转化为图层文件夹；

◎ 若选择“引导层”选项，则会将当前图层设为引导层。

4.3.5 设置图层的状态

为了避免误操作其他图层，用户可以对其他图层进行隐藏或锁定的操作。下面将对其相关知识进行介绍。

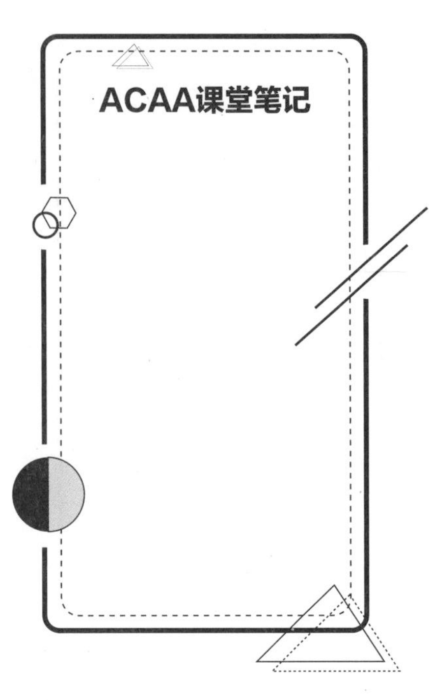

1. 显示与隐藏图层

用户可以根据需要隐藏图层，使画面更加整洁。隐藏状态下的图层不可见也不能被编辑，完成编辑后可以再将隐藏图层显示出来。

单击图层名称右侧的隐藏栏即可隐藏图层，隐藏的图层上将标记一个×符号，再次单击隐藏栏则显示图层，如图 4-34 所示。

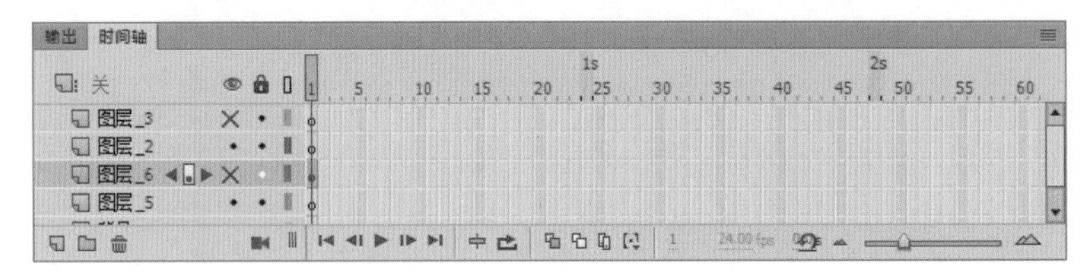

图 4-34

知识点拨

单击“显示或隐藏所有图层”按钮，可以将所有的图层隐藏，再次单击则显示所有图层。

2. 锁定与解锁图层

用户可以根据需要锁定图层，避免不小心修改已经编辑好的图层内容。图层被锁定后不能对其进行编辑，但可在舞台中显示。

选定要锁定的图层，单击图层名称右侧的锁定栏即可锁定图层，锁定的图层上将标记一个符号，再次单击该层中的图标即可解锁，如图 4-35 所示。

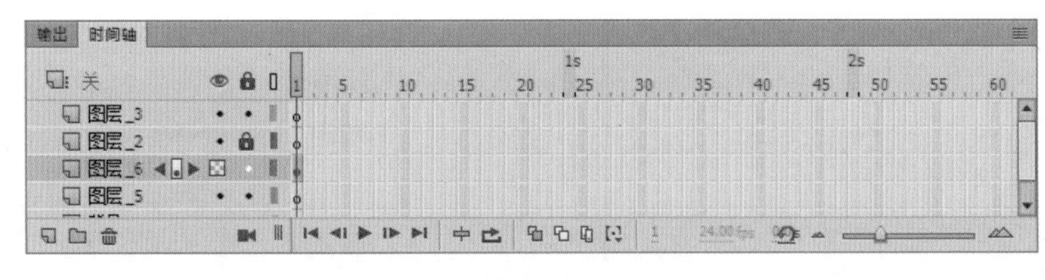

图 4-35

单击“锁定或解除所有锁定图层”按钮，可对所有图层进行锁定与解锁的操作。

3. 显示图层的轮廓

当某个图层中的对象被另外一个图层中的对象所遮盖时，可以使遮盖层处于轮廓显示状态，以便对当前图层进行编辑。图层处于轮廓显示时，舞台中的对象只显示其外轮廓。

单击图层中的“轮廓显示”按钮，可以使该图层中的对象以轮廓方式显示，如图 4-36 所示。再次单击该按钮，可恢复图层中对象的正常显示，如图 4-37 所示。

知识点拨

单击“将所有图层显示为轮廓”按钮，可将所有图层上的对象显示为轮廓，再次单击可恢复显示。每个对象的轮廓颜色和其所在图层右侧的“将所有对象显示为轮廓”图标的颜色相同。

图 4-36

图 4-37

4.3.6 调整图层的顺序

根据需要，用户可以调整图层的顺序，来制作更好的显示效果。选择需要移动的图层，按住鼠标左键并拖动，图层以一条粗横线表示（如图 4-38 所示），拖动图层到相应的位置后释放鼠标，即可将图层拖动到新的位置，如图 4-39 所示。

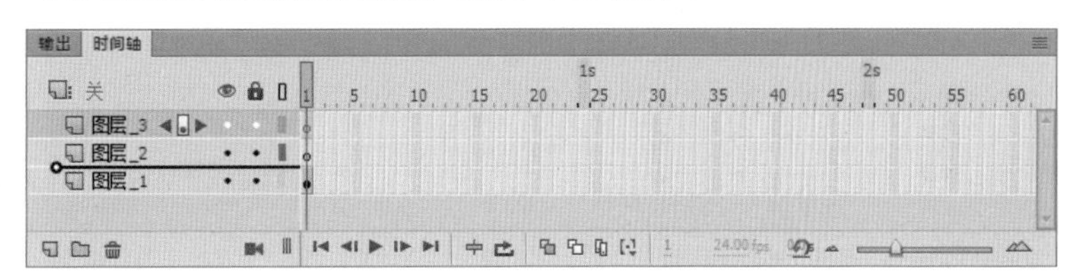

图 4-38

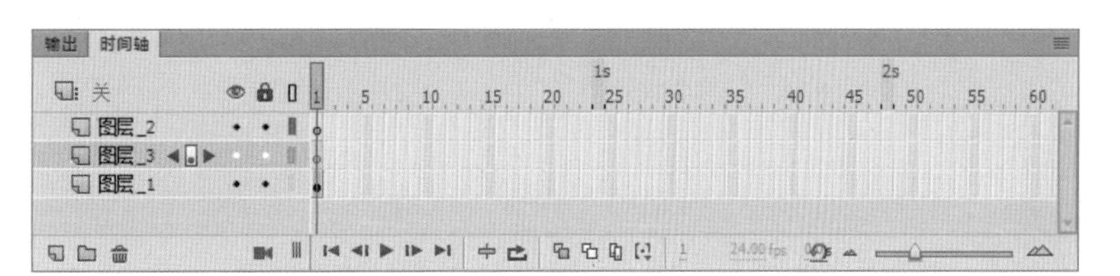

图 4-39

实例：制作分层动画

本案例将练习制作分层动画，涉及的知识点包括新建图层、从“库”面板中导入实例、调整素材大小等。

Step01 执行“文件”｜“打开”命令，打开本章素材文件，并将其另存为“制作分层动画”。从“库”面板中拖曳“背景 .png”至舞台中，并调整至合适大小，效果如图 4-40 所示。

Step02 修改图层 1 名称为“背景”，单击“时间轴”面板中的“新建图层”按钮，新建图层并修改其名称为“房子”，从“库”面板中拖曳“房子 .png”至舞台中，并调整至合适大小，效果如图 4-41 所示。

Step03 使用相同的方法，在“房子”图层上方新建“鸟”图层，并从“库”面板中拖曳“鸟.png”至舞台中，调整至合适大小，效果如图 4-42 所示。

图 4-40

图 4-41

图 4-42

Step04 至此，完成分层动画效果的制作，此时“时间轴”面板中图层排列如图 4-43 所示。

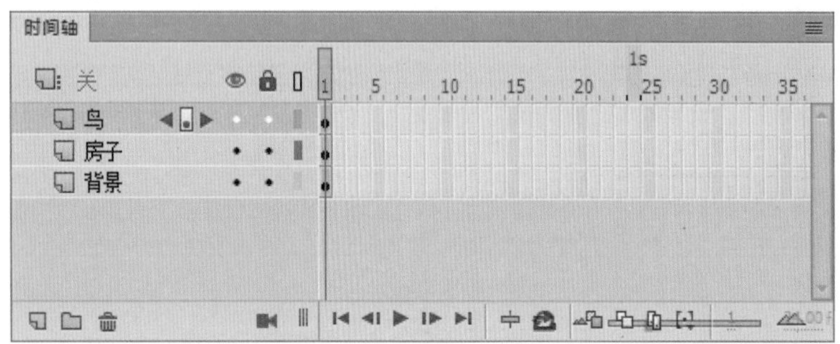

图 4-43

ACAA课堂笔记

4.4 课堂实战：制作热气球飘动效果

本案例将练习制作热气球飘动效果，涉及的知识点包括新建图层、重命名图层、插入关键帧等。

Step01 新建空白文档，并将其保存。执行“文件”|“导入”|“导入到库”命令，导入本章素材文件，如图 4-44 所示。

Step02 在“时间轴”面板中双击图层 1 名称，进入编辑模式，修改其名称为“背景”，并从“库”面板中拖曳“背景.png”至舞台中，效果如图 4-45 所示。在第 20 帧按 F5 键插入帧。

Step03 单击图层编辑区中的“新建图层”按钮，新建“树”图层，并从“库”面板中拖曳“树.png”至舞台中，调整至合适大小与位置，效果如图 4-46 所示。

Step04 选中舞台中的树，按住 Alt 键拖曳复制，并调整合适大小

ACAA课堂笔记

与位置，重复几次，效果如图 4-47 所示。

图 4-44

图 4-45

图 4-46

图 4-47

Step05 在“树”图层上方新建“热气球 1”图层，从“库”面板中拖曳“热气球 1.png”至舞台中，调整至合适大小与位置，效果如图 4-48 所示。

Step06 选择“热气球 1”图层的第 3 帧，按 F6 键插入关键帧，调整热气球位置与大小，使其变小并向右上方移动，效果如图 4-49 所示。

图 4-48

图 4-49

Step07 选择“热气球 1”图层的第 5 帧，按 F6 键插入关键帧，调整热气球位置与大小，效果如图 4-50 所示。

Step08 重复操作，直至热气球完全在舞台外，如图 4-51 所示。

Step09 在“热气球 1”图层上方新建“热气球 2”图层，在第 5 帧按 F6 键插入关键帧，从“库”面板中拖曳“热气球 2.png”至舞台中，调整至合适大小与位置，效果如图 4-52 所示。

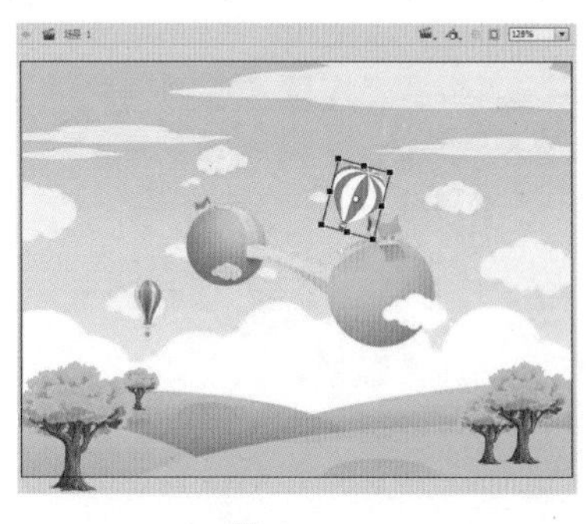
图 4-50

图 4-51

图 4-52

Step10 使用相同的方法，制作热气球飘至舞台外的效果，如图 4-53 所示。

Step11 至此，完成热气球飘动效果的制作。按 Ctrl+Enter 组合键测试，效果如图 4-54、图 4-55 所示。

图 4-53

图 4-54

图 4-55

ACAA课堂笔记

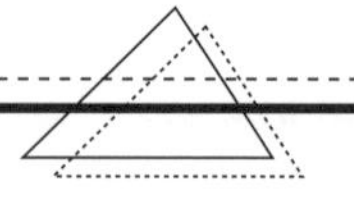

4.5 课后练习

一、选择题

1. 影像动画中最小的单位是（　　）。

A. 秒　　B. 毫秒　　C. 帧　　D. 分

2. 插入普通帧的快捷键是（　　）。

A. F4　　B. F5　　C. F6　　D. F7

3. 在整理错误文档时，若只想清除帧中的内容，应右击鼠标，在弹出的快捷菜单中选择（　　）命令。

A. 清除帧　　B. 删除帧

C. 插入帧　　D. 剪切帧

4. Animate 中不包括以下（　　）类型图层。

A. 运动层　　B. 遮罩层

C. 普通层　　D. 引导层

二、填空题

1. 在时间轴中可以组织和控制一定时间内的 ______ 和 ______ 中的文档内容。
2. 在 Animate 软件中，若要选择不连续的多个帧，按住 ______ 键，依次单击要选择的帧即可。
3. 在“图层属性”对话框中，可以设置图层的名称、______、______、轮廓颜色和图层高度等属性。
4. 按 ______ 组合键可以打开“时间轴”面板。

三、操作题

1. 制作气球飘动效果

（1）本案例将练习制作气球效果，涉及的知识点包括图层的新建、关键帧的插入等。制作完成后效果如图 4-56、图 4-57 所示。

图 4-56

图 4-57

（2）操作思路：

Step01 打开本章素材文件，执行“插入”｜“新建元件”命令，新建图形元件，并导入气球素材，制作逐帧效果；

Step02 重复制作不同的气球元件；

Step03 切换至场景，导入新建的图形元件，并调整大小和位置；

Step04 测试效果并保存。

2. 制作星星闪烁效果

（1）本案例将练习制作星星闪烁效果。通过该案例，可以练习帧的插入、复制等编辑操作。完成后效果如图 4-58、图 4-59 所示。

图 4-58

图 4-59

（2）操作思路：

Step01 打开本章素材文件，执行“插入”|“新建元件”命令，新建图形元件，并导入星星素材，制作逐帧效果；

Step02 重复制作不同时间闪烁的星星元件；

Step03 切换至场景，导入新建的图形元件，并调整大小和位置；

Step04 测试效果并保存。

第 5 章 元件、库与实例

内容导读

通过使用元件，可以极大地提高动画设计者的工作效率，节省制作时间。在 Animate 软件中，“库”面板中存放有大量元件，用户将“库”面板中的元件拖曳至舞台中就变成了实例；元件可以重复使用。本章节将针对元件、库和实例的相关知识进行介绍。

学习目标

- 了解元件的类型与用途
- 学会创建与编辑元件
- 掌握“库”面板的使用
- 学会设置实例

5.1 元件

元件是构成动画的主体，在影片中发挥着极其重要的作用。一般来说，动画由多个元件组成，这些元件可以在动画中反复使用，从而节省工作时间，大大提高动画的制作效率。

5.1.1 元件的类型

元件是构成动画的基本元素。元件只需要创建一次，即可在整个文档中重复使用。元件中的小动画可以独立于主动画进行播放，每个元件可由多个独立的元素组合而成。

根据功能和内容的不同，元件可分为图形元件、影片剪辑元件和按钮元件 3 种类型，如图 5-1 所示。

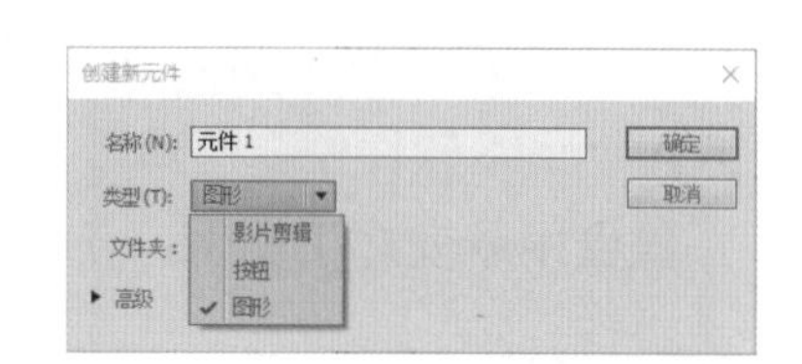

图 5-1

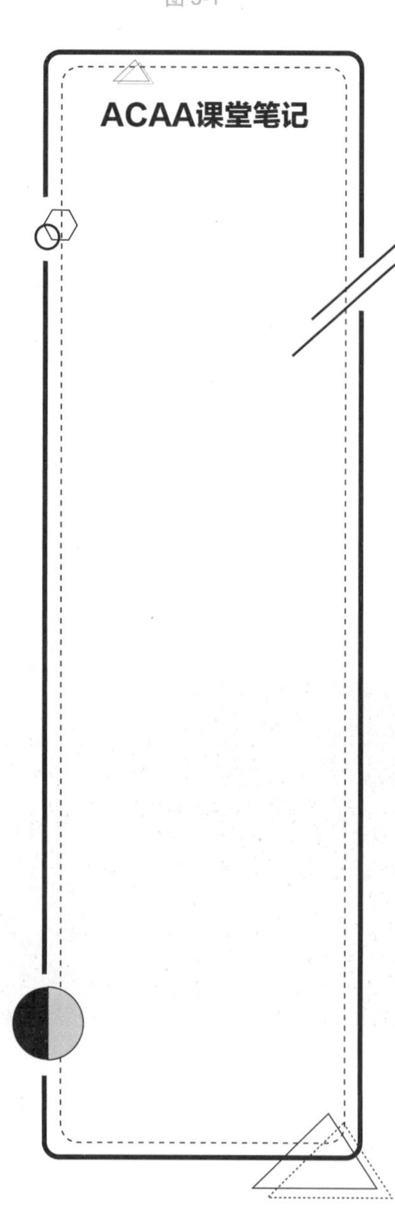

1. 图形元件

图形元件用于制作动画中的静态图形，是制作动画的基本元素之一，它也可以是影片剪辑元件或场景的一个组成部分，但是没有交互性，不能添加声音，也不能为图形元件的实例添加脚本动作。图形元件应用到场景中时，会受到帧序列和交互设置的影响。图形元件与主时间轴同步运行。

2. 影片剪辑元件

使用影片剪辑元件可以创建可重复使用的动画片段，该种类型的元件拥有独立的时间轴，能独立于主动画进行播放。影片剪辑是主动画的一个组成部分，可以将影片剪辑看作是主时间轴内的嵌套时间轴，包含交互式控件、声音以及其他影片剪辑实例。

3. 按钮元件

按钮元件是一种特殊的元件，具有一定的交互性，主要用于创建动画的交互控制按钮。按钮元件具有“弹起”“指针经过”“按下”“点击”4 个不同状态的帧，如图 5-2 所示。用户可以在按钮的不同状态帧上创建不同的内容，既可以是静止图形，也可以是影片剪辑，而且可以给按钮添加时间的交互动作，使按钮具有交互功能。

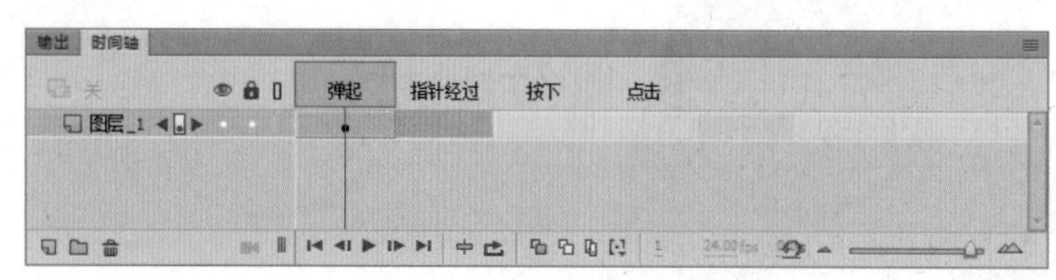

图 5-2

按钮元件对应时间轴上各帧的含义分别如下。

◎ 弹起：表示鼠标没有经过按钮时的状态。

◎ 指针经过：表示鼠标经过按钮时的状态。
◎ 按下：表示鼠标单击按钮时的状态。
◎ 点击：表示用来定义可以响应鼠标事件的最大区域。如果这一帧没有图形，鼠标的响应区域则由“指针经过”和“弹出两帧”的图形来定义。

知识点拨

在制作动画的过程中，用户可以通过多次复制某个对象来达到创作的目的，每个复制的对象都具有独立的文件信息，相应地整个影片的容量也会加大。但如果将对象制作成元件后再加以应用，Animate 就会反复调用同一个对象，从而不会影响影片的容量。

5.1.2 元件的创建

创建元件的方式有两种，即创建一个空白的元件和将舞台上对象转换成元件。

1. 创建空白元件

新建文档，执行“插入”|“新建元件”命令或按Ctrl+F8组合键，打开“创建新元件”对话框，在该对话框中设置参数，如图5-3所示。完成单击“确定”按钮，进入元件编辑模式添加对象即可。

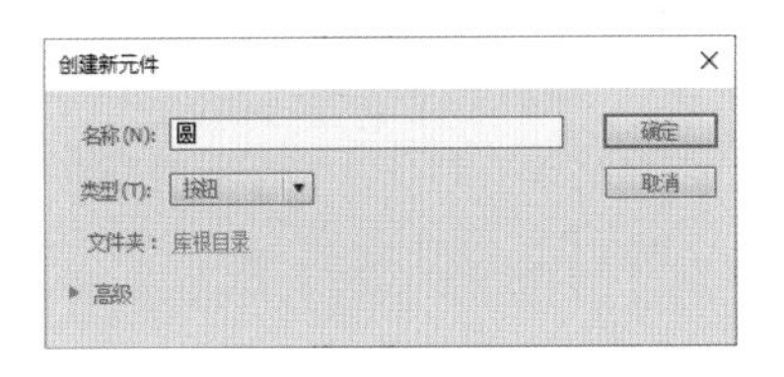

图 5-3

在该对话框中，各主要选项的作用如下。

◎ 名称：用于设置元件的名称。
◎ 类型：用于设置元件的类型，包括“图形”“按钮”和“影片剪辑”3个选项。
◎ 文件夹：在“库根目录”上单击，打开“移至文件夹”对话框，如图5-4所示，在该对话框中用户可以设置元件的放置位置。
◎ 高级：单击该链接，可将该面板展开，对元件进行高级设置，如图5-5所示。

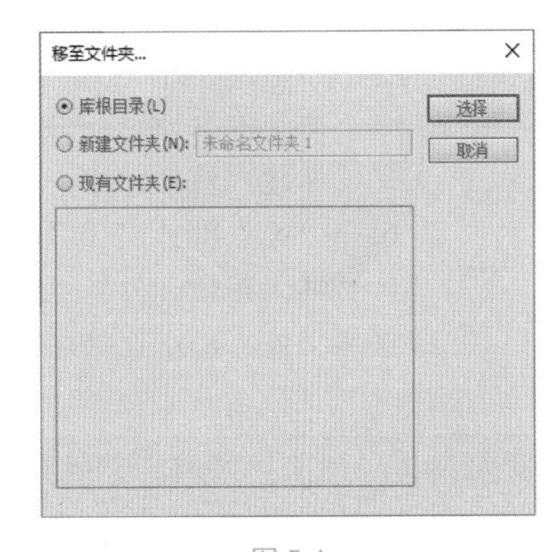

图 5-4

ACAA课堂笔记

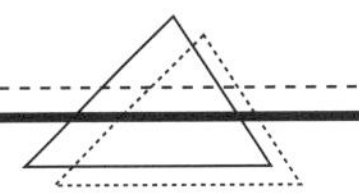

图 5-5

除了通过执行“新建元件”命令创建新元件外，还可以通过以下 3 种方法实现该操作。

◎ 在“库”面板的空白处右击鼠标，在弹出的快捷菜单中选择“新建元件”命令。

◎ 单击“库”面板右上角的菜单按钮，在弹出的下拉菜单中选择“新建元件”命令。

◎ 单击“库”面板底部的“新建元件”按钮。

2. 转换为元件

除了通过创建空白元件新建元件外，用户还可以将舞台中的对象转换为元件。

选中舞台中的对象，执行“修改” | “转换为元件”命令或按 F8 键，打开“转换为元件”对话框，在该对话框中进行设置，如图 5-6 所示。完成后单击“确定”按钮即可。

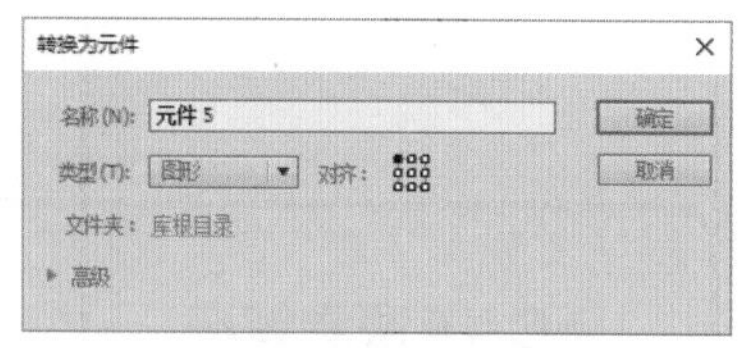

图 5-6

除了通过执行菜单命令将对象转换为元件外，还可以选中对象并右击鼠标，在弹出的快捷菜单中选择“转换为元件”命令将其转换。

5.1.3 元件的编辑

编辑元件时，舞台上所有该对象的实例都会发生相应的变化。下面将对编辑元件的相关知识进行介绍。

ACAA课堂笔记

1. 在当前位置编辑元件

若要在当前位置编辑元件，可以使用以下 4 种方法。

◎ 在舞台上双击要进入编辑状态的元件的一个实例。

◎ 在舞台上选择元件的一个实例，右击鼠标，在弹出的快捷菜单中选择“在当前位置编辑”命令。

◎ 在舞台上选择要进入编辑状态元件的一个实例，执行“编辑”|“在当前位置编辑”命令。

◎ 在当前位置编辑元件时，其他对象以灰显方式出现，从而将它们和正在编辑的元件区别开。正在编辑的元件的名称显示在舞台顶部的编辑栏内，位于当前场景名称的右侧，如图 5-7、图 5-8 所示。

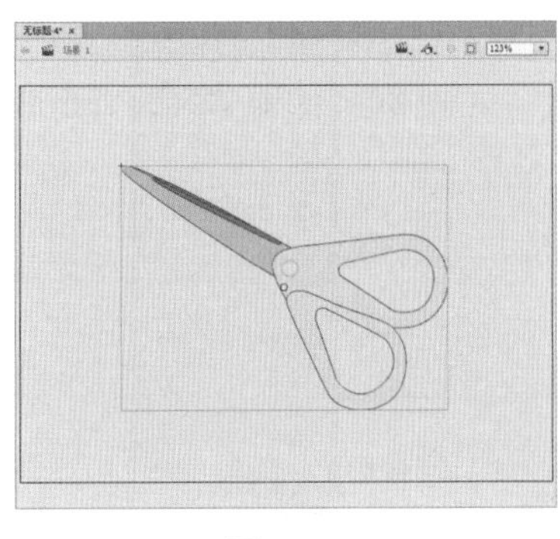

图 5-7

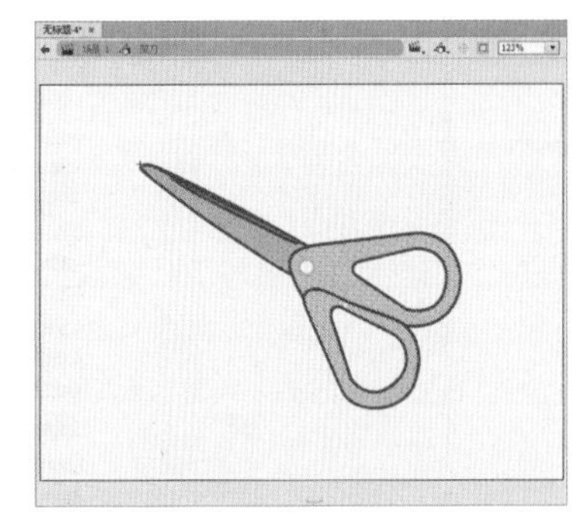

图 5-8

2. 在新窗口中编辑元件

若舞台中对象较多、颜色比较复杂，在当前位置编辑元件不方便，也可以在新窗口中进行编辑。在舞台上选择要进行编辑的元件并右击鼠标，在弹出的快捷菜单中选择“在新窗口中编辑”命令，进入在新窗口中编辑元件的模式，正在编辑的元件的名称会显示在舞台顶部的编辑栏内，且位于当前场景名称的右侧，如图 5-9、图 5-10 所示。

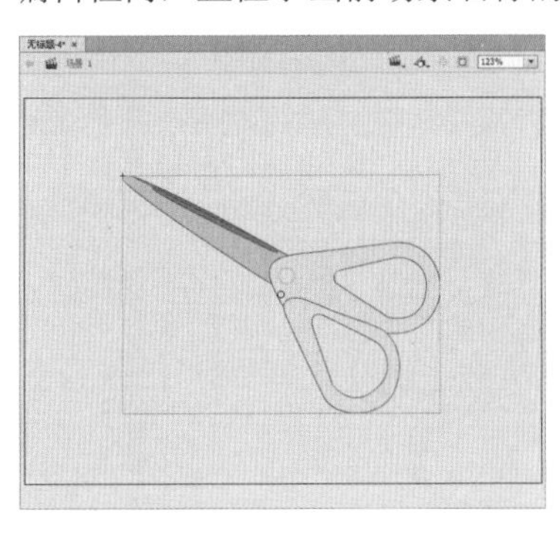

图 5-9

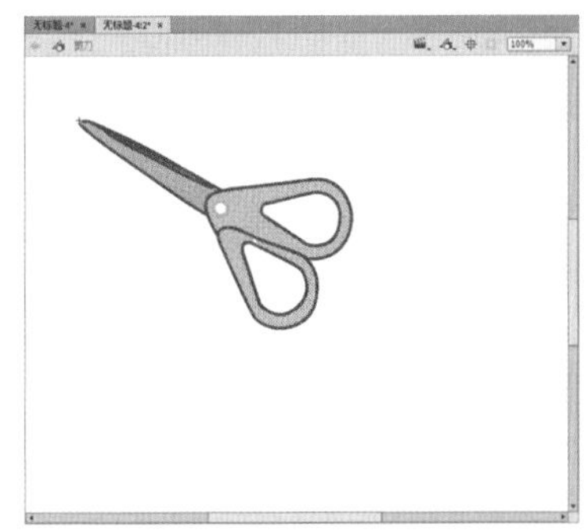

图 5-10

知识点拨

如需退出“在新窗口中编辑元件”模式并返回到文档编辑模式，直接单击标题栏的关闭按钮来关闭新窗口。

3. 在元件的编辑模式下编辑元件

若要在元件的编辑模式下编辑元件，可使用以下 4 种方法。

◎ 在“库”面板中双击要编辑元件名称左侧的图标。

◎ 按 Ctrl+E 组合键。

◎ 选择需要进入编辑模式的元件所对应的实例并右击鼠标，在弹出的快捷菜单中选择“编辑元件”命令，如图 5-11 所示。

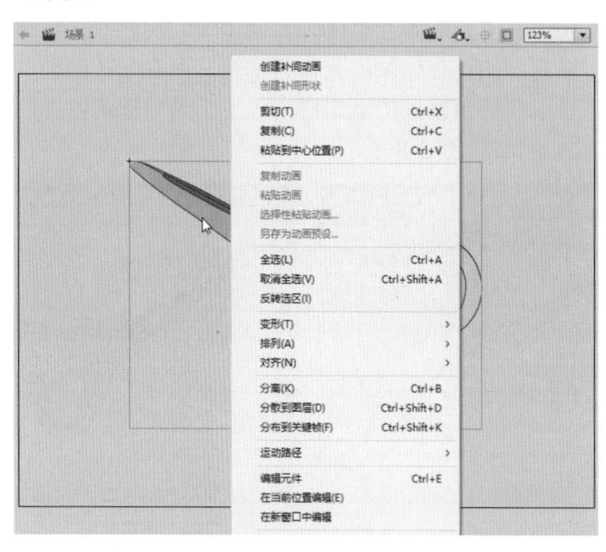

图 5-11

◎ 选择需要进入编辑模式的元件所对应的实例，执行“编辑”｜“编辑元件”命令。

使用该编辑模式，可将窗口从舞台视图更改为只显示该元件的单独视图来编辑它。当前所编辑的元件名称会显示在舞台上方的编辑栏内，位于当前场景名称的右侧，如图 5-12 所示。

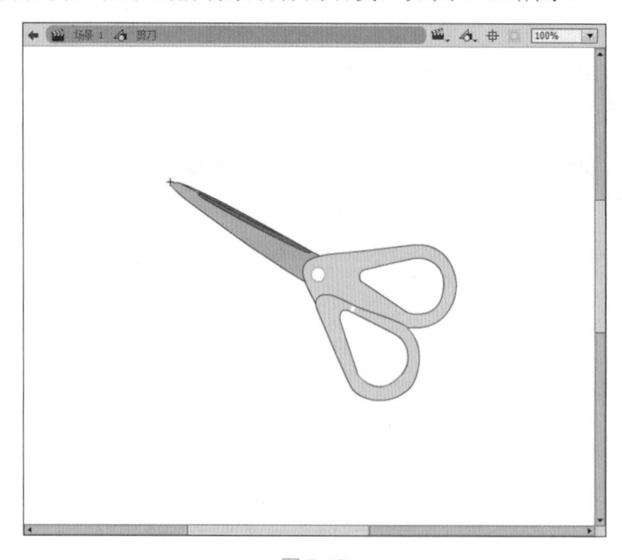

图 5-12

ACAA课堂笔记

实例：制作图形元件

本案例将练习制作图形元件，涉及的知识点包括新建图形元件、绘制图形、插入关键帧等。

Step01 执行“文件”｜“打开”命令，打开本章素材文件，并另存。将“库”面板中的背景元件拖曳至舞台中合适位置，调整至合适大小，如图 5-13 所示。

Step02 执行“插入”｜“新建元件”命令，打开“创建新元件”对话框，设置参数，如图 5-14 所示。

图 5-13

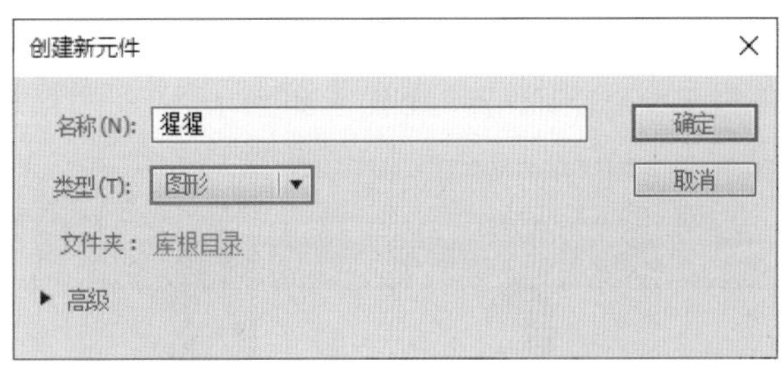

图 5-14

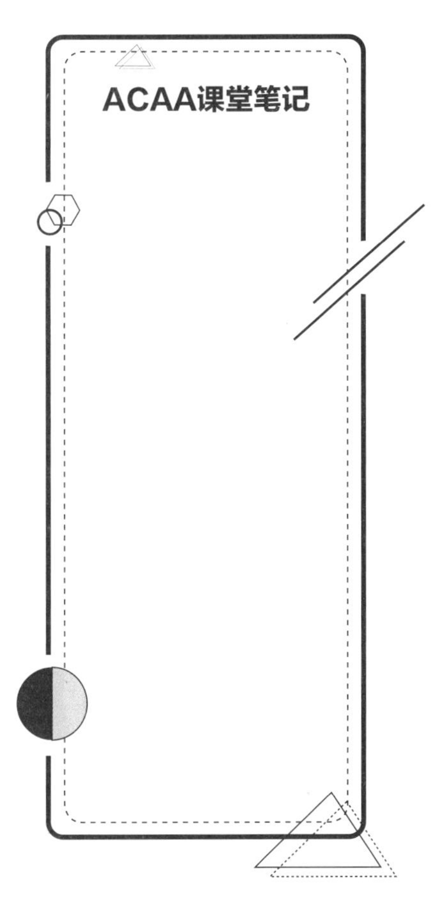

Step03 完成后单击“确定”按钮，进入“猩猩”元件的编辑模式，使用铅笔工具绘制猩猩，将猩猩的每个身体部位按 Ctrl+G 组合键进行合理的组合，新建图层，并从“库”面板中拖曳猩猩头部至舞台中合适位置，如图 5-15 所示。

Step04 使用颜料桶工具为绘制好的猩猩填充颜色，效果如图 5-16 所示。

图 5-15

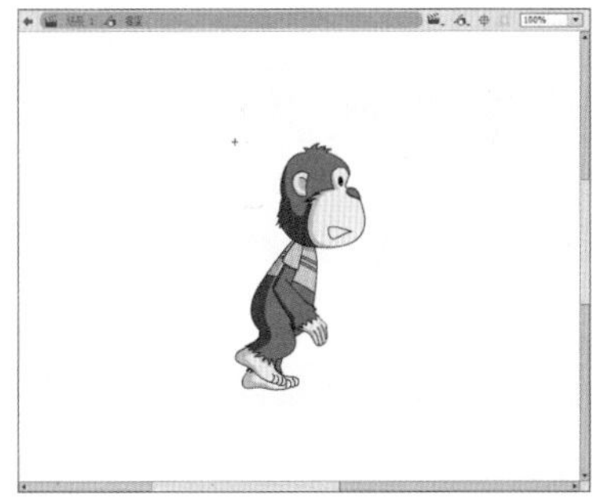

图 5-16

Step05 在第 3 帧处插入关键帧，使用相同的方法绘制猩猩跑动动作，并调整头部状态，效果如图 5-17 所示。

Step06 在第 5 帧处插入关键帧，继续绘制猩猩跑动动作，并调整头部状态，效果如图 5-18 所示。

图 5-17

图 5-18

Step07 使用相同的方法继续绘制，直至第 19 帧时，绘制完成猩猩跑动的循环动作，如图 5-19 所示。在第 20 帧处按 F5 键插入帧。

Step08 切换至场景 1，新建图层，将“库”面板中新建的猩猩元件拖至舞台合适位置，如图 5-20 所示。

图 5-19

图 5-20

Step09 此时猩猩站在原地，在“猩猩”图层的第 50 帧处按 F6 键插入关键帧，在“背景”图层的 50 帧处按 F5 键插入帧，如图 5-21 所示。

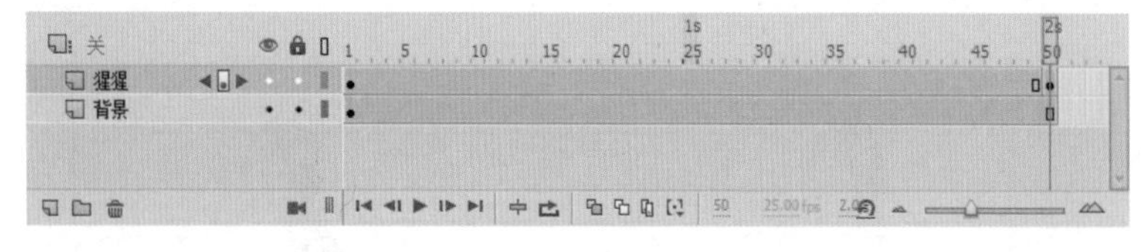

图 5-21

Step10 选中“猩猩”图层中的任意帧，右击鼠标，在弹出的快捷菜单中选择“创建传统补间”命令，创建补间动画，如图 5-22 所示。

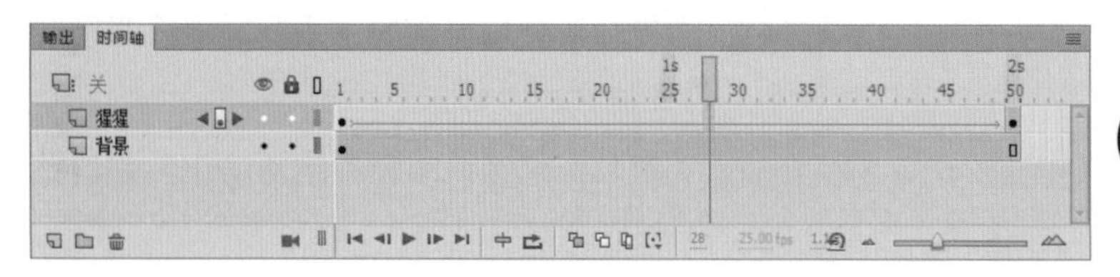

图 5-22

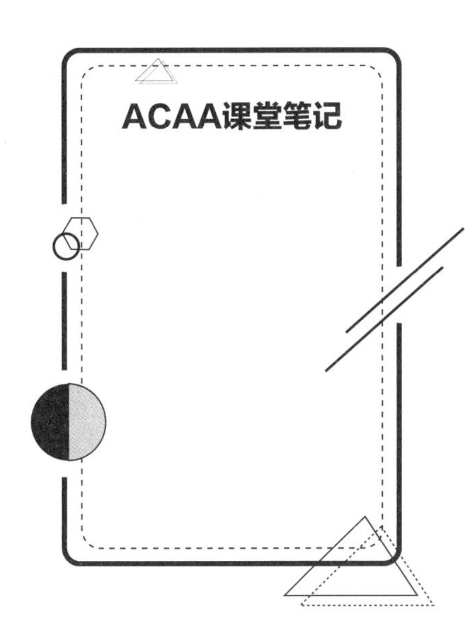

Step11 选择“猩猩”图层的第 50 帧，调整舞台上猩猩的位置，效果如图 5-23 所示。

Step12 至此，完成图形元件的制作。按 Ctrl+Enter 组合键预览动画，效果如图 5-24 所示。

图 5-23

图 5-24

5.2 库

库存储着在 Animate 中制作或导入的所有资源，在使用时直接从该面板中调用即可，也可以从其他影片的“库”面板中调用各种资源。下面将对库的各种操作进行详细介绍。

5.2.1 认识“库”面板

“库”面板用于存储和组织在 Animate 中创建的各种元件和导入的素材资源，执行“窗口”|“库”命令，或按 Ctrl+L 组合键，即可打开“库”面板。其中，每一个库项目的基本信息均会反应在“库”面板中，包括名称、使用次数、修改日期、类型等，分别单击这些选项按钮，即可按照相应的顺序为“库”面板中的对象排序，如图 5-25 所示。

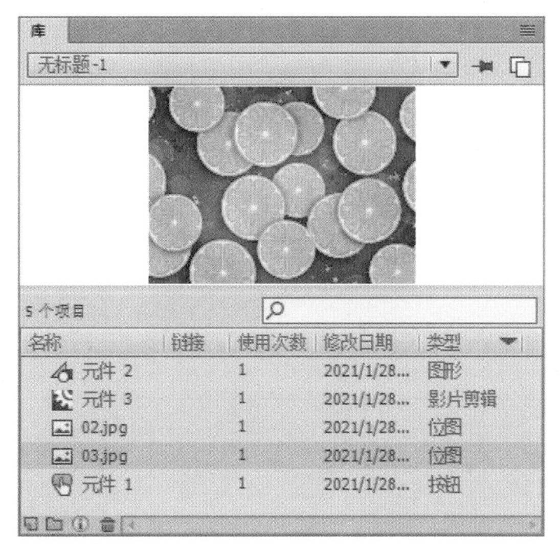

图 5-25

在“库”面板中，各组成部分的作用如下。

◎ 预览窗口：用于显示所选对象的内容。

◎ 菜单按钮☰：单击该按钮，弹出“库”面板的下拉菜单。

◎ “新建库面板”按钮：单击该按钮，可以新建“库”面板。

◎ “新建元件”按钮：单击该按钮，即可打开“创建新元件”对话框，新建元件。

◎ “新建文件夹”按钮：用于新建文件夹。

◎ “属性”按钮ⓘ：用于打开相应的“元件属性”对话框。

◎ “删除”按钮：用于删除库项目。

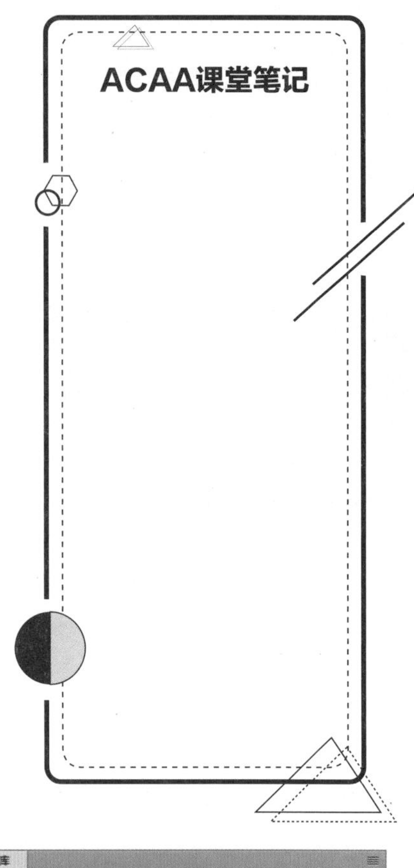

5.2.2 重命名库项目

制作动画时，“库”面板中一般会包含很多库项目，用户可以根据需要重命名库项目，来更好地进行管理。

重命名库项目的方法主要包含以下 3 种。

◎ 双击项目名称。

◎ 单击“库”面板右上角的菜单按钮，在弹出的下拉菜单中选择“重命名”命令，如图 5-26 所示。

◎ 选择项目并右击鼠标，在弹出的快捷菜单中选择“重命名”命令，如图 5-27 所示。

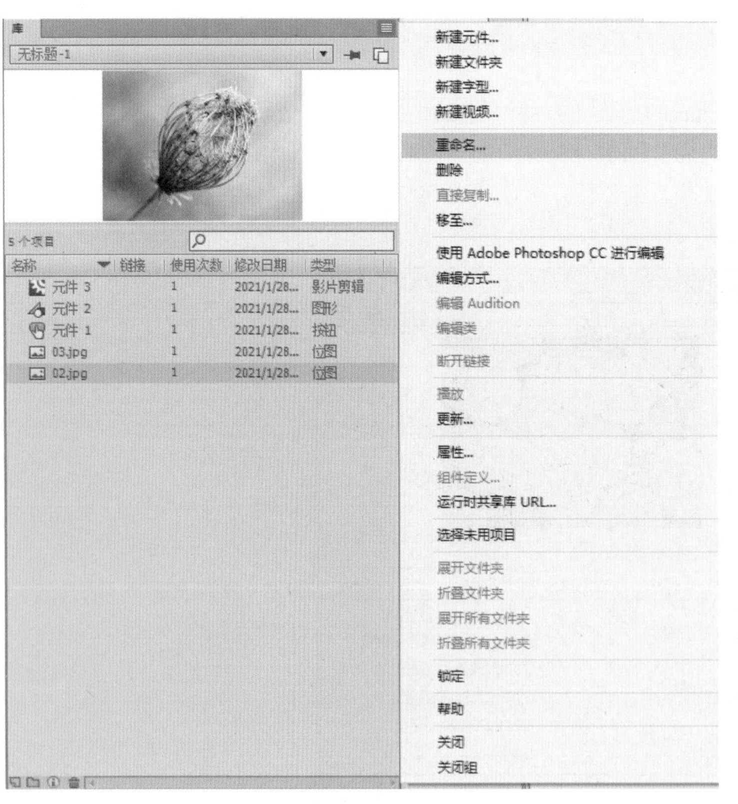

图 5-26

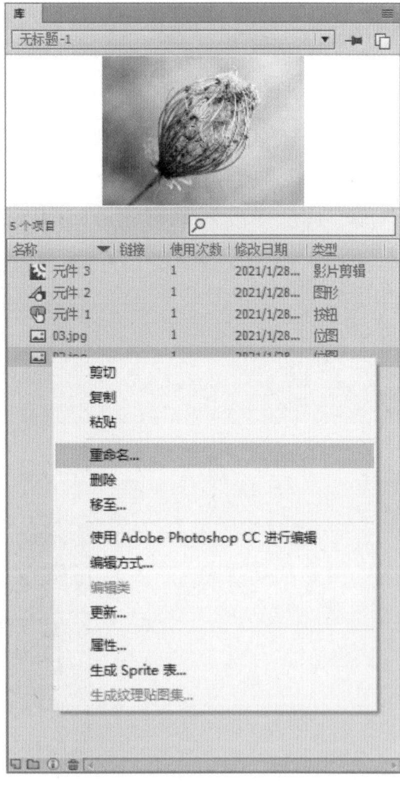

图 5-27

ACAA课堂笔记

执行以上任意一种方法，进入编辑状态后，在文本框中输入新名称，按 Enter 键或在其他空白区单击，即可完成项目的重命名操作。

5.2.3 应用库文件夹

当库项目较多时，可以利用库文件夹对其进行分类整理，“库”面板中可以同时包含多个库文件夹，但不允许文件夹使用相同的名称。

在“库”面板中单击“新建文件夹”按钮，在文本框中输入文件夹的名称，即可新建一个库文件夹，如图 5-28 所示。

图 5-28

5.2.4 共享库资源

共享库资源可以使多个文件共用一个库的资源，合理应用库资源，减少制作周期。下面将对此进行介绍。

1. 复制库资源

在制作动画时，用户可以将元件作为共享库资源在文档之间共享，其方法包含以下 3 种。

（1）通过“复制”和“粘贴”命令来复制库资源

在舞台上选择资源，执行“编辑”｜“复制”命令，复制选中对象。若要将资源粘贴到舞台中心位置，移动光标至舞台上并执行“编辑”｜“粘贴到中心位置”命令即可。若要将资源放置在与源文档中相同的位置，执行“编辑”｜“粘贴到当前位置”命令即可。

（2）通过拖动来复制库资源

在目标文档打开的情况下，在源文档的“库”面板中选择该资源，并将其拖入目标文档中即可。

（3）通过在目标文档中打开源文档库来复制库资源

当目标文档处于活动状态时，执行“文件”|“导入”|“打开外部库”命令，选择源文档并单击“打开”按钮，即可将文档导入到目标文档的“库”面板中。

2. 在创作时共享库中的资源

对于创作期间的共享资源，可以用本地网络上任何其他可用元件来更新或替换正在创作的文档中的任何元件。在创建文档时更新目标文档中的元件，目标文档中的元件保留了原始名称和属性，但其内容会被更新或替换为所选元件的内容。选定元件使用的所有资源也会复制到目标文档中。

打开文档，选择影片剪辑、按钮或图形元件，然后从“库”面板菜单中选择“属性”命令，弹出“元件属性”对话框，单击“高级”按钮，在“创作时共享”区域中单击“源文件”按钮，选择要替换的FLA文件，勾选“自动更新”选项，然后单击“确定”按钮即可，如图5-29所示。

3. 解决库资源之间的冲突

如果将一个库资源导入或复制到已经含有同名的不同资源的文档中，在弹出的“解决库冲突”对话框中选择是否用新项目替换现有项目，如图5-30所示。通常可通过重命名的方法解决冲突。

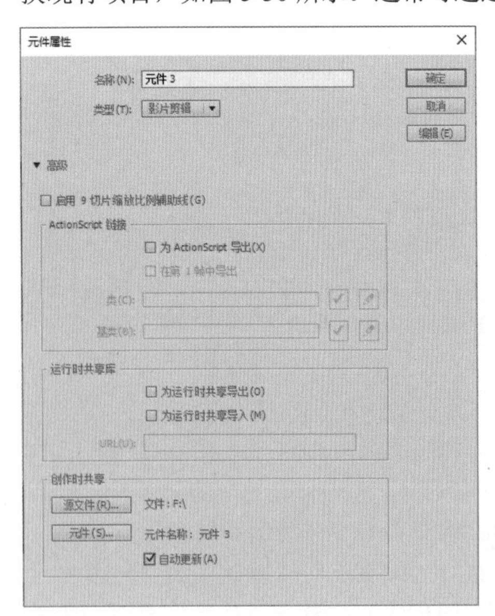

图 5-29

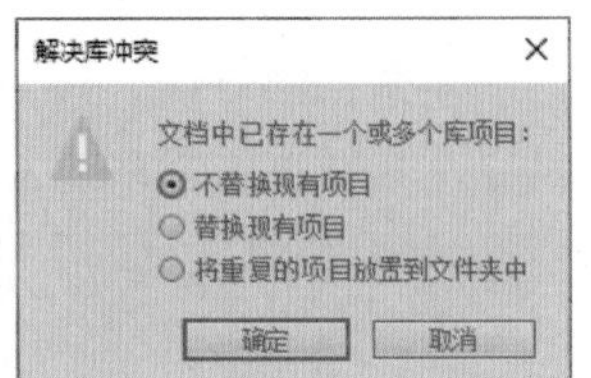

图 5-30

“解决库冲突”对话框中各选项的含义介绍如下。

◎ 若要保留目标文档中的现有资源，则可以选中“不替换现

ACAA课堂笔记

有项目”单选按钮。

◎ 若要用同名的新项目替换现有资源及其实例，则可以选中“替换现有项目”单选按钮。

◎ 若选中“将重复的项目放置到文件夹中”单选按钮，则可以保留目标文档中的现有资源，同名的新项目将被放置在重复项目文件夹中。

5.3 实例

用户在创建元件后，将其拖入至舞台中，即变为实例。简单来说，在场景或者元件中的元件被称为实例，实例是元件的具体应用。

5.3.1 实例的创建

每个实例都具有自己的属性，用户可以在“属性”面板中设置实例的色彩效果等信息。也可以变形实例，如倾斜、旋转或缩放等，修改特征只会显示在当前所选的实例上，对元件和场景中的其他实例没有影响。

从“库”面板中选择元件，按住鼠标左键不放，将其直接拖曳至场景后释放鼠标，即可创建实例，如图 5-31、图 5-32 所示。

图 5-31

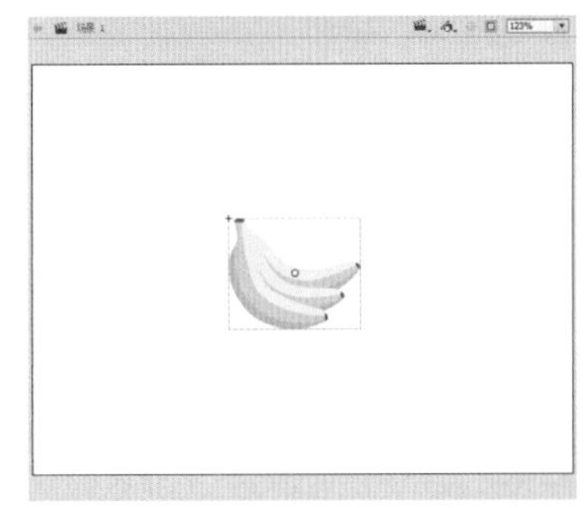

图 5-32

知识点拨

多帧的影片剪辑元件创建实例时，在舞台中设置一个关键帧即可，而多帧的图形元件则需要设置与该元件完全相同的帧数，动画才能完整地播放。

用户可以直接在舞台中复制已经创建好的实例，即选择要复制的实例，按住 Alt 键的同时拖动实例，此时光标变为形状，将实例对象拖曳至目标位置时，释放鼠标即可复制选中的实例对象，如图 5-33、图 5-34 所示。

图 5-33

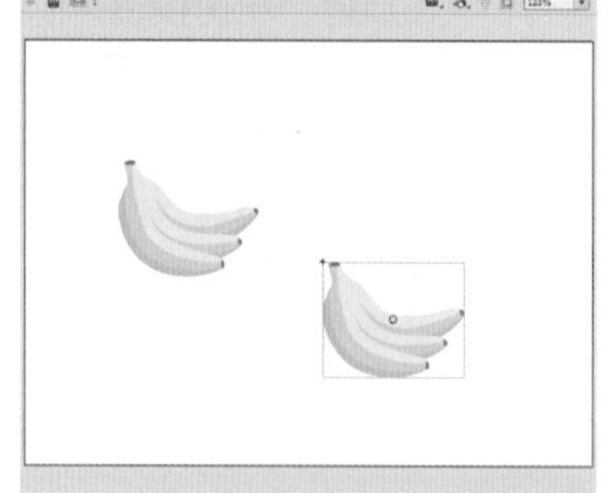

图 5-34

ACAA课堂笔记

5.3.2 实例信息的查看

在“属性”面板和“信息”面板中，均可显示在舞台上选定实例的相关信息。创建 Animate 文档的过程中，在处理同一元件的多个实例时，识别舞台上元件的特定实例比较复杂，此时可以使用“属性”面板或“信息”面板进行识别。

在“属性”面板中，用户可以查看实例的行为和设置，如图 5-35 所示。对于所有实例类型，均可以查看其色彩效果设置、位置和大小。需要说明的是，“属性”面板中所显示的元件注册点或元件左上角的 X 和 Y 坐标，具体取决于在“信息”面板上选择的选项。

在“信息”面板上，可以查看实例的大小和位置、实例注册点的位置、指针的位置以及实例的红色值（R）、绿色值（G）、蓝色值（B）和 Alpha（A）值。如图 5-36 所示为“信息”面板。

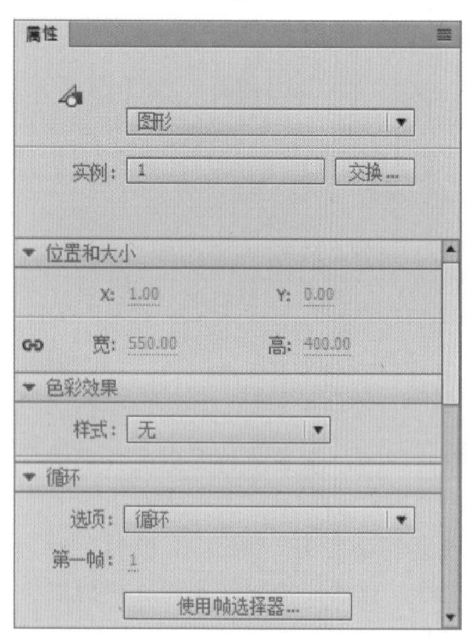

图 5-35

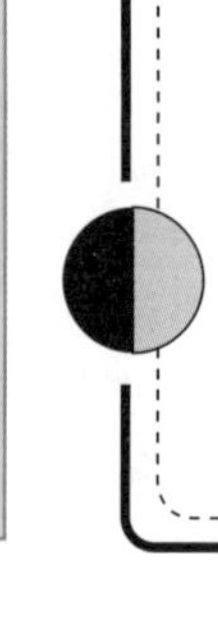

图 5-36

5.3.3 实例类型的转换

通过改变实例的类型，用户可以重新定义它在 Animate 应用程序中的行为。

在“属性”面板中，即可转换实例类型，如图 5-37 所示。当一个图形实例包含独立于主时间轴播放的动画时，可以将该图形实例重新定义为影片剪辑实例。改变实例的类型后，“属性”面板中的参数也将进行相应的变化。

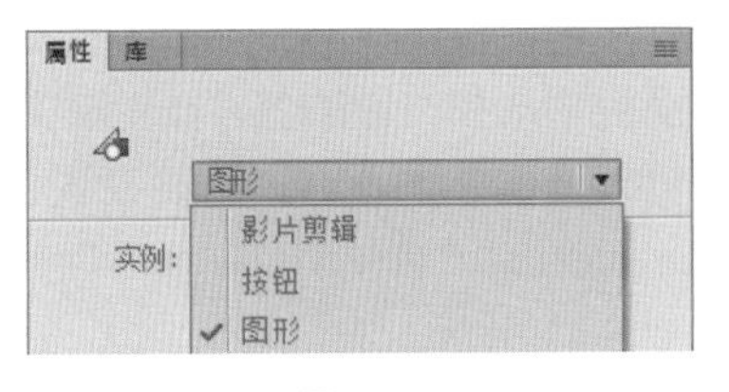

图 5-37

5.3.4 实例色彩的设置

在“属性”面板中，用户可以根据需要设置元件实例的色彩效果。选择实例，在“属性”面板的“色彩效果”栏“样式”下拉列表中选择相应的选项，如图 5-38 所示，即可展开相应的选项对实例的颜色和透明度进行设置。

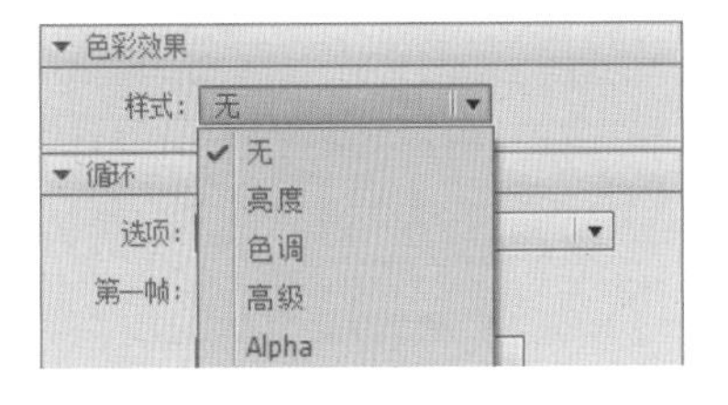

图 5-38

知识点拨

应用补间动画可以制作渐变颜色更改的效果。在实例的开始关键帧和结束关键帧中设置不同的色彩效果，然后创建传统补间动画，即可让实例的颜色随着时间逐渐变化。

“样式”下拉列表中 5 个选项的作用分别如下。

1. 无

选择该选项，不设置颜色效果。

2. 亮度

用于设置实例的明暗对比度，度量范围从 -100% ～ 100%。选择“亮度”选项，拖动右侧的滑块，或者在文本框中直接输入数值即可设置对象的亮度属性。如图 5-39、图 5-40 所示分别为设置“亮度”值为 0 和 60% 的效果。

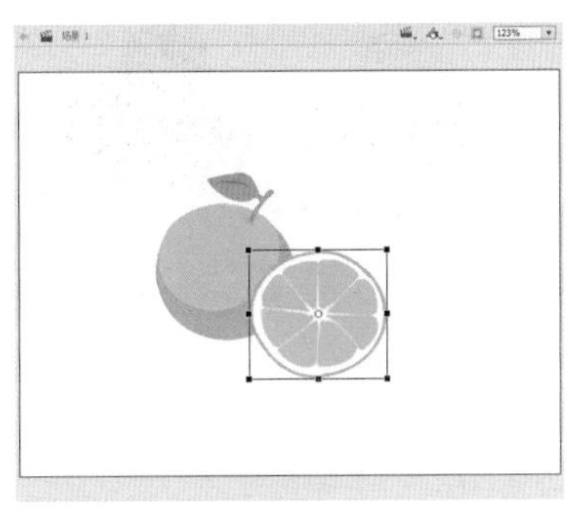

图 5-39

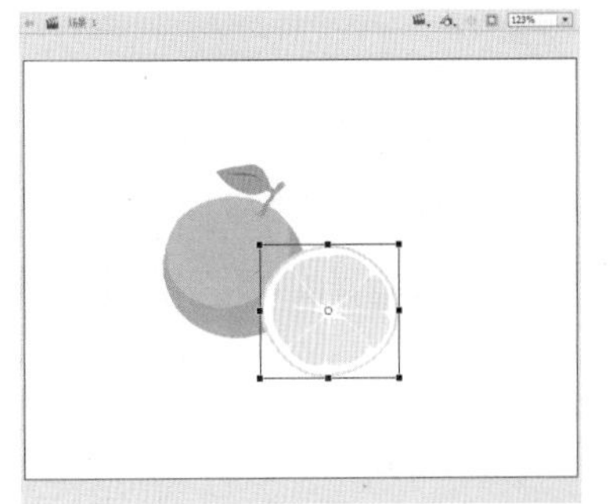

图 5-40

ACAA课堂笔记

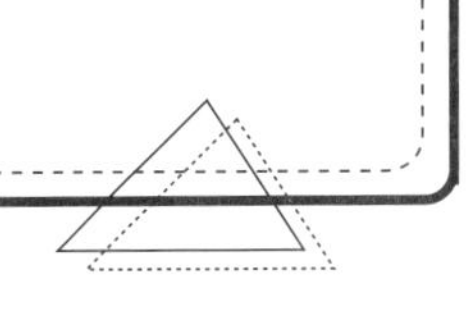

3. 色调

用于设置实例的颜色，如图5-41所示。单击颜色色块，从颜色面板中选择一种颜色，或者在文本框中输入红、绿和蓝色的值，即可改变实例的色调。若要设置色调百分比从透明（0）到完全饱和（100%），可使用“属性”面板中的色调滑块。调整色调后效果如图5-42所示。

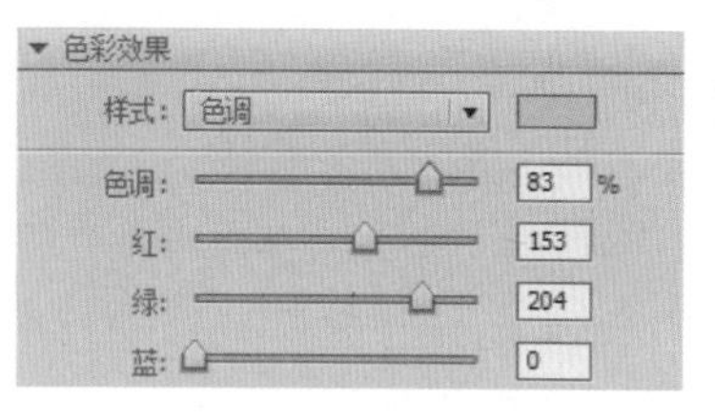

图5-41

图5-42

4. 高级

用于设置实例的红、绿、蓝和透明度的值，如图5-43所示。选择“高级”选项，左侧的控件可以使用户按指定的百分比降低颜色或透明度的值；右侧的控件可以使用户按常数值降低或增大颜色或透明度的值。调整“高级”选项后效果如图5-44所示。

图5-43

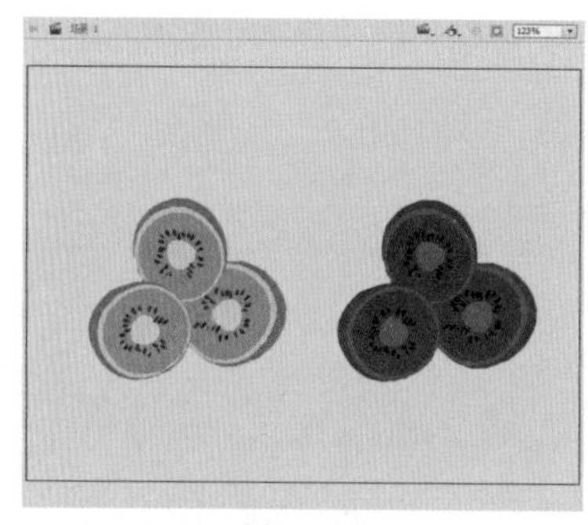

图5-44

5. Alpha

用于设置实例的透明度，调节范围从透明（0）到完全饱和（100%）。如果要调整Alpha值，选择Alpha选项并拖动滑块，或者在框中输入一个值即可。如图5-45、图5-46所示分别为设置100%和30% Alpha值的效果。

ACAA课堂笔记

图 5-45

图 5-46

5.3.5 实例的分离

分离实例可以断开实例与元件之间的链接，并将实例放入未组合形状和线条的集合中。

选中要分离的实例，执行“修改”|“分离”命令，或按Ctrl+B组合键即可将实例分离，分离实例前后对比效果如图 5-47、图 5-48 所示。若在分离实例之后修改该源元件，新实例不会随之更新。

图 5-47

图 5-48

知识点拨

分离实例仅仅分离实例本身，而不影响其他元件。

实例：制作图形按钮特效

本案例将练习制作图形按钮特效，涉及的知识点包括图形的绘制、元件的创建、关键帧的插入等。

Step01 新建空白文档，并将其保存。设置舞台背景，并使用椭圆工具绘制一个圆形，如图 5-49 所示。

Step02 执行“窗口”|“颜色”命令，打开“颜色”面板，设置圆形径向渐变，如图 5-50 所示。

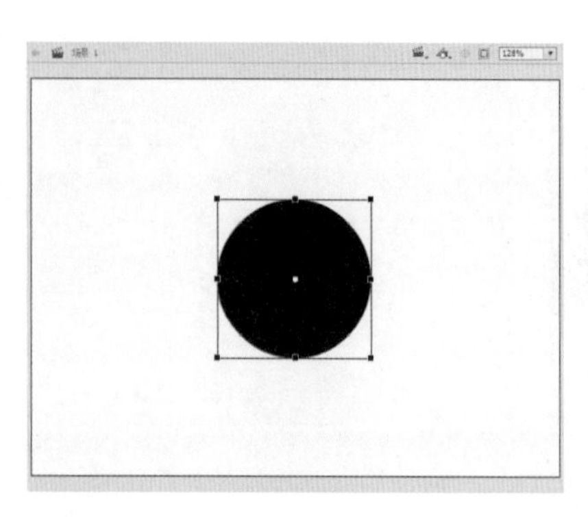

图 5-49

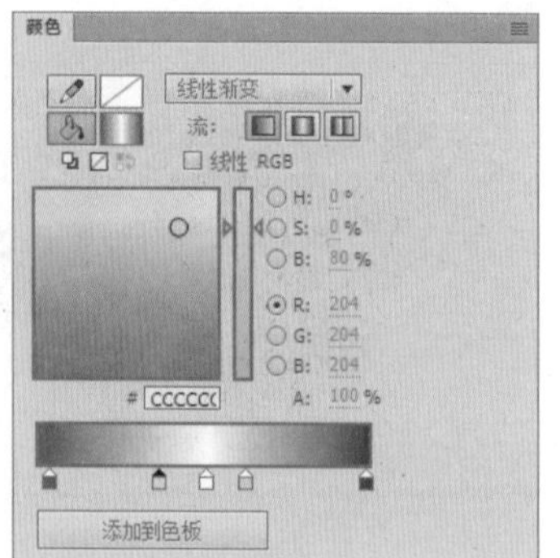

图 5-50

Step03 按 Ctrl+C 组合键复制舞台上的圆形，按 Ctrl+Shift+V 组合键原位置粘贴。使用任意变形工具调整复制对象，并设置其填充色，将其放置在上一个圆形的底部，如图 5-51 所示。

Step04 使用相同的方法继续复制圆形，并对其进行调整，放置在最上层，如图 5-52 所示。

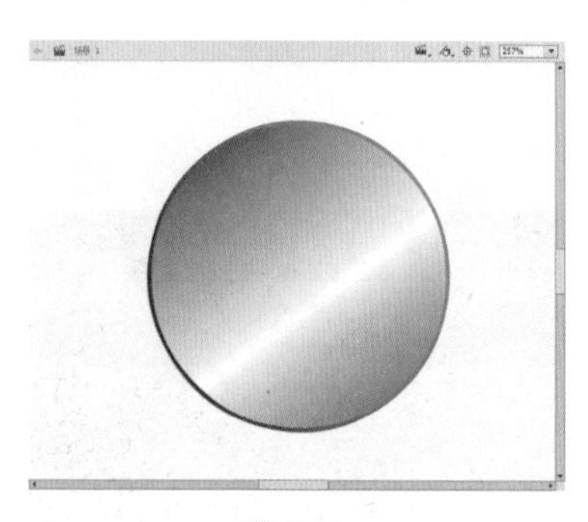

图 5-51

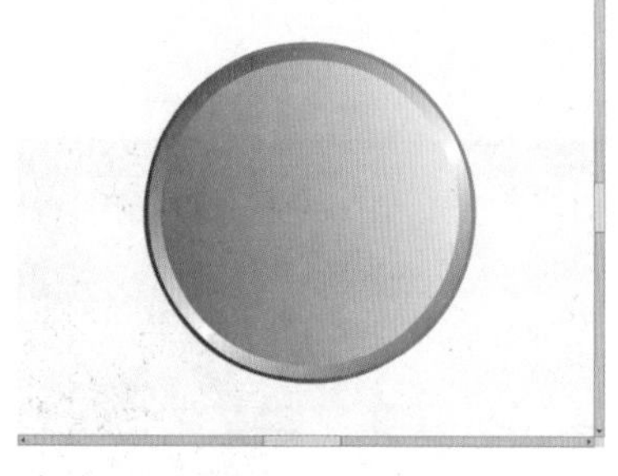

图 5-52

Step05 使用椭圆工具绘制圆形，调整其颜色，效果如图 5-53 所示。

Step06 在绘制好的图形上，使用矩形工具绘制一个白色矩形，如图 5-54 所示。

图 5-53

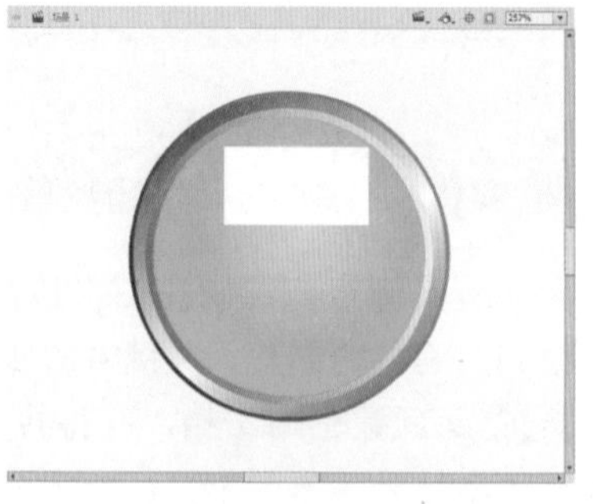

图 5-54

Step07 使用选择工具调整矩形形状，调整其颜色，效果如图 5-55 所示。

ACAA课堂笔记

ACAA课堂笔记

Step08 使用矩形工具绘制两个矩形作为暂停键，并填充橘色，如图 5-56 所示。

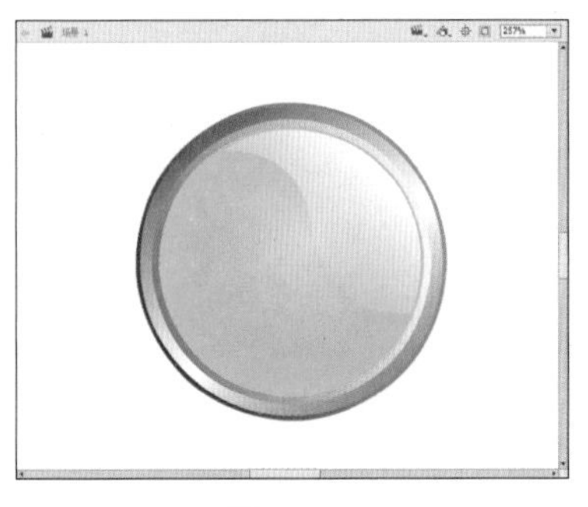

图 5-55

图 5-56

Step09 选中绘制好的图形，按 F8 键打开“转换为元件”对话框，在该对话框中进行设置，如图 5-57 所示。完成后单击“确定”按钮，将选中对象转换为元件。

Step10 双击转换后的元件，进入按钮元件的编辑模式，在第 2 帧处按 F6 键插入关键帧。选择按钮的橘色部分将其稍微放大一些，如图 5-58 所示。

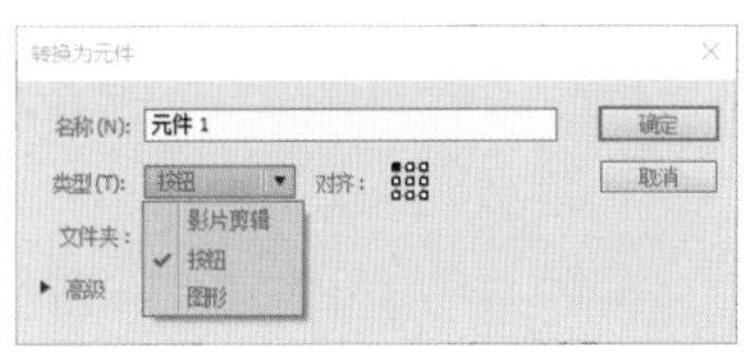

图 5-57

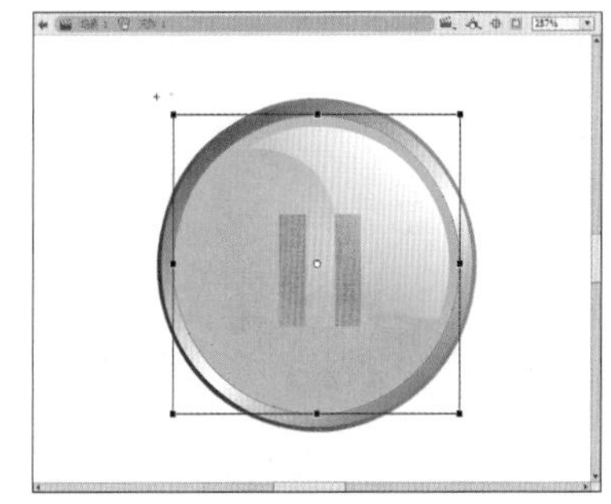

图 5-58

Step11 在第 3 帧处插入关键帧，选择按钮的橘色部分将其稍微缩小一些，如图 5-59 所示。

Step12 在第 4 帧处插入关键帧，选择按钮的蓝色部分将其还原至第 1 帧的状态，如图 5-60 所示。

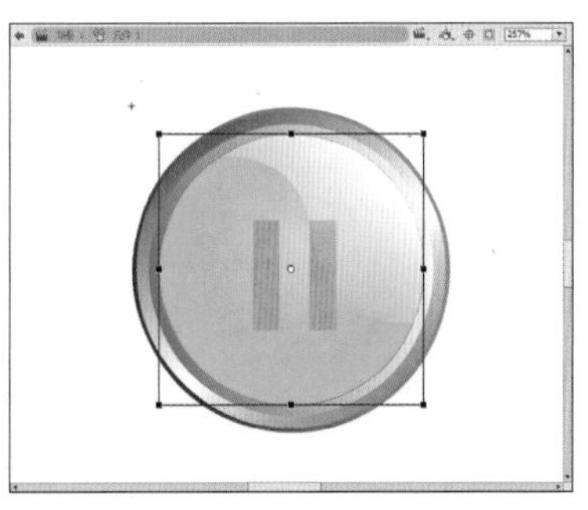

图 5-59

图 5-60

Step13 切换至场景 1，至此完成图形按钮效果的制作。按 Ctrl+Enter 组合键进行测试，效果如图 5-61、图 5-62 所示。

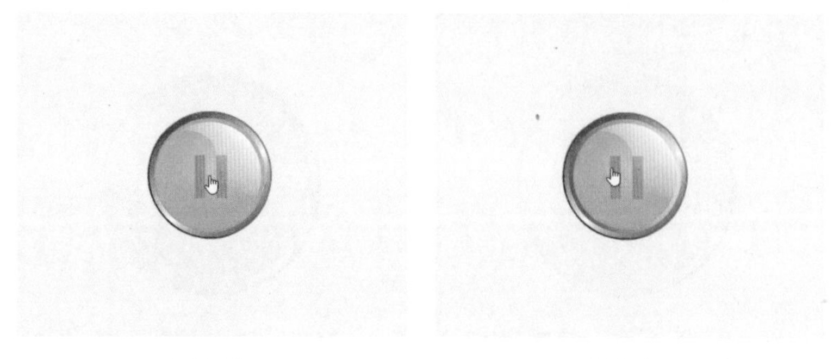

图 5-61　　　　图 5-62

5.4 课堂实战：制作下雪效果

本案例将练习制作下雪效果，涉及的知识点包括元件的创建、实例的复制等。

Step01 新建空白文档，并保存。执行“文件”|“导入”|“导入到库”命令，导入本章素材文件，如图 5-63 所示。

Step02 修改图层 1 名称为“背景”，从“库”面板中拖曳背景至舞台中，如图 5-64 所示。在“背景”图层第 100 帧插入帧，锁定背景图层。

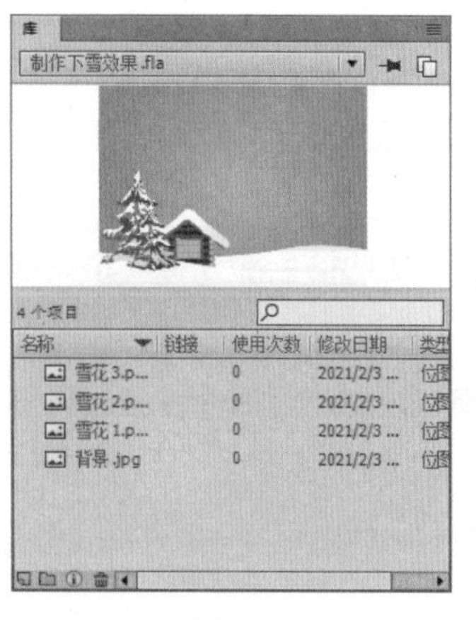

图 5-63　　　　图 5-64

Step03 在“背景”图层上方新建“雪花 1”图层，从“库”面板中拖曳“雪花 1”至舞台中，并调整至合适大小，如图 5-65 所示。

Step04 选中舞台中的雪花，按 F8 键打开“转换为元件”对话框，并进行设置，如图 5-66 所示，创建图形元件。

ACAA课堂笔记

ACAA课堂笔记

图 5-65

图 5-66

Step05 选中新创建的元件，双击进入其编辑模式，按 F8 键再次创建图形元件，如图 5-67 所示。

Step06 在第 20 帧处按 F6 键插入关键帧，调整雪花位置与大小，并进行旋转，如图 5-68 所示。

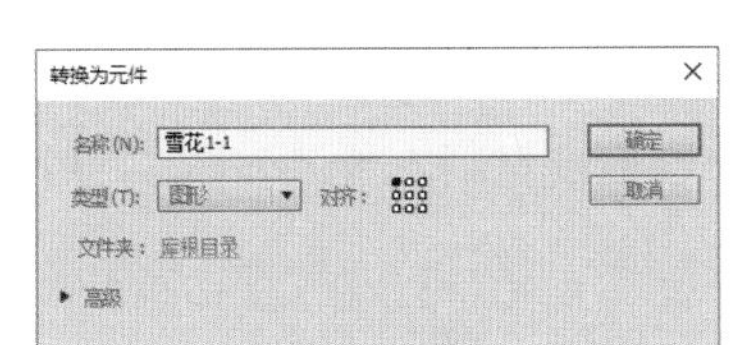

图 5-67

图 5-68

知识点拨

此时操作是在“雪花 1”元件的编辑模式下进行的。

Step07 选中 1 ～ 20 帧之间任意帧，右击鼠标，在弹出的快捷菜单中选择“创建传统补间”命令，创建补间动画，如图 5-69 所示。

图 5-69

Step08 选中第 20 帧的对象，在“属性”面板中设置“色彩效果”中的样式为“Alpha”，并设置 Alpha 值为 0，如图 5-70 所示。

Step09 切换至场景 1，选中舞台中的雪花，按 F8 键将其转换为图形元件“雪花 1-2”，双击进入其编辑模式，如图 5-71 所示。在第 20 帧按 F5 键插入帧。

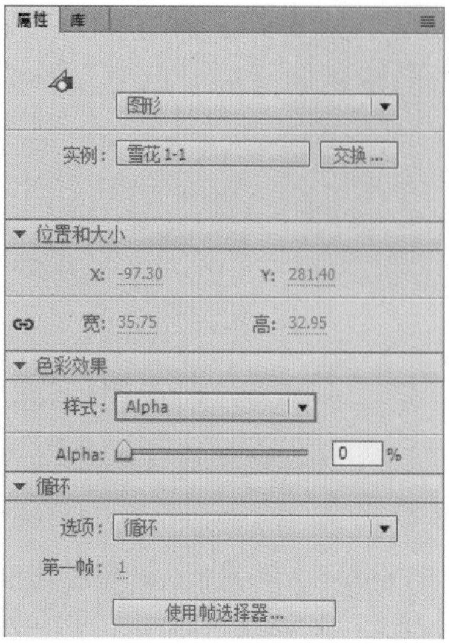

图 5-70

图 5-71

> **知识点拨**
>
> 此时操作是在“雪花 1-2”元件的编辑模式下进行的。

Step10 选中舞台中的雪花，按住 Alt 键拖曳复制，效果如图 5-72 所示。预览效果如图 5-73 所示。

图 5-72

图 5-73

Step11 全选舞台中的对象，右击鼠标，在弹出的快捷菜单中选择“分散到图层”命令，效果如图 5-74 所示。

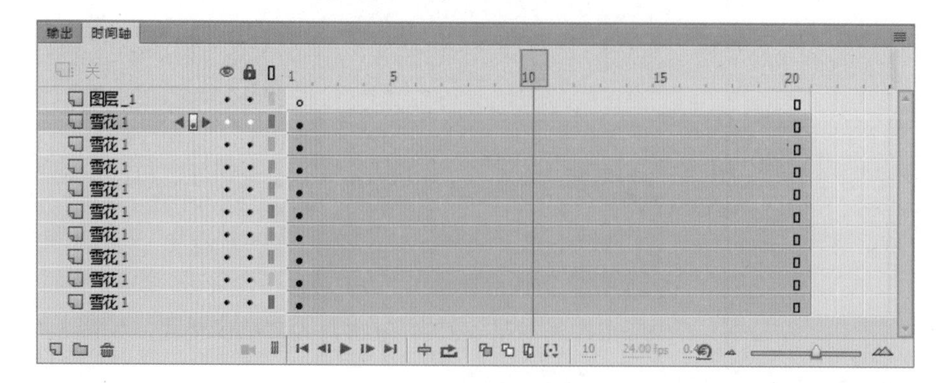

图 5-74

Step12 调整图层长度与起始时间，制作不同飘落效果的雪花，如图 5-75 所示。

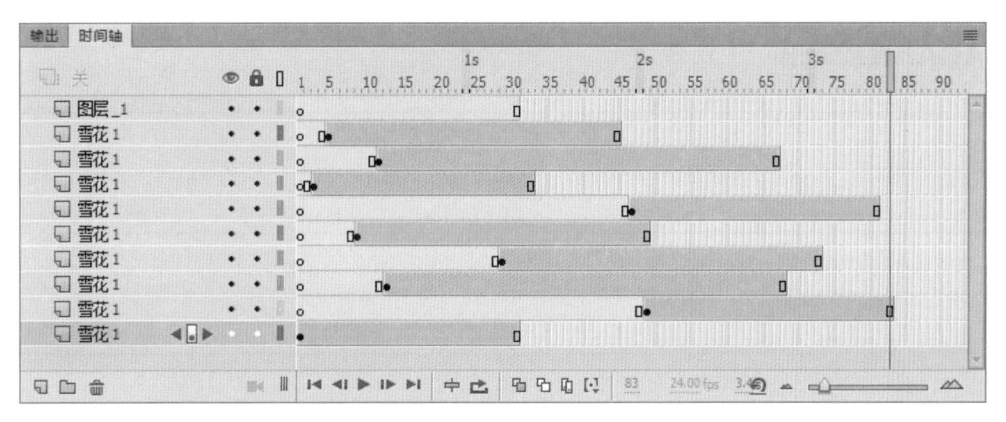

图 5-75

Step13 切换至场景 1，选中舞台中的雪花，按住 Alt 键拖曳复制，如图 5-76 所示。

Step14 使用相同的方法制作另外两种雪花的飘落效果，如图 5-77 所示。

图 5-76

图 5-77

Step15 至此，完成下雪效果的制作，按 Ctrl+Enter 组合键测试，效果如图 5-78、图 5-79 所示。

图 5-78

图 5-79

知识点拨

制作本案例时，需要明确当前操作在哪个场景中。

ACAA课堂笔记

5.5 课后练习

一、选择题

1. 下列（　　）不是 Animate 软件中的元件类型。

A. 图形元件　　　　B. 指针元件

C. 影片剪辑元件　　　　D. 按钮元件

2. 在 Animate 中，若要在元件的编辑模式下编辑元件，可以按（　　）组合键。

A. Ctrl+B　　　　B. Ctrl+F

C. Ctrl+E　　　　D. Ctrl+W

3. 以下（　　）样式可以修改实例的 Alpha 值。

A. 无　　　　B. 高级

C. 亮度　　　　D. 色调

4. 执行“修改”｜“转换为元件”命令或按（　　）键，可以打开“转换为元件”对话框将选中的对象转换成元件。

A. F5　　　　B. F6　　　　C. F7　　　　D. F8

二、填空题

1. 按 _______ 组合键，可以打开“创建新元件”对话框。

2. “库”面板用于存储和组织在 Animate 中创建的各种 _______ 和导入的素材资源（包括矢量插图、位图图形、声音文件和视频剪辑等）。

3. “按钮”元件具有弹起、_______、_______、点击 4 种不同状态的帧。

4. 使用 _________ 元件可以创建可重复使用的动画片段，该种类型的元件拥有独立的时间轴，能独立于主动画进行播放。

三、操作题

1. 制作文字旋转效果

（1）本案例将练习制作文字旋转效果。涉及的知识点包括文本工具的使用、影片剪辑元件的制作、补间动画的制作等。制作完成后效果如图 5-80、图 5-81 所示。

图 5-80

图 5-81

（2）操作思路：

Step01 新建空白文档，导入背景素材；

Step02 创建“影片剪辑”元件，输入文字并复制；新建图层，原位粘贴文字；分离文字，保证每层只有一个文字；

Step03 调整文字，在“变形”面板中设置变形，添加关键帧，创建传统补间动画；

Step04 切换至场景 1，将影片剪辑元件拖曳至舞台中合适位置即可。

2. 制作花瓣飘落效果

（1）本案例将练习制作花瓣飘落效果，涉及的知识点包括元件的创建、图形的绘制、引导动画的制作等。制作完成后效果如图 5-82、图 5-83 所示。

图 5-82

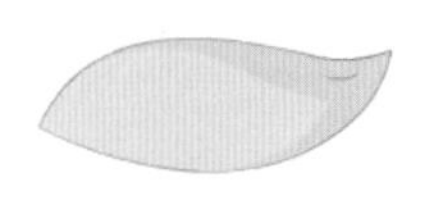

图 5-83

（2）操作思路：

Step01 新建空白文档，导入本章素材文件，并将其置入舞台中；

Step02 新建图形元件，再次新建图形元件，绘制花瓣造型；切换至第一层图形元件，添加引导层，制作引导动画效果；

Step03 重复操作，制作丰富动画效果；

Step04 将图形元件拖曳至舞台中合适位置即可。

第6章 文本工具的应用

内容导读

文本是设计作品中非常重要的元素。通过文本，可以清晰明了地展现设计者的设计理念与思想；在动画作品中，文本的添加也会让动画更加生动形象。本章将对文本进行介绍，包括添加文本的方式、文本类型、文本设置等。

学习目标

- 学会创建文字
- 掌握文本样式的设置方法
- 学会编辑文本
- 学会使用滤镜效果

6.1 文本类型

选择工具箱中的文本工具T，或按T键即可启用文本工具，Animate中可以创建的文本格式包含静态文本、动态文本、输入文本3种。

6.1.1 静态文本

静态文本在动画运行期间不可以编辑修改，它是一种普通文本，主要用于文字的输入与编排，起到解释说明的作用。静态文本是大量信息的传播载体，也是文本工具的最基本功能。如图6-1所示为静态文本的"属性"面板。

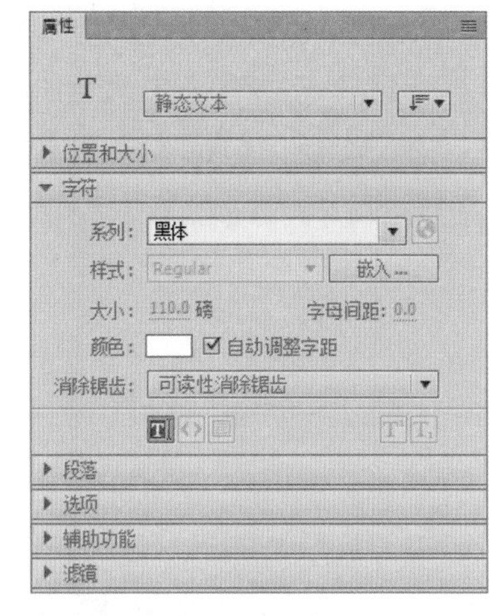

图6-1

创建文本可以通过文本标签和文本框两种方式，它们之间最大的区别是有无自动换行功能。

1. 文本标签

选择文本工具T后，在舞台上单击鼠标，即可看到一个右上角有小圆圈的文字输入框，即文本标签。在文本标签中不管输入多少文字，文本标签都会自动扩展，而不会自动换行，如图6-2所示。如需要换行，按Enter键即可。

2. 文本框

选择文本工具T后，在舞台区域中单击鼠标左键并拖曳绘制出一个虚线文本框，调整文本框的宽度，释放鼠标后将得到一个文本框，此时可以看到文本框的右上角出现了一个小方框。这说明文本框已经限定了宽度，当输入的文字超过限制宽度时，Animate将自动换行，如图6-3所示。

通过鼠标拖曳可以随意调整文本框的宽度，如果需要对文本框的尺寸进行精确地调整，可以在"属性"面板中输入文本框的宽度与高度值。

图6-2

图6-3

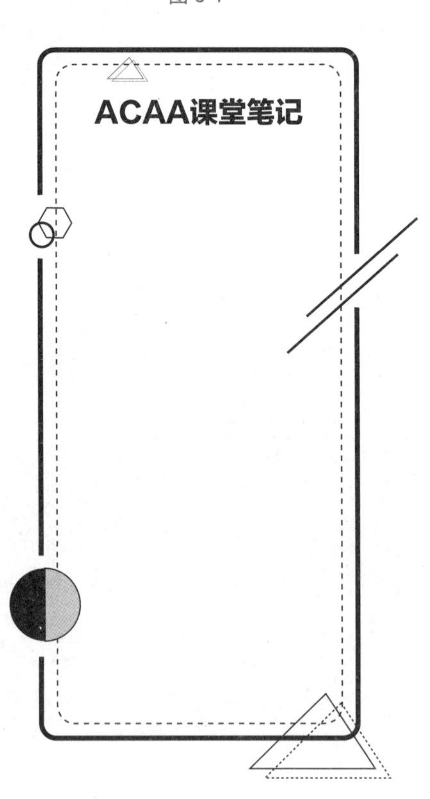

知识点拨

双击文本框右上角的小方框，即可将文本框转换为文本标签。

6.1.2 动态文本

动态文本是一种比较特殊的文本，在动画运行的过程中可以通过 ActionScript 脚本进行编辑修改。动态文本可以显示外部文件的文本，主要应用于数据的更新。制作动态文本区域后，接着创建一个外部文件，并通过脚本语言使外部文件链接到动态文本框中。若需要修改文本框中的内容，则只需更改外部文件中的内容。

在“属性”面板的“文本类型”下拉列表中选择“动态文本”选项，即可切换到动态文本输入状态，如图 6-4 所示。

图 6-4

在动态文本的“属性”面板中，各主要选项的作用介绍如下。

◎ 实例名称：用于为当前文本指定对象名称。

◎ 行为：当文本包含的内容多于一行时，使用“段落”栏中的“行为”下拉列表框，可以选择单行、多行或多行不换行显示。

◎ “将文本呈现为 HTML”按钮 <>：在“字符”栏中单击该按钮，可设置当前的文本框内容为 HTML 内容，这样一些简单的 HTML 标签就可以被 Flash 播放器识别并进行渲染。

◎ “在文本周围显示边框”按钮：在“字符”栏中单击该按钮，可显示文本框的边框和背景。

6.1.3 输入文本

输入文本主要应用于交互式操作的实现，目的是让浏览者填写一些信息以达到某种信息交换或收集的目的。选择输入文本类型后创建的文本框，在生成 Animate 影片时，可以在其中输入文本。

在“属性”面板的“文本类型”下拉列表中选择“输入文本”选项，即可切换到输入文本所对应的“属性”面板，如图 6-5 所示。

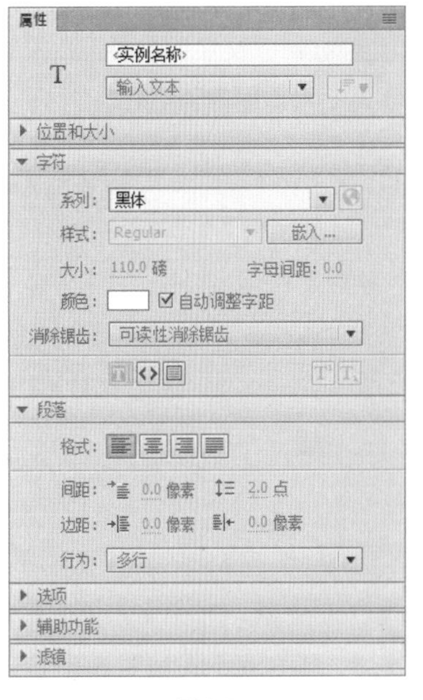

图 6-5

在输入文本类型中，对文本各种属性的设置主要是为浏览者的输入服务的。例如，当浏览者输入文字时，会按照在“属性”面板中对文字颜色、字体和字号等参数的设置来显示输入的文字。

ACAA课堂笔记

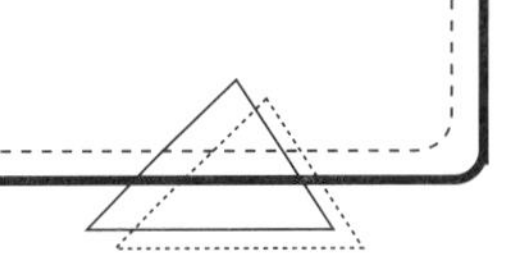

■ 实例：制作语文课件

本案例将练习制作语文课件，涉及的知识点包括文本的创建、帧的插入、元件的创建以及代码的输入等。

Step01 执行“文件”|“打开”命令，打开本章素材文件，并将其另存。从“库”面板中拖曳“冬”图形元件至舞台合适位置，如图 6-6 所示。

Step02 在第 2 帧处按 F7 键插入空白关键帧，从“库”面板中拖曳“冬夜”图形元件至舞台合适位置，如图 6-7 所示。修改图层 1 名称为“背景”。

图 6-6

图 6-7

Step03 在“背景”图层上方新建“文字”图层。选择第 1 帧，使用文本工具 T 输入文字，如图 6-8 所示。

Step04 在“文字”图层第 2 帧处插入空白关键帧，使用文本工具 T 输入文字，如图 6-9 所示。

图 6-8

图 6-9

Step05 在“文字”图层上方新建“切换”图层，选择第 1 帧，在舞台上绘制一个卷轴并填充颜色。使用文本工具 T 在卷轴上输入文字“下一页”，如图 6-10 所示。

Step06 选择绘制好的卷轴和文字，按 F8 键将其转化为按钮元件，并在属性栏为其添加实例名称 bt，如图 6-11 所示。

ACAA课堂笔记

图 6-10

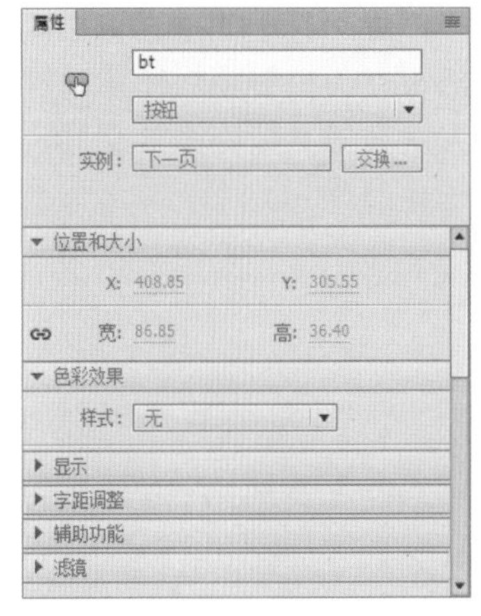

图 6-11

Step07 在“切换”图层第 2 帧处插入空白关键帧，使用同样的方法绘制一个卷轴并输入文字，将其转化为按钮元件，如图 6-12 所示。

Step08 选择按钮元件，在属性栏为其添加实例名称 bt2，如图 6-13 所示。

图 6-12

图 6-13

Step09 在“切换”图层上方新建“动作”图层，在第 1 帧处右击鼠标，在弹出的快捷菜单中选择“动作”命令，打开“动作”面板输入代码，如图 6-14 所示。

知识点拨

该处完整代码如下：

```
stop();
bt.addEventListener(MouseEvent.CLICK,btHd);
function btHd(e:MouseEvent){
 this.nextFrame();
}
```

在“动作”图层第 2 帧处插入空白关键帧，使用同样的方法在第 2 帧处添加代码，如图 6-15 所示。

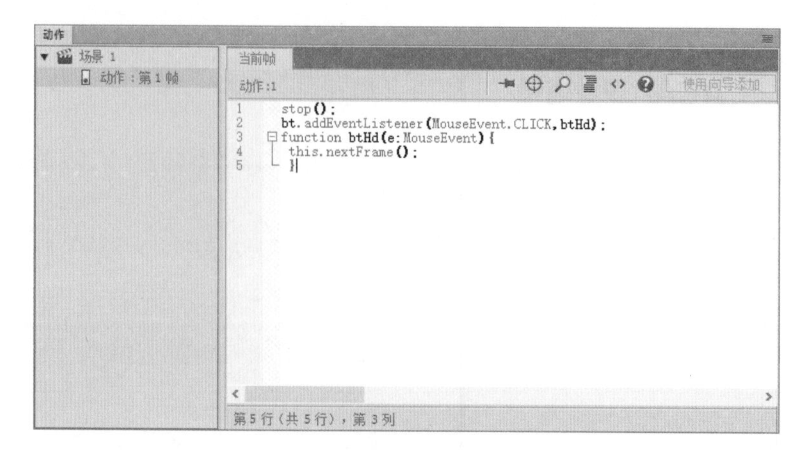

图 6-14

知识点拨

该处完整代码如下：

```
stop();
bt2.addEventListener(MouseEvent.CLICK,a1ClickHandler);
function a1ClickHandler(event:MouseEvent)
{
	gotoAndPlay(1);
}
```

ACAA课堂笔记

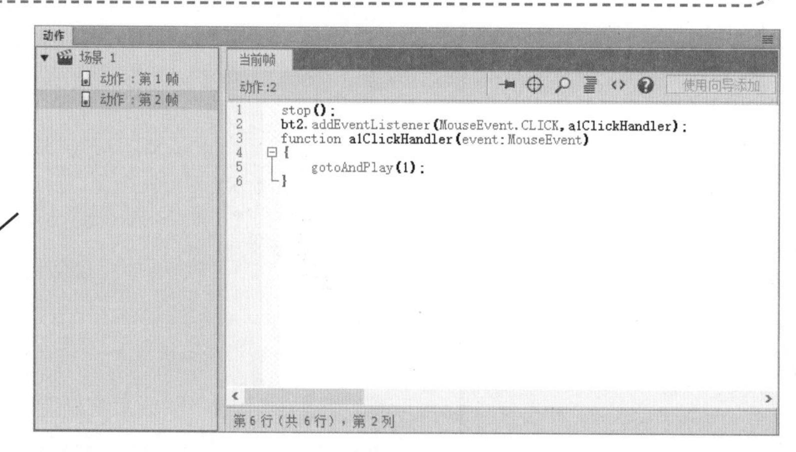

图 6-15

至此，完成古诗课件的制作。按 Ctrl+Enter 组合键测试效果，如图 6-16、图 6-17 所示。

图 6-16

图 6-17

6.2 文本样式

文本内容创建后，用户可以对文本的样式进行设置，主要包括设置文字属性、创建文本链接、设置段落格式等。下面将进行具体介绍。

6.2.1 设置文字属性

在舞台中输入文本，选择文本即可在“属性”面板中对文本属性进行修改。也可以在输入文本之前，在“属性”面板中设置文本属性。

选择文本工具T，在“属性”面板中可以看到相应的“字符”属性，如图6-18所示。

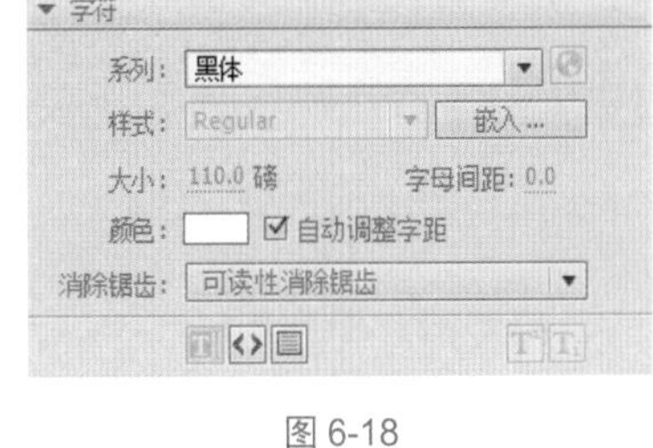

图 6-18

在“字符”区域中，各主要选项作用如下。

◎ 系列：用于设置文本字体。

◎ 样式：用于设置常规、粗体或斜体等。一些字体还可能包含其他样式。

◎ 大小：用于设置文本大小。

◎ 字母间距：用于设置字符之间的距离，单击后可直接输入数值来改变间距。

◎ 颜色：用于设置文本颜色。

◎ 自动调整字距：在特定字符之间加大或缩小距离。勾选“自动调整字距”复选框，将使用字体中的字距微调信息；取消勾选“自动调整字距” 复选框，将忽略字体中的字距微调信息，不应用字距调整。

◎ 消除锯齿：包括使用设备字体、位图文本（无消除锯齿）、动画消除锯齿、可读性消除锯齿以及自定义消除锯齿5种选项，选择不同的选项可以看到不同的字体呈现方式。

6.2.2 设置段落格式

在“属性”面板的“段落”区域中可以设置段落文本的缩进、行距、边距等参数，如图6-19所示。

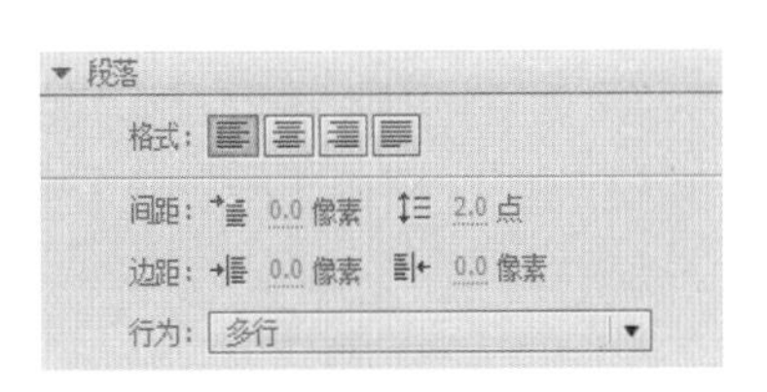

图 6-19

其中，该区域中各选项的作用如下。

◎ 格式：用于设置文本的对齐方式。包括“左对齐”、“居中对齐”、“右对齐”和“两端对齐”4种类型，用户可以根据需要选择合适的格式。

◎ 缩进：设置段落首行缩进的大小。

◎ 行距：设置段落中相邻行之间的距离。

◎ 边距：设置段落左右边距的大小。

◎ 行为：设置段落单行、多行或者多行不换行。

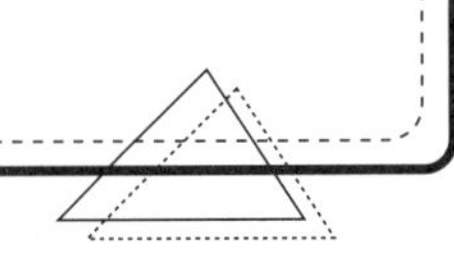

如图6-20、图6-21所示分别为选择“左对齐”和“居中对齐”的对比效果。

图 6-20

图 6-21

6.2.3 创建文本链接

在“属性”面板，还可以创建文本链接，单击该文本后可以跳转到指定文件、网页等界面。

选中文本，打开“属性”面板，在“选项”区域中的“链接”文本框内输入相应的链接的地址，如图 6-22 所示。按 Ctrl+Enter 组合键测试影片，当鼠标指针经过链接的文本时，鼠标将变成小手形，随后单击即可打开所链接的页面，如图 6-23 所示。

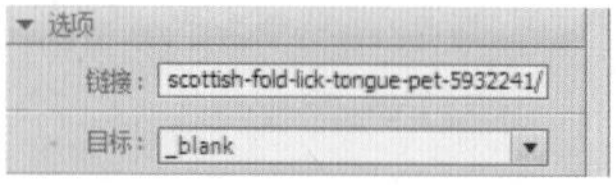

▼ 选项
链接： scottish-fold-lick-tongue-pet-5932241/
目标： _blank

图 6-22

图 6-23

6.3 文本的分离与变形

用户可以对文本执行分离、变形等操作，下面将对其相关知识进行介绍。

6.3.1 分离文本

当分离成单个字符或填充图像时，便可以制作单个字符的动画或为其设置特殊的文本效果。选中文本内容后，执行“修改”|“分

ACAA课堂笔记

ACAA课堂笔记

离”命令或按 Ctrl+B 组合键，即可实现文本的分离，如图 6-24、图 6-25 所示。

图 6-24

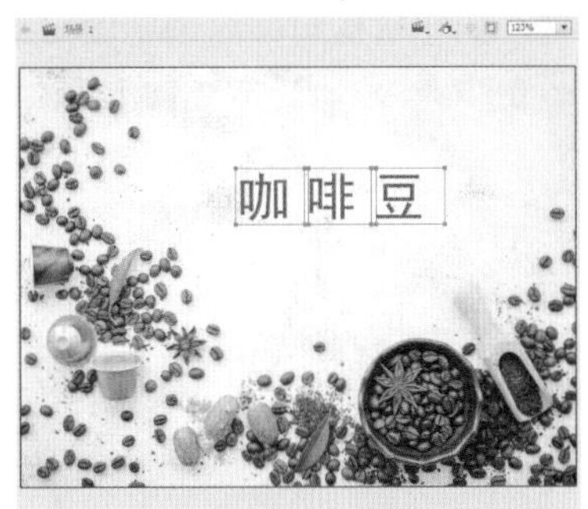

图 6-25

知识点拨

按两次 Ctrl+B 组合键，可以将文本分离为填充图形。当文本分离为填充图像后，就不再具有文本的属性。

6.3.2 文本变形

与其他对象类似，在进行动画创作的过程中，用户也可以对文本进行变形操作。

1. 缩放文本

在编辑文本时，用户除了可以在“属性”面板中设置字体的大小外，还可以使用任意变形工具对文本进行整体缩放变形。

选中文本内容，选择任意变形工具，将光标移动到轮廓线上的控制点处，按住鼠标左键并拖动鼠标，即可缩放选中的文本，如图 6-26、图 6-27 所示。

图 6-26

图 6-27

2. 旋转与倾斜

选中文本，选择任意变形工具，将光标放置在变形框的任意角点上，当变为↻形状时，可以旋转文本，如图 6-28 所示。将光标放置在变形框边上中间的控制点上，当指针变为⇆或⇅形状时，拖动鼠标即可对选中的对象进行垂直或水平方向的倾斜，如图 6-29 所示。

ACAA课堂笔记

图 6-28

图 6-29

3. 水平翻转和垂直翻转

选择文本，执行“修改”|“变形”|“水平翻转”或“垂直翻转”命令，即可实现对文本对象的翻转操作，如图 6-30、图 6-31 所示。

图 6-30

图 6-31

■ 实例：制作书写文字效果

本案例将练习制作书写文字效果，涉及的知识点包括创建文本、分离文本、插入关键帧等。

Step01 新建空白文档，并设置舞台颜色。执行“文件”|“导入到舞台”命令，导入本章素材文件，调整至合适大小与位置，如图 6-32 所示。修改图层 1 名称为“背景”，在第 200 帧按 F5 键插入帧。

Step02 在“背景”图层上方新建“文字”图层，使用文本工具输入文字，如图 6-33 所示。

图 6-32

图 6-33

Step03 选择输入的文字，按 Ctrl+B 组合键将其分离，按 F8 键打开“转换为元件”对话框，将其转换为影片剪辑元件，如图 6-34 所示。

Step04 双击进入元件编辑模式，修改图层名称为“文字”，在第 1～144 帧按 F6 键插入关键帧，在第 1 帧删除文字内容，如图 6-35 所示。

图 6-34

图 6-35

Step05 选中“文字”图层第 2 帧，使用套索工具选中并删除多余内容，制作文字按笔画显现的效果，如图 6-36 所示。

Step06 选中“文字”图层第 3 帧，使用相同的方法继续删除多余内容，如图 6-37 所示。

图 6-36

图 6-37

Step07 使用相同的方法，直至文字逐渐完成，如图 6-38 所示。

Step08 在“文字”图层上方新建“动作”图层，选择第 144 帧，右击鼠标，在弹出的快捷菜单中选择“动作”命令，并输入代码，如图 6-39 所示。

图 6-38

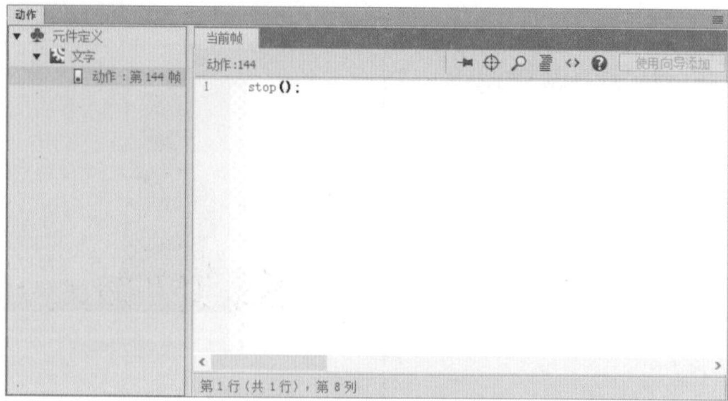

图 6-39

Step09 切换至场景 1 中，按 Ctrl+Enter 组合键测试，效果如图 6-40、图 6-41 所示。

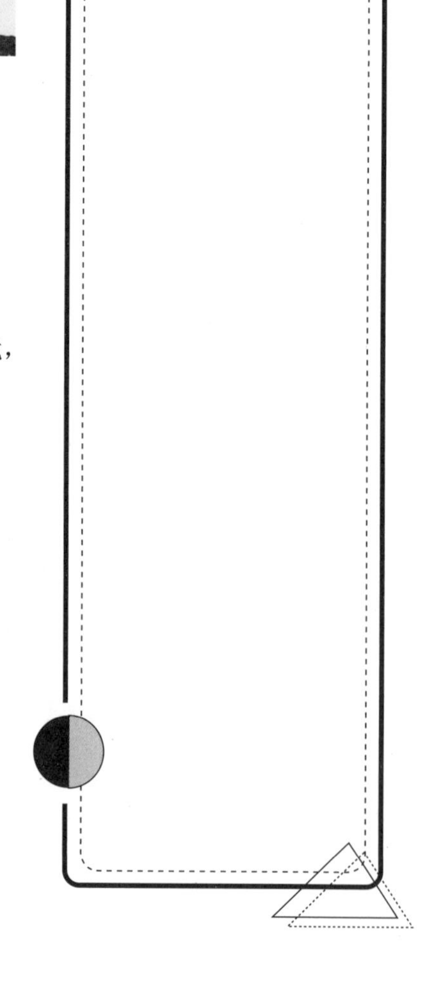

图 6-40

图 6-41

至此，完成文字书写动画的制作。

6.4 滤镜功能的应用

通过添加滤镜，可以制作更丰富的文字效果，如应用模糊滤镜，可以使对象的边缘显得柔和。本小节将针对滤镜进行介绍。

6.4.1 滤镜的基本操作

用户可以直接从“属性”面板的“滤镜”区域中为对象添加滤镜，也可以删除不需要的滤镜，还可以自定义滤镜。如图 6-42 所示为滤镜列表。下面将对此进行具体介绍。

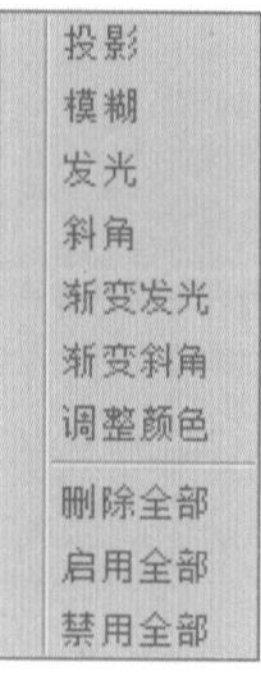

图 6-42

ACAA课堂笔记

1. 添加滤镜

在舞台上选择要添加滤镜的对象，在“属性”面板的“滤镜”区域中，单击“添加滤镜”按钮，在弹出的下拉菜单中选择一种滤镜，然后设置相应的参数即可。如图6-43、图6-44所示为添加“投影”滤镜的前后效果。

图6-43

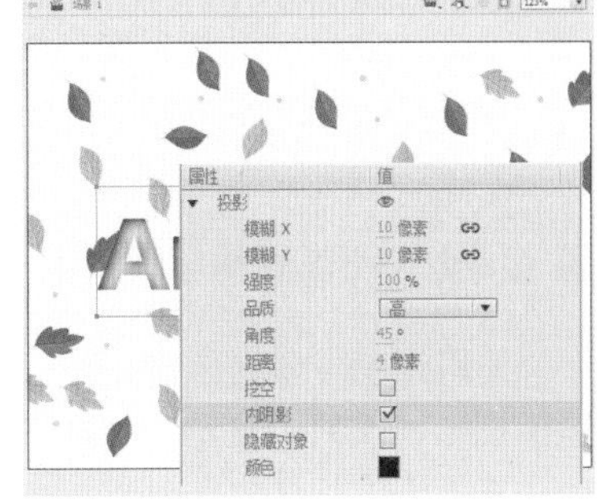

图6-44

2. 删除滤镜

若对添加的滤镜不满意，在“属性”面板中选中添加的滤镜，单击“删除滤镜”按钮即可。

3. 复制滤镜

在添加滤镜的过程中，若需要为不同对象添加相同的滤镜效果，可以通过复制滤镜来实现。

选中已添加滤镜效果的对象，在“属性”面板中选中要复制的滤镜效果，单击“滤镜”区域中的“选项”按钮，在弹出的下拉菜单中选择“复制选定的滤镜”命令，即可复制滤镜参数，在舞台中选中要粘贴滤镜效果的对象，单击“滤镜”区域中的“选项”按钮，在弹出的下拉菜单中选择“粘贴滤镜”命令，即可为选中的对象添加相同的滤镜效果。

4. 自定义滤镜

在制作动画的过程中，用户可以将常用的滤镜效果存为预设，以便于后期的多次调用。

选中“属性”面板“滤镜”区域中的滤镜效果，单击“滤镜”区域中的“选项”按钮，在弹出的下拉菜单中选择“另存为预设”命令，打开“将预设另存为”对话框，设置预设名称，如图6-45所示。完成后单击“确定”按钮，即可将选中的滤镜效果另存为预设。使用时单击“滤镜”区域中的“选项”按钮，在弹出的下拉菜单中选择保存的滤镜即可，如图6-46所示。

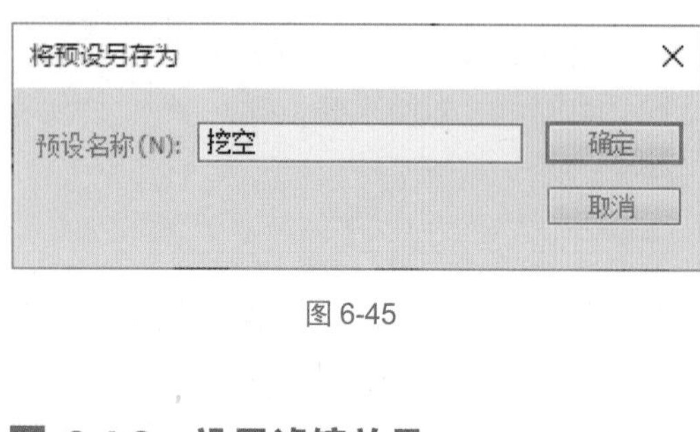

图 6-45

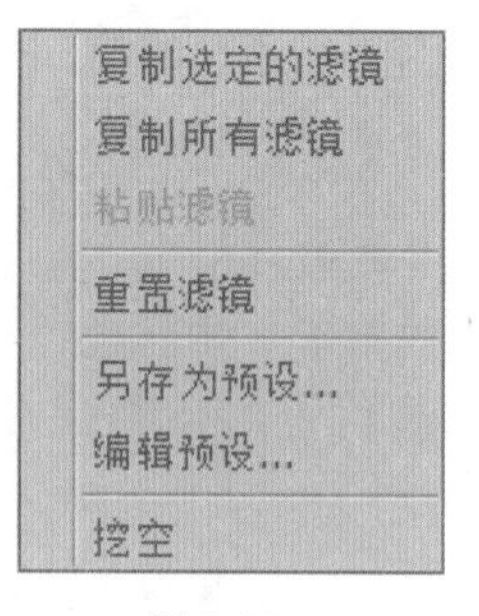

图 6-46

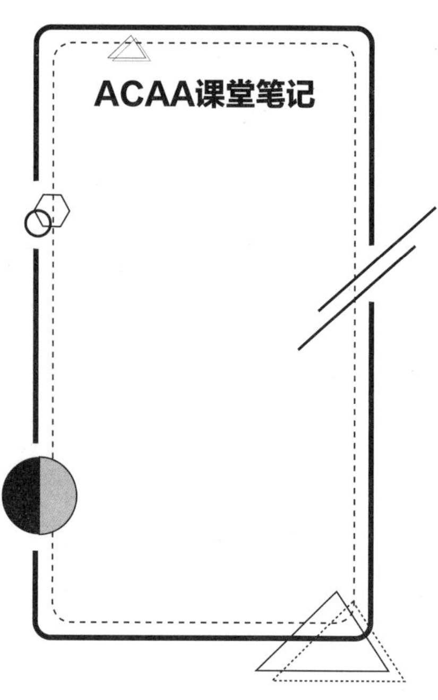

6.4.2 设置滤镜效果

使用滤镜可以制作出许多特殊的效果，Animate 软件中的滤镜包括投影、模糊、发光、斜角、渐变发光、渐变斜角和调整颜色 7 种。下面将进行具体介绍。

1. 投影

“投影”滤镜用于模拟对象投影到一个表面的效果，使其具有立体感。在“投影”选项中，可以对投影的模糊值、强度、品质、角度、距离等参数进行设置，如图 6-47 所示。

图 6-47

“投影”各选项作用如下。

◎ 模糊 X/ 模糊 Y：用于设置投影的宽度和高度。

◎ 强度：用于设置阴影暗度。数值越大，阴影越暗。

◎ 品质：用于设置投影质量级别。设置为“高”则近似于高斯模糊。 设置为“低”可以实现最佳的播放性能。

◎ 角度：用于设置阴影角度。

◎ 距离：用于设置阴影与对象之间的距离。

◎ 挖空：勾选该复选框，将从视觉上隐藏源对象，并在挖空图像上只显示投影。

◎ 内阴影：勾选该复选框后，将在对象边界内应用阴影。

◎ 隐藏对象：勾选该复选框，将隐藏对象，只显示其阴影。

◎ 颜色：用于设置阴影颜色。

2. 模糊

“模糊”滤镜可以柔化对象的边缘和细节，使编辑对象具有运动的感觉。在“滤镜”区域中，单击面板底部的“添加滤镜”按钮 ，在弹出的下拉菜单中选择“模糊”选项即可。

3. 发光

“发光”滤镜可以使对象的边缘产生光线投射效果，为对象的整个边缘应用颜色。在 Animate 软件中，既可以使对象的内部发光，也可以使对象的外部发光。如图 6-48 所示为“发光”滤镜的选项。

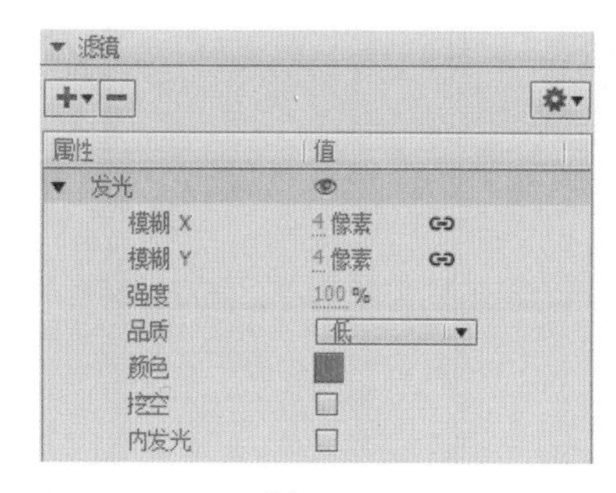

图 6-48

4. 斜角

图 6-49

应用“斜角”滤镜就是向对象应用加亮效果，使其看起来凸出于背景表面，使对象制作出立体的浮雕效果。在“斜角”选项中，可以对模糊、强度、品质、阴影、角度、距离以及类型等参数进行设置，如图 6-49 所示。

5. 渐变发光

应用“渐变发光”滤镜可以在对象表面产生带渐变颜色的发光效果。渐变发光要求渐变开始处颜色的 Alpha 值为 0，用户可以改变其颜色，但是不能移动其位置。渐变发光和发光的主要区别在于发光的颜色，且“渐变发光”滤镜效果可以添加多种颜色。

6. 渐变斜角

“渐变斜角”滤镜效果与“斜角”滤镜效果相似，可以使编辑对象表面产生一种凸起效果。但是“斜角”滤镜效果只能够更改其阴影色和加亮色两种颜色，而“渐变斜角”滤镜效果可以添加多种颜色。“渐变斜角”中间颜色的 Alpha 值为 0，用户可以改变其颜色，但是不能移动其位置。

7. 调整颜色

图 6-50

使用“调整颜色”滤镜可以改变对象的各颜色属性，主要包括对象的亮度、对比度、饱和度和色相，如图 6-50 所示。

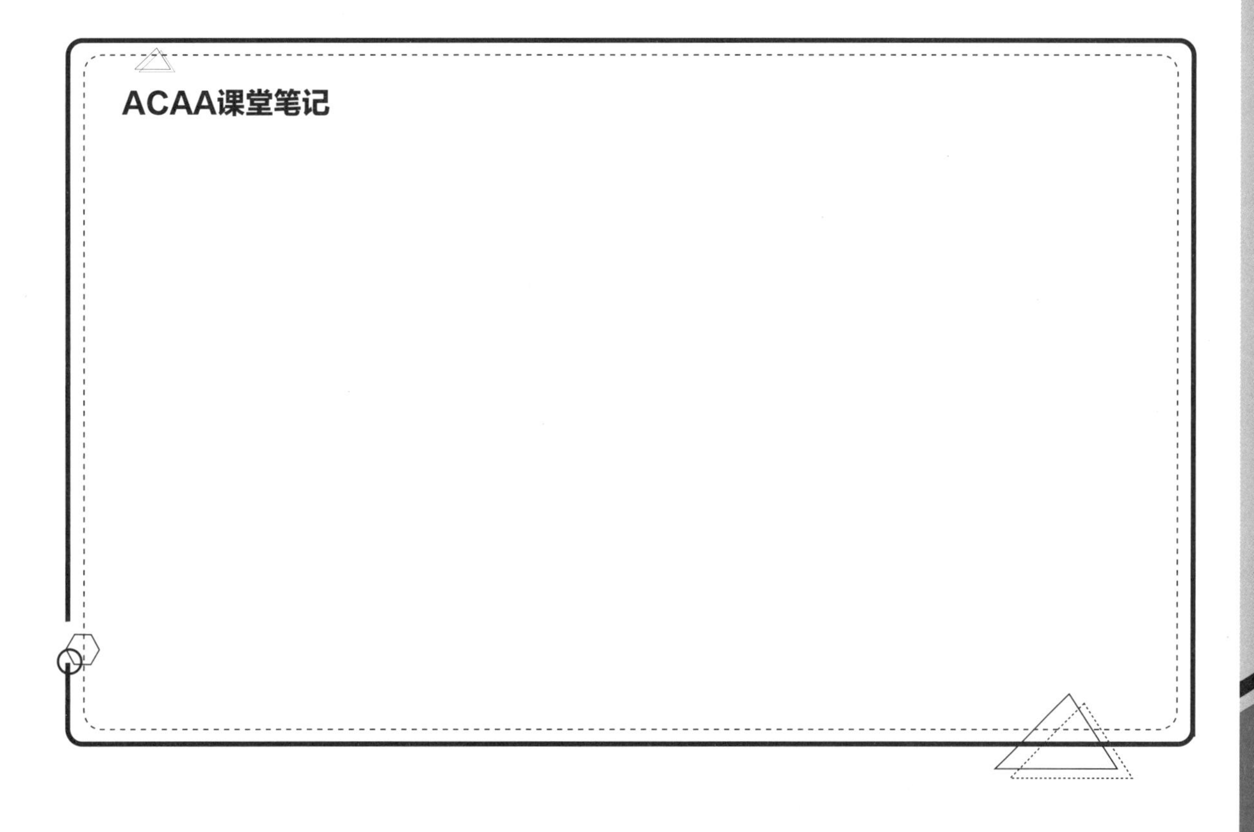

6.5 课堂实战：制作文字倒影

本案例将练习制作文字倒影，主要涉及的知识点包括创建文本、分离文本、变形文本等。

Step01 新建空白文档，设置舞台颜色为浅蓝色，如图 6-51 所示。按 Ctrl+S 组合键，保存文件。

Step02 使用文本工具T输入文字，如图 6-52 所示。

图 6-51

图 6-52

Step03 选中输入的文字，按 Ctrl+C 组合键复制，按 Ctrl+Shift+V 组合键原位粘贴，并调整至合适位置，如图 6-53 所示。

Step04 选中复制的文字，右击鼠标，在弹出的快捷菜单中选择“变形”｜“垂直翻转”命令，效果如图 6-54 所示。

图 6-53

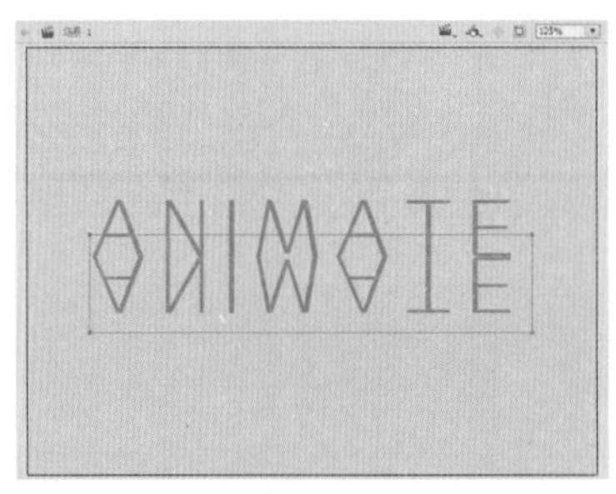

图 6-54

Step05 选择任意变形工具，将光标放置在变形框边上中间的控制点上，拖动鼠标使文字倾斜，并调整文字位置，效果如图 6-55 所示。

Step06 选中倾斜文字，按 Ctrl+B 组合键分离，重复一次，效果如图 6-56 所示。

图 6-55

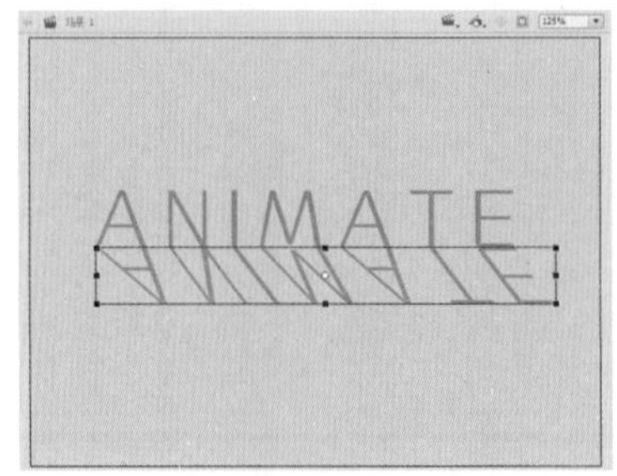

图 6-56

ACAA课堂笔记

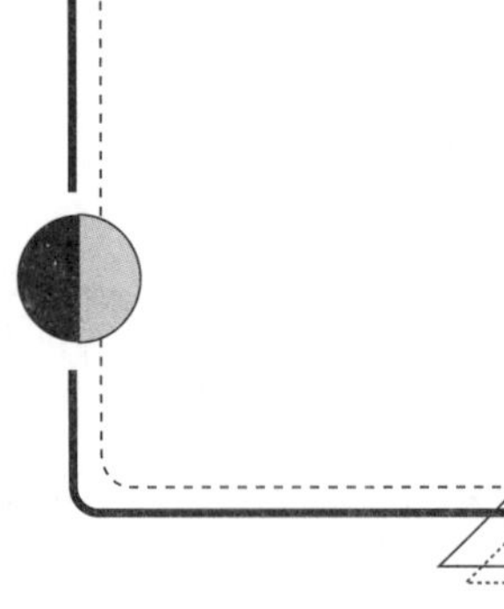

Step07 选中分离后的文字，执行“窗口”|“颜色”命令，打开“颜色”面板，设置线性渐变，如图 6-57 所示。

Step08 设置完成渐变后，效果如图 6-58 所示。

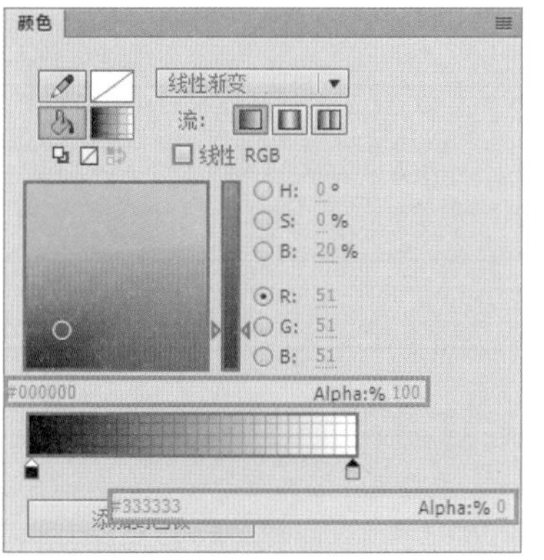

图 6-57

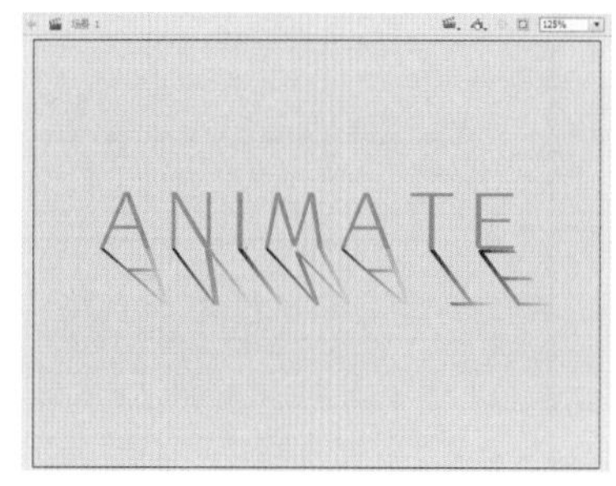

图 6-58

Step09 使用渐变变形工具调整渐变，效果如图 6-59 所示。

Step10 选中变形文字，按 F8 键打开“转换为元件”对话框，并进行设置，将其转换为影片剪辑元件，如图 6-60 所示。

图 6-59

图 6-60

Step11 选中影片剪辑元件，在“属性”面板中单击“添加滤镜”按钮，在弹出的下拉菜单中选择“模糊”滤镜，并对参数进行设置，如图 6-61 所示。

Step12 设置完成后效果如图 6-62 所示。

至此，完成文字倒影效果的制作。

图 6-61

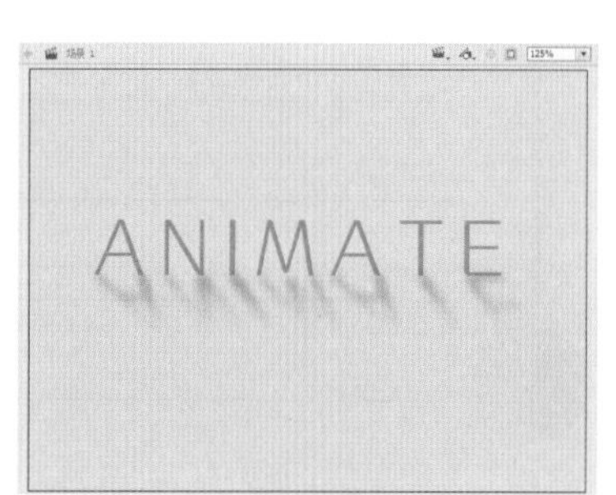

图 6-62

ACAA课堂笔记

6.6 课后练习

一、选择题

1. 若想实现交互式操作，让浏览者填写一些信息以达到某种信息交换或收集的目的，可以创建（　　）。

A. 输入文本　　B. 动态文本
C. 静态文本　　D. 普通文本

2. 若想设置段落中相邻行之间的距离，应选择（　　）属性进行设置。

A. 字母间距　　B. 缩进
C. 行距　　D. 边距

3. 在“属性”面板中的（　　）区域可以设置段落文本的缩进、行距、边距等参数。

A. 字符　　B. 段落
C. 选项　　D. 辅助功能

二、填空题

1. ______ 是一种比较特殊的文本，在动画运行的过程中可以通过 ActionScript 脚本进行编辑修改。
2. Animate 软件中的滤镜包括 ______、______、发光、斜角、______、渐变斜角和调整颜色 7 种。
3. 文本标签和文本框两种方式之间最大的区别是 ______。
4. 选中文本内容后，执行“修改” | “分离”命令或按 _______ 组合键，即可实现文本的分离。
5. “调整颜色”滤镜可以改变对象的各颜色属性，主要包括对象的亮度、______、饱和度和 ______ 属性。

三、操作题

1. 制作企业标识

（1）本案例将练习制作企业标识，涉及的知识点主要包括文本的创建、图形的绘制、文本的分离与变形等。效果如图 6-63 所示。

图 6-63

（2）操作思路：

Step01 打开本章素材文件，输入静态文本；

Step02 分离文本，调整变形，设置填充色；

Step03 绘制图形，并填色；

Step04 将文字与绘制对象转换为影片剪辑元件，添加滤镜。

2. 制作文字渐出效果

（1）本案例将练习制作文字渐出效果，主要涉及的知识点包括文本的创建、补间动画的添加、文字属性的调整等。完成后效果如图 6-64、图 6-65 所示。

图 6-64

图 6-65

（2）操作思路：

Step01 新建文档，创建影片剪辑元件；

Step02 输入文本并将其分离，将分离后的文本分散到图层；

Step03 选中单独的字母，将其转换为图形元件；

Step04 添加关键帧，创建补间动画。

第 7 章 创建简单动画

内容导读

制作动画是 Animate 软件最主要的功能，利用该软件，用户可以制作出不同类型的动画效果，如逐帧动画、补间动画、引导动画、遮罩动画等。不同的动画类型可以呈现不同的效果，本章将对这些动画的制作进行逐一介绍。

学习目标

- 了解逐帧动画的原理
- 学会制作逐帧动画
- 学会制作补间动画
- 学会制作引导动画
- 学会制作遮罩动画

7.1 逐帧动画

逐帧动画是一种传统动画，其原理是在时间轴的每帧上逐帧绘制不同的内容，当快速播放时，由于人的眼睛产生视觉暂留，就会感觉画面动了起来。在制作动画时，设计者需要对每一帧的内容进行绘制，因此其工作量较大，但产生的动画效果非常灵活逼真，很适合表演细腻的动画。

7.1.1 逐帧动画的特点

逐帧动画在每一帧中都会更改舞台内容，适合于图像在每一帧都在变化而不仅是在舞台上移动的复杂动画。在逐帧动画中，Animate 会存储每个完整帧的值。

逐帧动画通过一帧帧地绘制，并按先后顺序排列在时间轴上通过顺序播放达到的动画效果，适合制作相邻关键帧中对象变化不大的动画。逐帧动画具有如下 5 个特点。

◎ 逐帧动画会占用较大的内存，因此文件很大。

◎ 逐帧动画由许多单个的关键帧组合而成，每个关键帧均可独立编辑，且相邻关键帧中的对象变化不大。

◎ 逐帧动画具有非常大的灵活性，几乎可以表达任何形式的动画。

◎ 逐帧动画分解的帧越多，动作就会越流畅，适合于制作特别复杂及细节的动画。

◎ 逐帧动画中的每一帧都是关键帧，每个帧的内容都要进行手动编辑，工作量很大，这也是传统动画的制作方式。

7.1.2 导入逐帧动画

用户可以通过导入 JPEG、PNG、GIF 等格式的图像创建逐帧动画。导入 GIF 格式的位图与导入同一序列的 JPEG 格式的位图类似，只需将 GIF 格式的图像直接导入到舞台，即可在舞台直接生成动画，如图 7-1、图 7-2 所示。

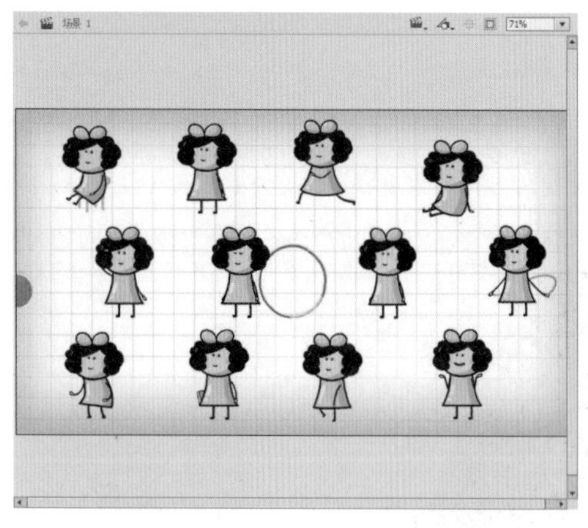

图 7-1

图 7-2

7.1.3 制作逐帧动画

制作逐帧动画就是制作动画中每一帧的内容，这项工作是在 Animate 内部完成的。绘制逐帧动画的方法主要有以下 3 种。

（1）绘制矢量逐帧动画

使用绘图工具在场景中一帧帧地画出帧内容，如图 7-3、图 7-4 所示。

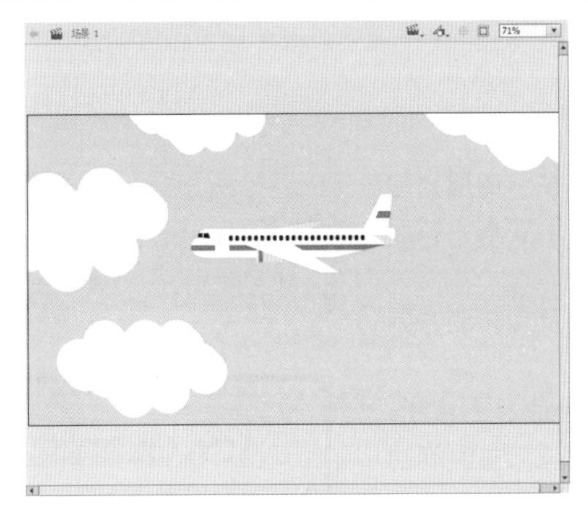

图 7-3

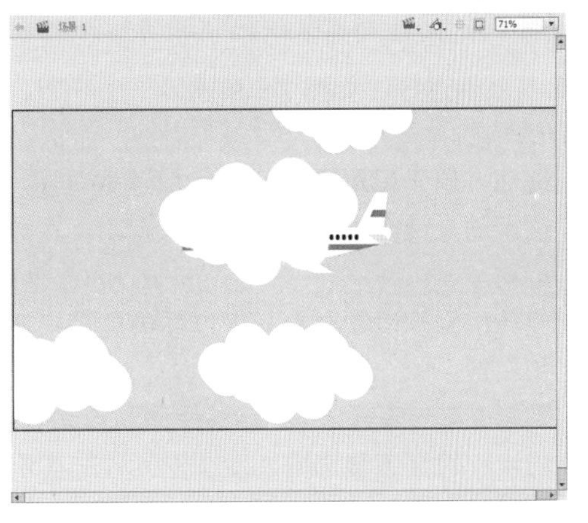

图 7-4

（2）文字逐帧动画

使用文字作为帧中的元件，实现文字跳跃、旋转等特效。

（3）指令逐帧动画

在“时间轴”面板上，逐帧写入动作脚本语句来完成元件的变化。

7.2 补间动画

补间动画分为传统补间动画和形状补间动画，在此将针对这两种补间动画进行介绍。

7.2.1 传统补间动画

传统补间动画即指在一个关键帧中定义一个元件的实例、组合对象或文字块的大小、颜色、位置、透明度等属性，然后在另一个关键帧中改变这些属性，系统根据二者之间的帧的值创建的动画。

创建传统补间动画后，时间轴的背景色变为淡紫色，在起始帧和结束帧之间有一个长箭头，如图 7-5 所示。

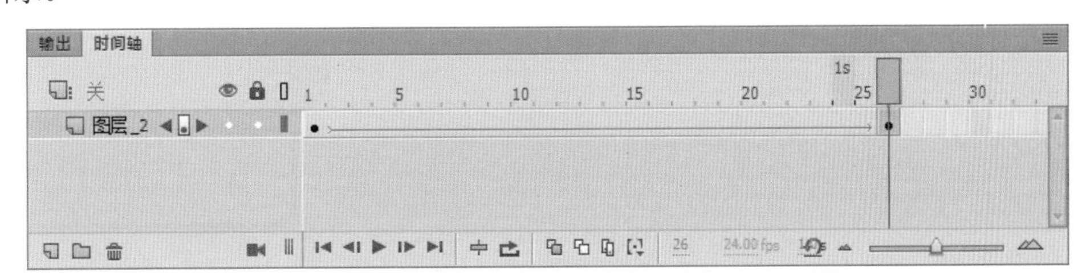

图 7-5

传统补间动画通常用于有位置变化的补间动画中。通过传统补间动画，可以对矢量图形、元件以及其他导入的素材进行位置、大小、旋转、透明度等参数的调整。

知识点拨

创建传统补间动画的元素可以是影片剪辑、按钮、图形元件、文字、位图等，但不能是形状。

选择图层中传统补间中的帧，在“属性”面板的“补间”区中可以对其属性进行，如图 7-6 所示。

图 7-6

部分选项的含义介绍如下。

◎ 缓动：用于设置变形运动的加速或减速。0 表示变形为匀速运动，负数表示变形为加速运动，正数表示变形为减速运动。

◎ 旋转：用于设置对象渐变过程中是否旋转以及旋转的方向和次数。

◎ 贴紧：勾选该复选框，能够使动画自动吸附到路径上移动。

◎ 同步：勾选该复选框，使图形元件的实例动画和主时间轴同步。

◎ 调整到路径：用于引导层动画，勾选该复选框，可以使对象紧贴路径来移动。

◎ 缩放：勾选该复选框，可以改变对象的大小。

若前后两个关键帧中的对象不是元件时，Animate 会自动将前后两个关键帧中的对象分别转换为“补间 1”“补间 2”两个元件。

7.2.2 形状补间动画

形状补间动画即指在时间轴中的一个关键帧上绘制一个形状，在另一个关键帧中更改该形状或绘制另一个形状，然后系统根据二者之间帧的值或形状来创建的动画。形状补间动画可以实现两个图形之间颜色、大小、形状和位置的相互变化，其变化的灵活性介于逐帧动画和传统补间动画之间。

对前后两个关键帧的形状指定属性后，在两个关键帧之间右击鼠标，在弹出的快捷菜单中选择“创建补间形状”命令即可。创建形状补间动画后，时间轴的背景色变为淡绿色，在起始帧和结束帧之间有一个长箭头，如图 7-7 所示。

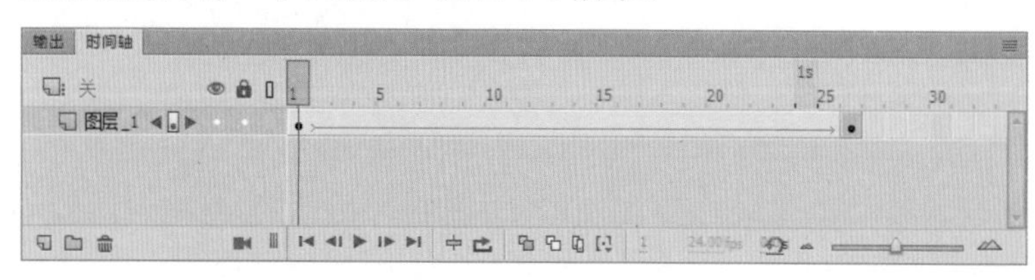

图 7-7

知识点拨

若想使用图形元件、按钮、文字制作形状补间动画，需先将其打散。

选择图层中形状补间中的帧，在“属性”面板的“补间”区域中有两个设置形状补间属性的选项，如图 7-8 所示。

其中，各选项的含义介绍如下。

1. 缓动

该选项用于设置形状对象变化的快慢趋势，取值范围在 -100 ～ 100。当设置取值为 0 时，表示形状补间动画的形状变化是匀速的；当设置取值小于 0 时，表示形变对象的形状变化越来越快，数值越小，加快的趋势越明显；当设置取值大于 0 时，表示形变对象的形状变化越来越慢，数值越大，减慢的趋势越明显。

用户也可以单击“缓动类型”按钮 Classic Ease，在弹出的区域中选择预设的类型，如图 7-9 所示。

图 7-8

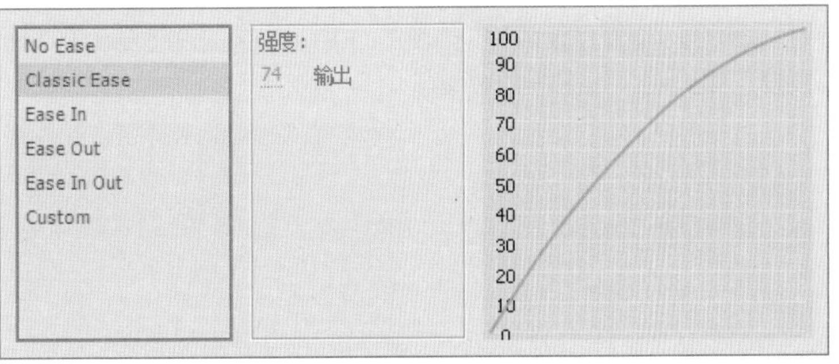

图 7-9

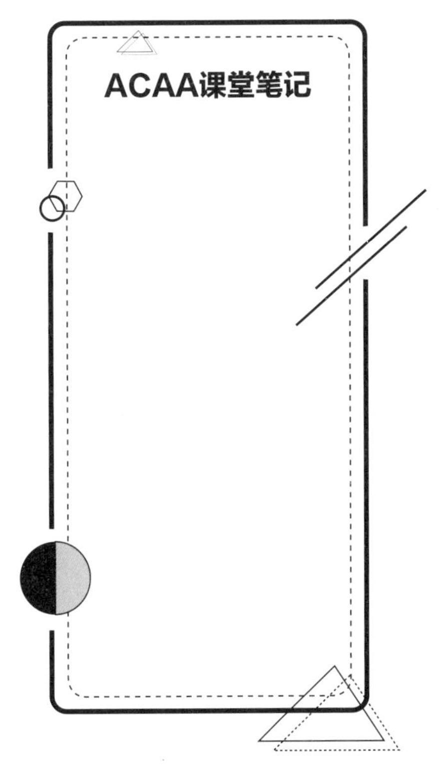

2. 混合

用于设置形状补间动画的变形形式。在该下拉列表中，包含了“分布式”和“角形”两个选项。若设置为“分布式”，表示创建的动画中间形状比较平滑；若设置为“角形”，表示创建的动画中间形状会保留明显的角和直线，适合具有锐化角度和直线的混合形状。

7.2.3 使用动画预设

动画预设是预配置的补间动画，可以将它们应用于舞台上的对象。使用预设可极大节约项目设计和开发的生产时间，特别是经常使用相似类型的补间时。选中对象，选择“动画预设”面板中的动画效果，单击“应用”按钮即可。

动画预设的功能就像是一种动画模板，可以直接加载到元件上，每个动画预设都包含特定数量的帧。应用预设时，在时间轴中创建的补间范围将包含此数量的帧。如果目标对象已应用了不同长度的补间，补间范围将进行调整，以符合动画预设的长度，然后在应用预设后调整时间轴中补间范围的长度。

执行“窗口”｜“动画预设”命令，即可打开“动画预设”面板，如图 7-10 所示。动画预设一共有 30 项动画效果，都放置在默认预设中。任选其中一个动画后，在窗口预览中会出现相应的动画效果。

图 7-10

知识点拨

每个对象只能应用一个预设。如果将第二个预设应用于相同的对象，则第二个预设将替换第一个预设。

用户可以创建并保存自己的自定义预设，也可以修改现有的动画预设并另存为新的动画预设，在“动画预设”面板的“自定义预设”文件夹中将显示新的动画预设效果。

选择需要另存为动画预设的时间轴中的补间范围，单击“动画预设”面板中的“将选区另存为预设”按钮，打开“将预设另存为”对话框，设置预设名称，如图 7-11 所示。新预设将显示在“动画预设”面板中，如图 7-12 所示。

将预设另存为
预设名称(N): 1
确定
取消

图 7-11

图 7-12

知识点拨

动画预设只能包含补间动画。传统补间不能保存为动画预设。

7.3 引导动画

引导动画属于传统补间动画的一种，通过运动引导层控制传统补间动画中对象的移动。这种动画可以使一个或多个元件完成曲线或不规则运动。

7.3.1 引导层动画的特点

引导动画是对象沿着一个设定的线段做运动，只要固定起始

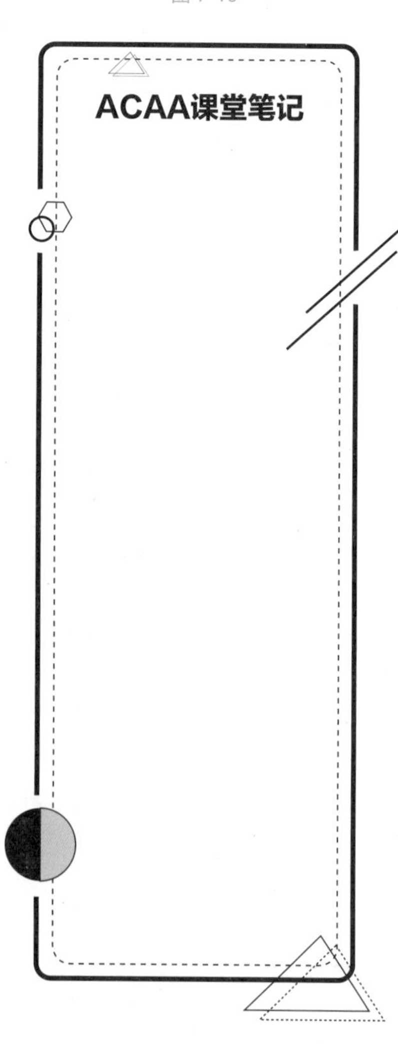

点和结束点，物体就可以沿着线段运动，这条线段就是所谓的引导线。

引导层和被引导层是制作引导动画的必须图层。引导层位于被引导层的上方，在引导层中绘制对象的运动路径。引导层是一种特殊的图层，在影片中起辅助作用。引导层不会导出，因此不会显示在发布的 SWF 文件中，而与之相连接的被引导层则沿着引导层中的路径运动。

知识点拨

引导层是用来指示对象运行路径的，必须是打散的图形。路径不要出现太多交叉点。被引导层中的对象必须依附在引导线上。简单地说，在动画的开始和结束帧上，让元件实例的变形中心点吸附到引导线上。

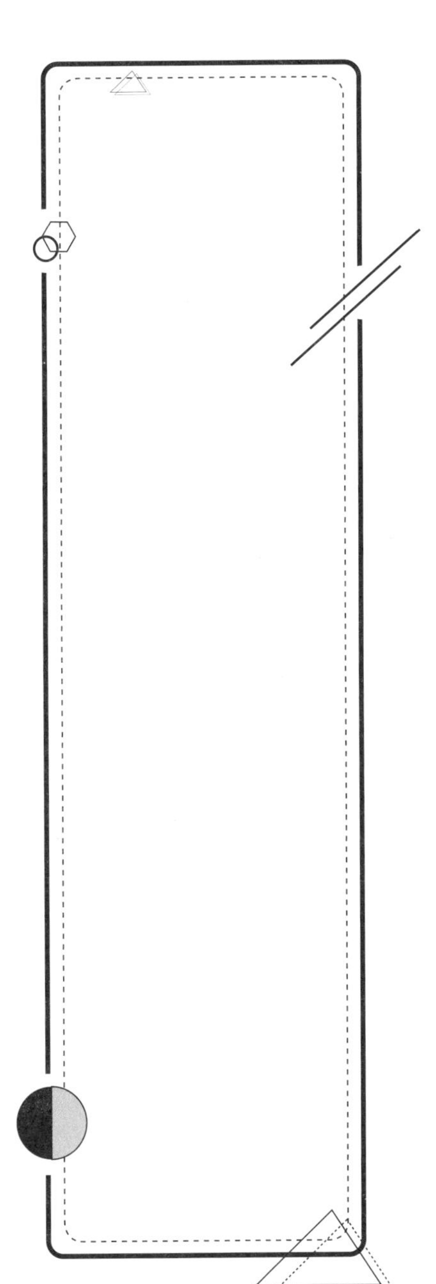

7.3.2 制作引导层动画

创建引导层动画必须具备以下两个条件。

◎ 路径；

◎ 在路径上运动的对象。

一条路径上可以有多个对象运动，引导路径都是一些静态线条，在播放动画时路径线条不会显示。

选中要添加引导层的图层，右击鼠标，在弹出的快捷菜单中选择“添加传统运动引导层”命令，即可在选中图层的上方添加引导层，如图 7-13 所示。在该图层上绘制路径，并调整被引导层中的对象中心点在起始点和终点都位于引导线上即可。

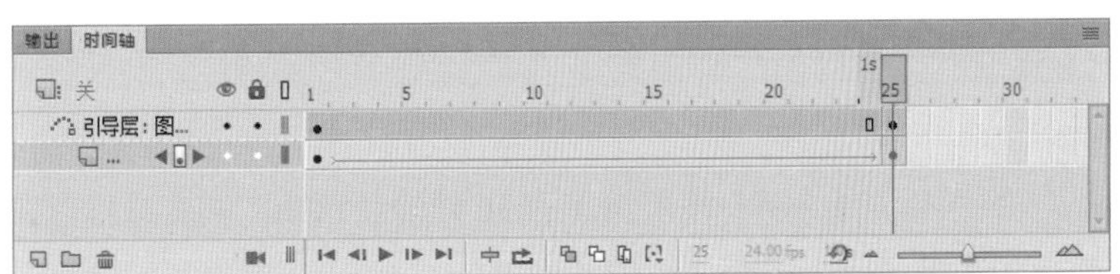

图 7-13

引导动画最基本的操作就是使一个运动动画附着在引导线上。所以操作时特别要注意引导线的两端，被引导的对象起始点、终点的 2 个中心点一定要对准引导线的两个端头。

实例：制作纸飞机飞翔动画

本案例将练习制作纸飞机飞翔动画，涉及的知识点主要包括引导层动画的创建等。

Step01 新建空白文档，导入本章素材文件，如图 7-14 所示。修改图层 1 名称为“背景”。

Step02 在“背景”图层上方新建“纸飞机”图层，使用钢笔工具绘制图形，如图 7-15 所示。选中绘制的图形，按 F8 键将其转换为图形元件。

Step03 选中“纸飞机”图层，右击鼠标，在弹出的快捷菜单中选择“添加传统运动引导层”命令，新建引导层，使用铅笔工具在引导层中绘制路径，如图 7-16 所示。

图 7-14

图 7-15

图 7-16

Step04 选中舞台中的纸飞机，使其置于路径起始处，如图 7-17 所示。

Step05 在所有图层第 30 帧处按 F6 键插入关键帧，选中纸飞机对象，移动其位置至路径末端，并进行旋转，如图 7-18 所示。

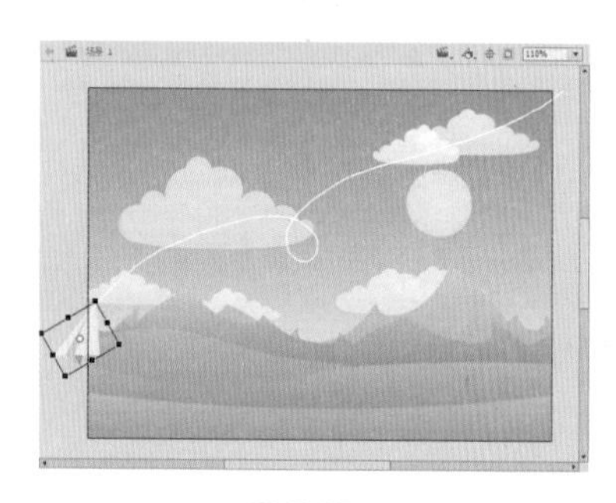

图 7-17

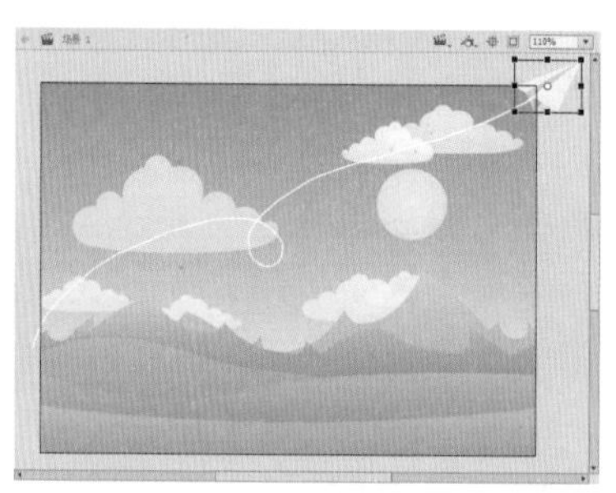

图 7-18

Step06 选择“纸飞机”图层第 1 ～ 30 帧的任意帧，右击鼠标，在弹出的快捷菜单中选择“创建传统补间”命令，创建补间动画，如图 7-19 所示。在“属性”面板中勾选“调整到路径”复选框。

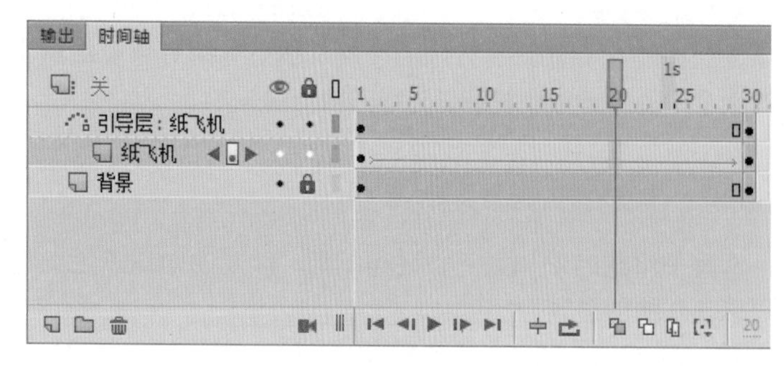

图 7-19

Step07 至此，就完成纸飞机飞翔动画的制作。按 Ctrl+Enter 组合键测试效果，如图 7-20、图 7-21 所示。

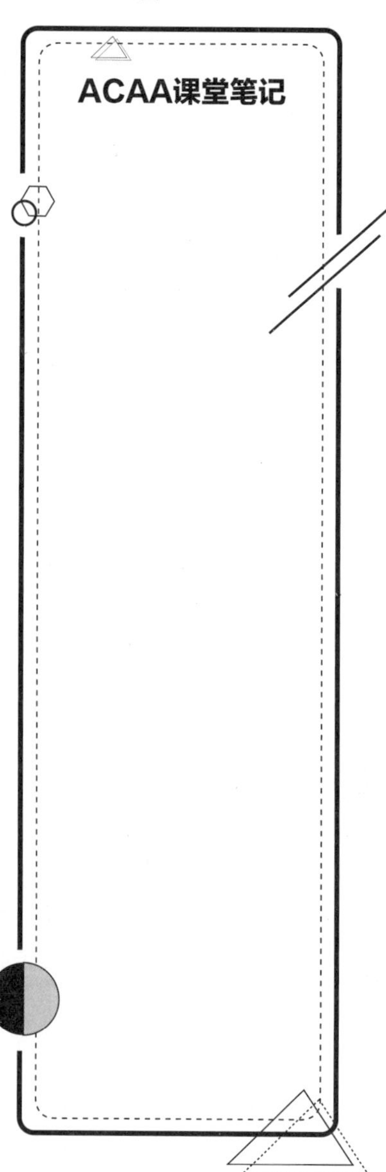

ACAA课堂笔记

图 7-20

图 7-21

7.4 遮罩动画

遮罩动画是一个很重要的动画类型，通过遮罩动画可以制作很多效果丰富的动画。遮罩效果的实现是通过两个图层来完成的，一个是遮罩层，另一个是被遮罩层。“遮罩层”只有一个，但“被遮罩层”可以有多个。

遮罩层的内容可以是填充的形状、文字对象、图形元件的实例或影片剪辑，不能是直线，如果一定要用线条，可以将线条转化为“填充”。“遮罩”主要有两种用途：一个作用是用在整个场景或一个特定区域，使场景外的对象或特定区域外的对象不可见；另一个作用是用来遮罩住某一元件的一部分，从而实现一些特殊的效果。

遮罩效果的作用方式有以下 4 种。

◎ 遮罩层中的对象是静态的，被遮罩层中的对象也是静态的，这样生成的效果就是静态遮罩效果。

◎ 遮罩层中的对象是静态的，而被遮罩层的对象是动态的，这样透过静态的对象可以观看后面的动态内容。

◎ 遮罩层中的对象是动态的，而被遮罩层中的对象是静态的，这样透过动态的对象可以观看后面静态的内容。

◎ 遮罩层的对象是动态的，被遮罩层的对象也是动态的，这样透过动态的对象可以观看后面的动态内容。此时，遮罩对象和被遮罩对象之间就会进行一些复杂的交互，从而得到一些特殊的视觉效果。

知识点拨

在设计动画时，合理地运用遮罩效果会使动画看起来更流畅，元件与元件之间的衔接时间更准确，同时也具有丰富的层次感和立体感。

遮罩层其实是由普通图层转化的，即在某个图层上右击鼠标，在弹出的快捷菜单中选择“遮罩层”命令，该图层就会转换成遮

罩层。此时，该图层图标就会从普通层图标变为遮罩层图标，系统也会自动将遮罩层下面的一层关联为“被遮罩层”，在缩进的同时图标变为；若需要关联更多层被遮罩，只要把这些层拖至被遮罩层下面或者将图层属性类型改为被遮罩即可。

在制作遮罩层动画时，应注意以下 3 点。

◎ 若要创建遮罩层，请将遮罩项目放在要用作遮罩的图层上。
◎ 若要创建动态效果，可以让遮罩层动起来。
◎ 若要获得聚光灯效果和过渡效果，可以使用遮罩层创建一个孔，通过这个孔可以看到下面的图层。遮罩项目可以是填充的形状、文字对象、图形元件的实例或影片剪辑。将多个图层组织在一个遮罩层下，可创建复杂的效果。

实例：制作百叶窗效果

本案例将练习制作百叶窗效果，涉及的知识点主要包括遮罩动画的添加、图形的绘制、元件的创建等。

Step01 打开本章素材文件，并将其另存。使用矩形工具在舞台中绘制一个矩形，如图 7-22 所示。

Step02 选择绘制好的矩形，按 F8 键打开“转换为元件”对话框，将矩形转化为影片剪辑元件，如图 7-23 所示。

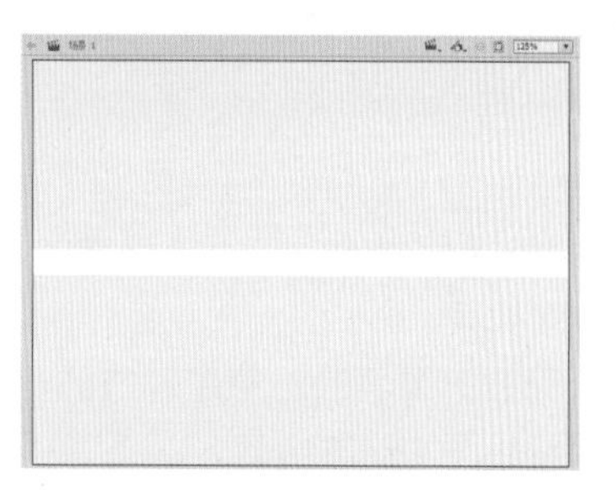

图 7-22

图 7-23

知识点拨

只有遮罩层与被遮罩层同时处于锁定状态时，才会显示遮罩效果。如果需要对两个图层中的内容进行编辑，可将其锁定解除，编辑结束后再将其锁定。

Step03 双击进入元件的编辑区。在时间轴的第 15 帧处按 F6 键插入关键帧，在第 16 帧处按 F7 键插入空白关键帧，如图 7-24 所示。

Step04 选择第 1 帧处的矩形，使用任意变形工具将矩形压缩，如图 7-25 所示。选择第 1 ～ 15 帧之间任意帧，右击鼠标，在弹出的快捷菜单中选择“创建补间形状”命令，创建形状补间动画。

ACAA课堂笔记

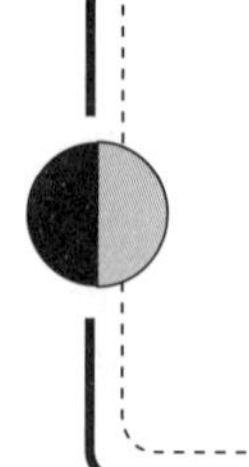

ACAA课堂笔记

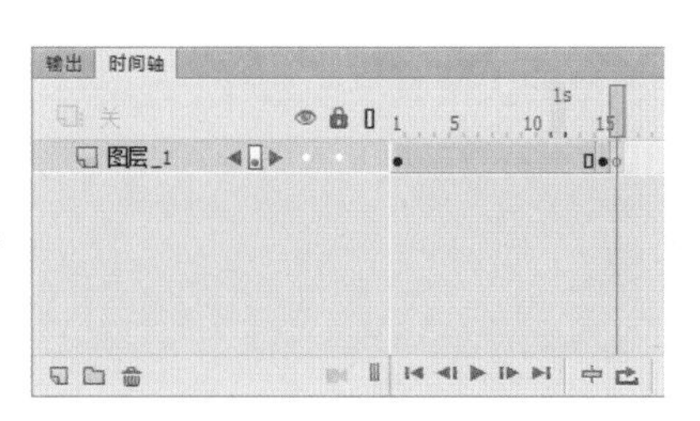

图 7-24

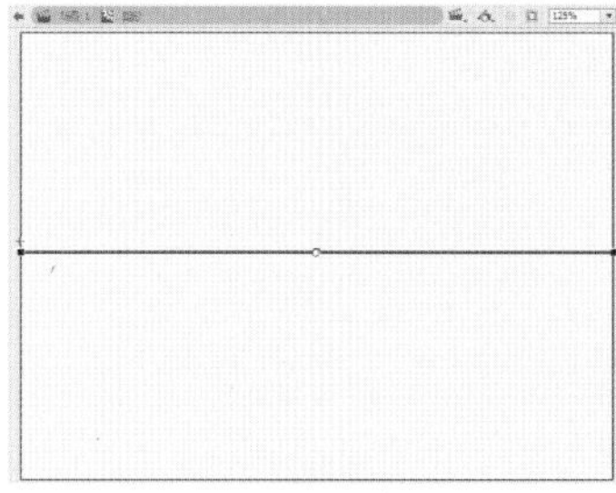

图 7-25

Step05 执行“插入”｜“新建元件”命令，打开“创建新元件”对话框，并进行设置，如图 7-26 所示。

Step06 完成后单击“确定”按钮，进入新建元件的编辑模式，将“库”面板中的矩形元件拖至舞台，按住 Alt 键拖曳复制，重复操作，如图 7-27 所示。

图 7-26

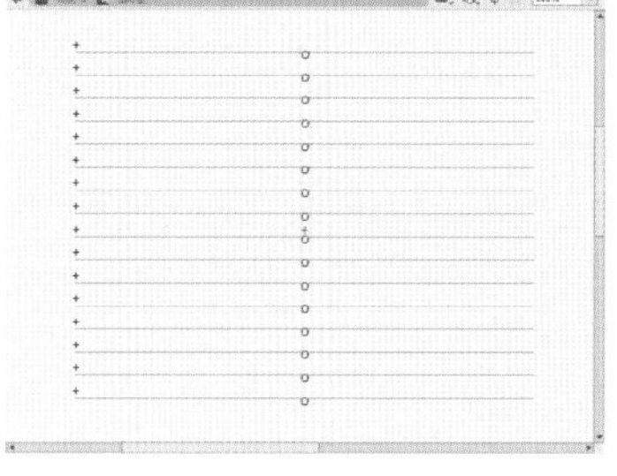

图 7-27

Step07 选择舞台上的所有元件，执行“窗口”｜“对齐”命令，打开“对齐”面板，单击“水平中齐”按钮，如图 7-28 所示。

Step08 切换至场景 1，删除舞台中的矩形元件，将“库”面板中的百叶窗元件拖至舞台，并使用任意变形工具将其旋转，如图 7-29 所示。

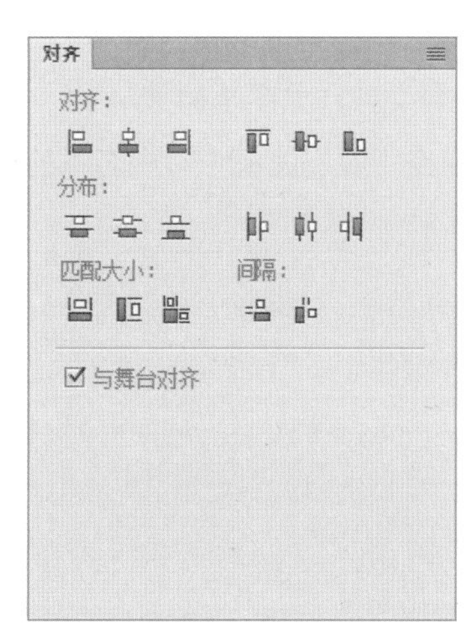

图 7-28

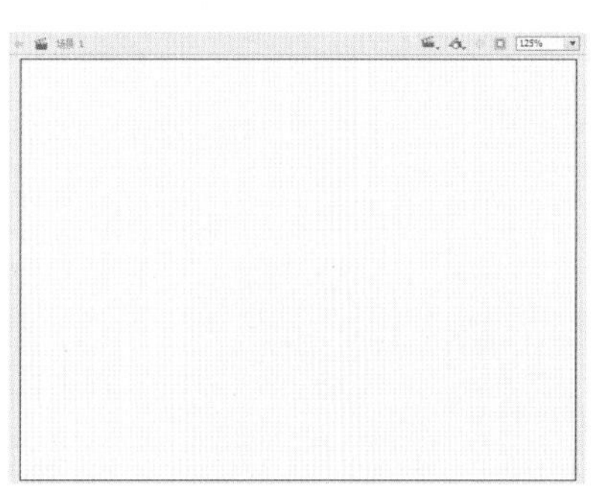

图 7-29

Step09 在图层 _1 的下方新建图层，将库中的背景拖至舞台合适位置，如图 7-30 所示。

Step10 选择图层 1，右击鼠标，在弹出的快捷菜单中选择“遮罩层”命令，将图层 1 转化为遮罩层，如图 7-31 所示。

图 7-30

图 7-31

Step11 至此完成百叶窗效果的制作。按 Ctrl+Enter 组合键测试，效果如图 7-32、图 7-33 所示。

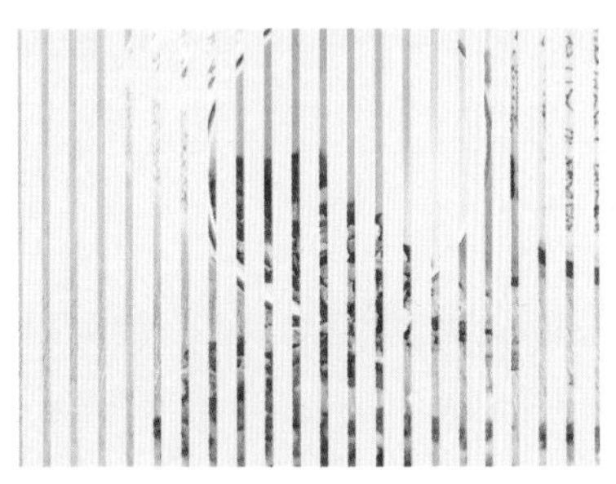

图 7-32

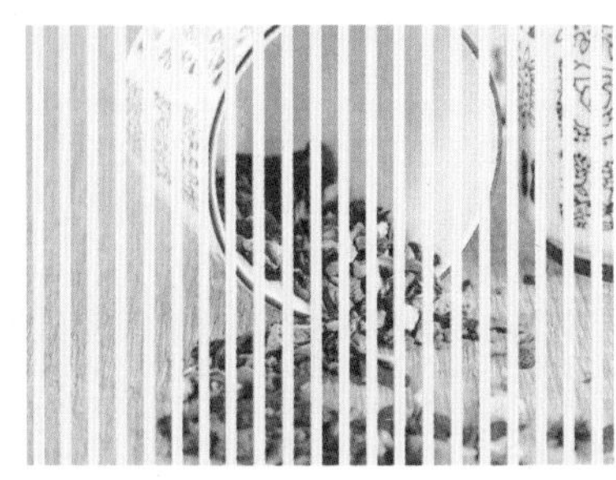

图 7-33

7.5 课堂实战：制作照片切换效果

本案例将练习制作照片切换效果，涉及的知识点包括素材的导入、传统补间动画的创建、滤镜的添加等。

Step01 新建空白文档，并导入本章素材文件，如图 7-34 所示。

Step02 修改图层 1 名称为“海”，拖曳“库”面板中对应名称的项目至舞台中，如图 7-35 所示。

图 7-34

图 7-35

ACAA课堂笔记

ACAA课堂笔记

Step03 选中导入的素材，按F8键打开“转换为元件”对话框，并进行设置，将其转换为影片剪辑元件，如图7-36所示。

图7-36

Step04 在“海”图层的第20帧、第26帧、第30帧处按F6键插入关键帧，如图7-37所示。

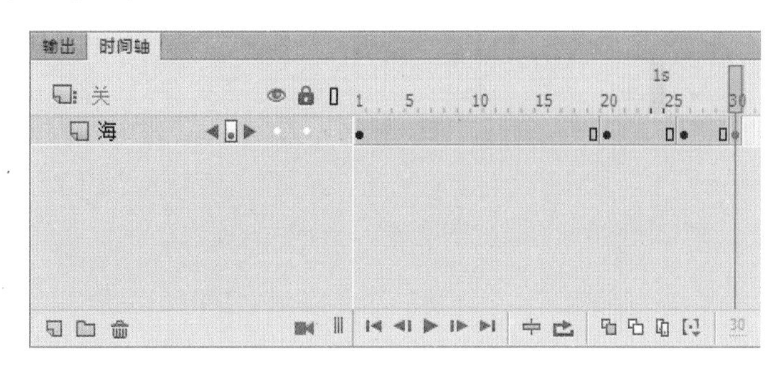

图7-37

Step05 选中“海”图层的第26帧，在舞台中选中对象，在“属性”面板中单击“添加滤镜”按钮，在弹出的下拉菜单中选择“模糊”滤镜，并进行设置，如图7-38所示。

Step06 设置后效果如图7-39所示。

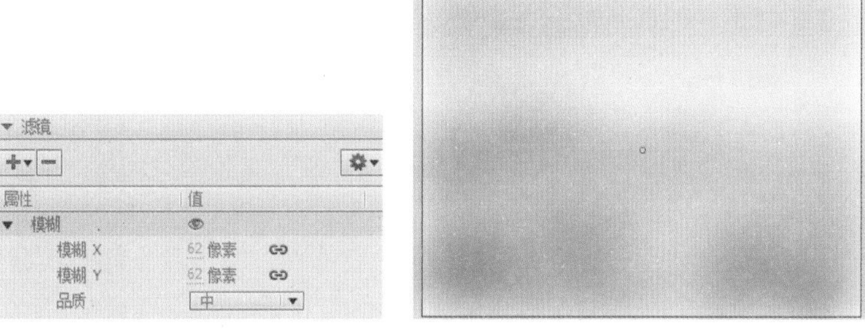

图7-38　　图7-39

Step07 选中“海”图层的第20～26帧之间的任意帧，右击鼠标，在弹出的快捷菜单中选择“创建传统补间”命令，制作补间动画，如图7-40所示。

Step08 选中“海”图层的第 30 帧，在舞台中选中对象，在“属性”面板中单击“添加滤镜”按钮 +▾，在弹出的下拉菜单中选择“模糊”滤镜，并进行设置，如图 7-41 所示。

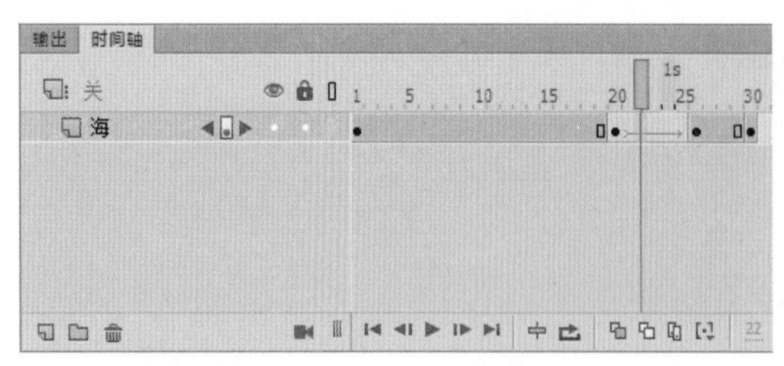

图 7-40

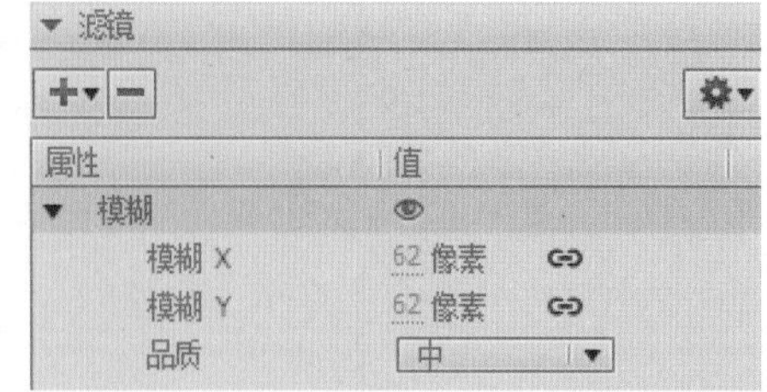

图 7-41

Step09 使用相同的方法，在第 30 帧处添加“调整颜色”滤镜，并进行设置，如图 7-42 所示。

Step10 设置后效果如图 7-43 所示。

图 7-42

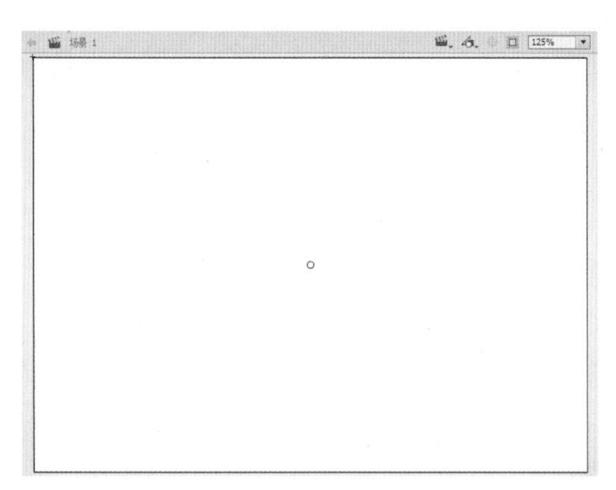

图 7-43

Step11 在第 26 帧和第 30 帧之间创建传统补间动画，效果如图 7-44 所示。

Step12 在“海”图层上方新建“雪”图层，在第 30 帧按 F7 键插入空白关键帧，从“库”面板中拖曳相应的项目至舞台中合适位置，如图 7-45 所示。

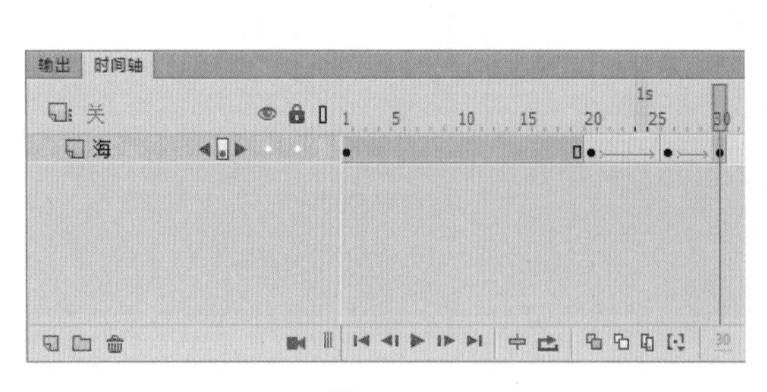

图 7-44

图 7-45

Step13 选中“雪”图层中的对象，按 F8 键将其转换为影片剪辑元件，如图 7-46 所示。

Step14 在“雪”图层的第 34 帧、第 40 帧、第 60 帧插入关键帧。选中第 30 帧中的对象，在“属性”面板中为其添加“模糊”滤镜和“调整颜色”滤镜，如图 7-47 所示。

图 7-46

图 7-47

Step15 在“雪”图层的第 34 帧处选中对象，在“属性”面板中为其添加“模糊”滤镜，如图 7-48 所示。

Step16 在“雪”图层的第 30 ~ 34 帧、第 34 ~ 40 帧之间创建传统补间动画，如图 7-49 所示。

图 7-48

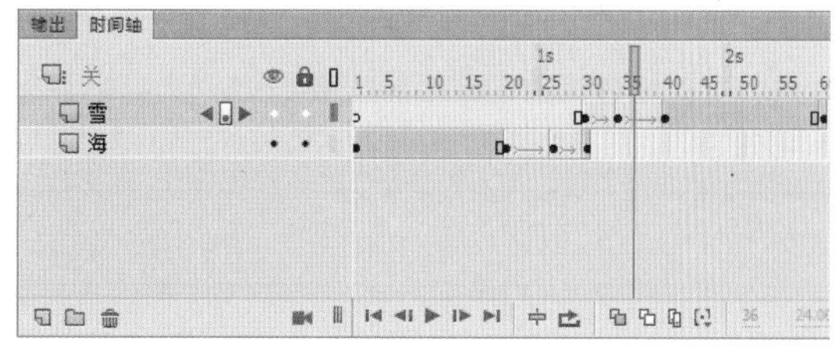

图 7-49

Step17 至此，完成照片切换效果的制作，按 Ctrl+Enter 组合键测试效果如图 7-50、图 7-51 所示。

图 7-50

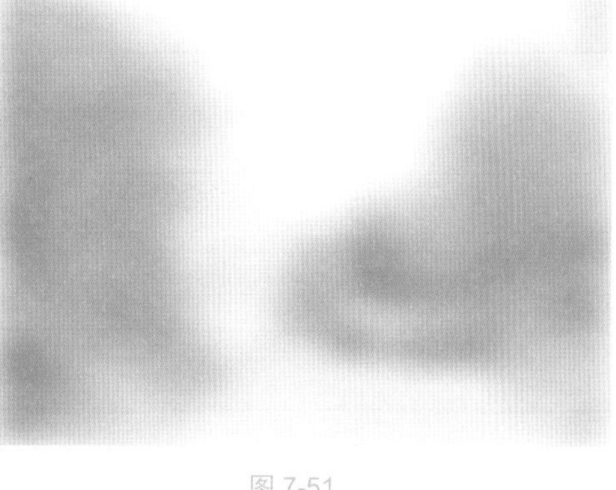

图 7-51

ACAA课堂笔记

7.6 课后练习

一、选择题

1. 若想制作形状补间动画，可以使用（　　）。

A. 图形元件　　B. 形状　　C. 按钮　　D. 文字

2. 以下不可以创建传统补间动画的是（　　）。

A. 形状　　B. 位图

C. 影片剪辑元件　　D. 按钮元件

3. 制作窗外风景时，应使用（　　）图层。

A. 普通层和遮罩层　　B. 引导层和遮罩层

C. 遮罩层和被遮罩层　　D. 遮罩层

二、填空题

1. 创建引导层动画必须具备两个条件：一是 ________，二是 ________。

2. ________ 在每一帧中都会更改舞台内容，适合于图像在每一帧中都在变化而不仅是在舞台上移动的复杂动画。

3. 遮罩动画中，________ 只有一个，但 ________ 可以有多个。

4.________ 是用来指示对象运行路径的，必须是打散的图形。

三、操作题

1. 制作海底动画

（1）本案例将练习制作海底动画，涉及的知识点包括元件的创建、补间动画的制作等。如图 7-52、图 7-53 所示为动画效果。

图 7-52

图 7-53

（2）操作思路：

Step01 打开本章素材文件，将素材拖曳至舞台中；

Step02 创建影片剪辑元件，制作补间动画；

Step03 保存文件，测试即可。

2. 制作动态火焰效果

（1）本案例将练习制作动态火焰，涉及的知识点包括图形的绘制、遮罩动画的创建等。如图 7-54、图 7-55 所示为动画效果。

图 7-54

图 7-55

（2）操作思路：

Step01 打开本章素材文件，新建图层，绘制图形；

Step02 制作补间动画；

Step03 创建遮罩动画即可。

第8章 创建交互动画

内容导读

在第 7 章内容中介绍了简单动画的创建，本章将对交互动画的创建进行介绍。交互动画可以增加观众与动画的联系，增加互动性。通过本章的学习，可以帮助读者了解 ActionScript 的相关知识，学会使用“动作”面板创建交互动画。

学习目标

- 了解 ActionScript 相关知识
- 熟练使用“动作”面板
- 熟悉各类运算符
- 学会编写与调试脚本
- 学会制作交互式动画

8.1 ActionScript 概述

ActionScript 语句是 Animate 提供的一种动作脚本语言，是一种编程语言。它标志着 Flash Player Runtime 演化过程中的一个重要阶段。

8.1.1 认识 ActionScript

ActionScript 是在 Animate 影片中实现互动的重要组成部分，也是 Animate 优越于其他动画制作软件的主要因素。ActionScript 1.0 最初随 Flash 5 一起发布，这是第一个完全可编程的版本。在 Flash 7 中引入了 ActionScript 2.0，这是一种强类型的语言，支持基于类的编程特性，比如继承、接口和严格的数据类型。Flash 8 进一步扩展了 ActionScript 2.0，添加了新的类库以及用于在运行时控制位图数据和文件上传的 API。ActionScript 3.0 为基于 Web 的应用程序提供了更多的可能性，其脚本编写功能超越了其早期版本，主要目的在方便创建拥有大型数据集和面向对象的可重用代码库的高度复杂应用程序。

ActionScript 3.0 提供了可靠的编程模型，它包含了 ActionScript 编程人员所熟悉的许多类和功能。相对于早期 ActionScript 版本，改进的一些重要功能包括以下 5 个方面。

◎ 一个更为先进的编译器代码库，可执行比早期编译器版本更深入的优化。

◎ 一个新增的 ActionScript 虚拟机，称为 AVM2，它使用全新的字节代码指令集，可使性能显著提高。

◎ 一个扩展并改进的应用程序编程接口（API），拥有对对象的低级控制和真正意义上的面向对象的模型。

◎ 一个基于文档对象模型（DOM）第 3 级规范的事件模型。

◎ 一个基于 ECMAScript for XML（E4X）规范的 XML API。E4X 是 ECMAScript 的一种语言扩展，它将 XML 添加为语言的本机数据类型。

8.1.2 变量

变量是一段有名字的连续存储空间。在源代码中通过定义变量来申请并命名这样的存储空间，最后通过变量的名字来使用这段存储空间。变量即用来存储程序中使用的值，声明变量的一种方式是使用 Dim 语句、Public 语句和 Private 语句在 Script 中显式声明变量。要声明变量，必须将 var 语句和变量名结合使用。

在 ActionScript 2.0 中，只有当用户使用类型注释时，才需要使用 var 语句。在 ActionScript 3.0 中，var 语句不能省略使用。如

ACAA课堂笔记

要声明一个名为 x 的变量，ActionScript 代码的格式为：

```
var x;
```

若在声明变量时省略了 var 语句，则在严格模式下会出现编译器错误，在标准模式下会出现运行时错误。若未定义变量 x，则下面的代码行将产生错误：

```
x; // error if a was not previously defined
```

在 ActionScript 3.0 中，一个变量实际上包含三个不同部分。

◎ 变量的名称。

◎ 可以存储在变量中的数据类型，如 String（文本型）、Boolean（布尔型）等。

◎ 存储在计算机内存中的实际值。

变量的开头字符必须是字母、下划线，后续字符可以是字母、数字等，但不能是空格、句号、关键字和逻辑常量等字符。

要将变量与一个数据类型相关联，则必须在声明变量时进行此操作。在声明变量时不指定变量的类型是合法的，但这在严格模式下会产生编译器警告。可通过在变量名后面追加一个后跟变量类型的冒号（:）来指定变量类型。如下面的代码声明一个 int 类型的变量 i：

```
var i : int;
```

变量可以赋值一个数字、字符串、布尔值和对象等。Animate 会在变量赋值的时候自动决定变量的类型。在表达式中，Animate 会根据表达式的需要自动改变数据的类型。

可以使用赋值运算符（=）为变量赋值。例如，下面的代码声明一个变量 c 并将值 6 赋给它：

```
var c:int;
c = 6;
```

用户可能会发现在声明变量的同时为变量赋值可能更加方便，如下面的示例代码所示：

```
var c:int = 6;
```

通常，在声明变量的同时为变量赋值的方法不仅在赋予基元值（如整数和字符串）时很常用，而且在创建数组或实例化类的实例时也很常用。

8.1.3 常量

常量是相对于变量来说的，它是使用指定的数据类型表示计算机内存中的值的名称。其区别在于，在 ActionScript 应用程序运行期间只能为常量赋值一次。

常量是指在使用程序运行中保持不变的参数。常量又包括数值型、字符串型和逻辑型。数值型就是具体的数值，例如b=5；字符串型是用引号括起来的一串字符，例如y= "VBF"；逻辑型是用于判断条件是否成立，例如true或1表示真（成立），false或0表示假（不成立），逻辑型常量也叫布尔常量。

若需要定义在整个项目中多个位置使用且正常情况下不会更改的值，则定义常量非常有用。使用常量而不是字面值可提高代码的可读性。

声明常量需要使用关键字const，如下示例代码所示：

```
const SALES_TAX_RATE:Number = 0.8;
```

知识点拨

假设用常量定义的值需要更改，在整个项目中若使用常量表示特定值，则可以在一处位置更改此值（常量声明）。相反，若使用硬编码的字面值，则必须在各个位置更改此值。

ACAA课堂笔记

8.1.4 数据类型

ActionScript 3.0的数据类型可以分为简单数据类型和复杂数据类型两大类。简单数据类型只是表示简单的值，是在最低抽象层存储的值，运算速度相对较快，例如字符串、数字都属于简单数据，保存它们变量的数据类型都是简单数据类型。而类类型属于复杂数据类型，例如Stage类型、MovieClip类型和TextField类型都属于复杂数据类型。

ActionScript 3.0的简单数据类型的值可以是数字、字符串和布尔值等，其中，Int类型、Uint类型和Number类型表示数字类型，String类型表示字符串类型，Boolean类型表示布尔值类型，布尔值只能是true或false。所以，简单数据类型的变量只有3种，即字符串、数字和布尔值。

（1）String：字符串类型。

（2）Numeric：对于Numeric型数据，ActionScript 3.0包含以下三种特定的数据类型。

◎ Number：任何数值，包括有小数部分或没有小数部分的值。

◎ Int：一个整数（不带小数部分的整数）。

◎ Uint：一个无符号整数，即不能为负数的整数。

（3）Boolean：布尔类型，其属性值为true或false。

在ActionScript中定义的大多数数据类型可能是复杂数据类型。它们表示单一容器中的一组值，例如数据类型为Date的变量表示单一值（某个时刻），然而，该日期值以多个值表示，即天、月、年、小时、分钟、秒等，这些值都为单独的数字。

ACAA课堂笔记

当通过"属性"面板定义变量时，这个变量的类型也被自动声明了。例如，定义影片剪辑实例的变量时，变量的类型为 MovieClip 类型；定义动态文本实例的变量时，变量的类型为 TextField 类型。

常见的复杂数据类型列举如下。

◎ MovieClip：影片剪辑元件。

◎ TextField：动态文本字段或输入文本字段。

◎ SimpleButton：按钮元件。

◎ Date：有关时间中的某个片刻的信息（日期和时间）。

8.2 Actionscript 3.0 语法知识

语法是每一种编程语言最基础的东西，例如如何设定变量、使用表达式、进行基本的运算。语法可以理解为规则，即正确构成编程语句的方式。在 Animate 中，必须使用正确的语法构成语句，才能使代码正确地编译和运行。下面将介绍 Actionscript 3.0 的基本语法。

8.2.1 点

通过点运算符（.）提供对对象的属性和方法的访问。通过点语法，可以使用跟点运算符和属性名或方法名的实例名来引用类的属性或方法。例如：

```
class DotExample{
   public var property1:String;
   public function method1():void {}
}
var myDotEx:DotExample = new DotExample(); // 创建实例
myDotEx.property1 = "hello"; // 用点语法访问 property1 属性
myDotEx.method1(); // 用点语法访问 method1() 方法
```

定义包时，可以使用点运算符来引用嵌套包。例如：

```
// EventDispatcher 类位于一个名为 events 的包中，该包嵌套
// 在名为 Animate 的包中
Animate.events; // 点语法引用 events 包
Animate.events.EventDispatcher; // 点语法引用 EventDispatcher 类
```

8.2.2 注释

注释是一种对代码进行注解的方法，编译器不会把注释识别成代码，注释可以使 ActionScript 程序更容易理解。

注释的标记为 /* 和 //。ActionScript 3.0 代码支持两种类型的注释：单行注释和多行注释。这些注释机制与 C++ 和 Java 中的注释机制类似。

（1）单行注释以两个正斜杠“//”开头并持续到该行的末尾。例如：

```
var myNumber:Number = 3; //
```

（2） 多行注释以一个正斜杠和一个星号“/*”开头，以一个星号和一个正斜杠“*/”结尾。

8.2.3 分号

分号常用来作为语句的结束和循环中参数的隔离。在ActionScript 3.0 中，可以使用分号字符（;）来终止语句。例如下面两行代码中所示：

```
Var myNum:Number=5;
myLabe1.height=myNum;
```

分号还可以在 for 循环中用于分割 for 循环的参数。例如以下代码所示：

```
Var i:Number;
for ( i = 0;i < 8; i++) {
   trace ( i ); // 0,1,…,7
}
```

8.2.4 大括号

使用大括号可以对 ActionScript 3.0 中的事件、类定义和函数组合成块，即代码块。代码块是指左大括号“{”与右大括号“}”之间的任意一组语句。在包、类、方法中，均以大括号作为开始和结束的标记。

（1）控制程序流的结构中，用大括号 { } 括起需要执行的语句。例如：

```
if (age>16){
trace( “The game is available.” );
}
else{
trace( “The game is not for children.” );
}
```

（2）定义类时，类体要放在大括号 {} 内，且放在类名的后面。例如：

```
public class Shape{
   var visible:Boolean = true;
}
```

（3）定义函数时，在大括号之间 {} 编写调用函数时要执行的 ActionScript 代码，即 { 函数体 }。例如：

```
function myfun(mypar:String){
```

ACAA课堂笔记

ACAA课堂笔记

```
    trace(mypar);
    }
    myfun("hello world"); // hello world
```

（4）初始化通用对象时，对象字面值放在大括号 { } 中，各对象属性之间用逗号“,”隔开。例如：

```
var myObject:Object = {propA:2, propB:6, propC:10};
```

8.2.5 小括号

小括号用途很多，例如保存参数、改变运算的顺序等。在 ActionScript 3.0 中，可以通过三种方式使用小括号（）。

（1）使用小括号来更改表达式中的运算顺序，小括号中的运算优先级高。例如：

```
trace(2+ 1 * 6); // 8
trace((2+1) * 6); // 18
```

（2）使用小括号和逗号运算符“,”来计算一系列表达式并返回最后一个表达式的结果。例如：

```
var a:int = 8;
var b:int = 11;
trace((a--, b++, a*b)); //70
```

（3）使用小括号向函数或方法传递一个或多个参数。例如：

```
trace("Action"); // Action
```

8.2.6 关键字与保留字

在 Actionscript 3.0 中，不能使用关键字和保留字作为标识符，即不能使用这么关键字和保留字作为变量名、方法名、类名等。

保留字是一些单词，因为这些单词是保留给 ActionScript 使用的，所以不能在代码中将它们用作标识符。保留字包括词汇关键字，编译器将词汇关键字从程序的命名空间中移除。如果用户将词汇关键字用作标识符，则编译器会报告一个错误。

8.3 使用运算符

运算符是一种特殊的函数，它们具有一个或多个操作数并返回相应的值。操作数是运算符用作输入的值（通常为字面值、变量或表达式）。运算是对数据的加工，利用运算符可以进行一些基本的运算。

运算符按照操作数的个数分为一元、二元或三元运算符。一元运算符采用一个操作数，例如递增运算符（++）就是一元运算符，因为它只有一个操作数。二元运算符采用 2 个操作数，例如除法运算符（/）有 2 个操作数。三元运算符采用 3 个操作数，例如条件运算符（?:）采用 3 个操作数。

ACAA课堂笔记

8.3.1 数值运算符

数值运算符包含 +、-、*、/、%。下面将详细介绍运算符的含义。

◎ 加法运算符“+”：表示两个操作数相加。

◎ 减法运算符“-”：表示两个操作数相减。“-”也可以作为负值运算符，如“-8”。

◎ 乘法运算符“*”：表示两个操作数相乘。

◎ 除法运算符“/”：表示两个操作数相除，若参与运算的操作数都为整型，则结果也为整型。若其中一个为实型，则结果为实型。

◎ 求余运算符“%”：表示两个操作数相除求余数。

如“++a”表示 a 的值先加 1，然后返回 a。“a++”表示先返回 a，然后 a 的值加 1。

8.3.2 赋值运算符

赋值运算符有两个操作数，根据一个操作数的值对另一个操作数进行赋值。所有赋值运算符具有相同的优先级。

赋值运算符包括 =（赋值）、+=（相加并赋值）、-=（相减并赋值）、*=（相乘并赋值）、/=（相除并赋值）、<<=（按位左移位并赋值）、>>=（按位右移位并赋值）。

8.3.3 逻辑运算符

逻辑运算符即与或运算符，用于对包含比较运算符的表达式进行合并或取非。逻辑运算符包括！（非运算符）、&&（与运算符）、||（或运算符）。

（1）非运算符“！”具有右结合性，参与运算的操作数为 true 时，结果为 false；操作数为 false 时，结果为 true。

（2）与运算符“&&”具有左结合性，参与运算的两个操作数都为 true 时，结果才为 true；否则为 false。

（3）或运算符“||”具有左结合性，参与运算的两个操作数只要有一个为 true，结果就为 true；当两个操作数都为 false 时，结果才为 false。

8.3.4 比较运算符

比较运算符也称为关系运算符，主要用作比较两个量的大小、

ACAA课堂笔记

是否相等等，常用于关系表达式中作为判断的条件。比较运算符包括<（小于）、>（大于）、<=（小于或等于）、>=（大于或等于）、!=（不等于）、==（等于）。

比较运算符是二元运算符，有两个操作数，对两个操作数进行比较，比较的结果为布尔型，即 true 或者 false。

比较运算符优先级低于算术运算符，高于赋值运算符。若一个式子中既有比较运算、赋值运算，也有算术运算，则先做算术运算，再做关系运算，最后做赋值运算。例如：

```
a=1+2>3-1
```

即等价于 a=（（1+2）>（3-1）），关系成立，a 的值为 1。

8.3.5　等于运算符

等于运算符为二元运算符，用来判断两个操作数是否相等。等于运算符也常用于条件和循环运算，它们具有相同的优先级。等于运算符包括==（等于）、！ =（不等于）、===（严格等于）、！ ==（严格不等于）。

8.3.6　位运算符

位运算符包括&（按位与）、|（按位或）、^（按位异或）、~（按位非）、<<（左移位）、>>（右移位）、>>>（无符号右移位）。

- ◎ 按位与“&”运算符主要是把参与运算的两个数各自对应的二进位相与，只有对应的两个二进位均为 1 时，结果才为 1，否则为 0。参与运算的两个数以补码形式出现。
- ◎ 按位或“|”运算符是把参与运算的两个数各自对应的二进制位相或。
- ◎ 按位非“~”运算符是把参与运算的数的各二进制位按位求反。
- ◎ 按位异或“^”运算符是把参与运算的两个数所对应二进制位相异或。
- ◎ 左移“<<”运算符是把“<<”运算符左边的数的二进制位全部左移若干位。
- ◎ 右移“>>”运算符是把“>>”运算符左边的数的二进制位全部右移若干位。

8.4 “动作”面板的使用

用户可以通过“动作”面板编写动作脚本，从而制作出特殊的交互效果。下面将针对“动作”面板进行介绍。

8.4.1 动作面板的组成

ACAA课堂笔记

脚本语言是指实现某一具体功能的命令语句或实现一系列功能的命令语句组合。在 Animate 软件中，执行“窗口”|“动作”命令，或按 F9 键，即可打开“动作”面板，如图 8-1 所示。

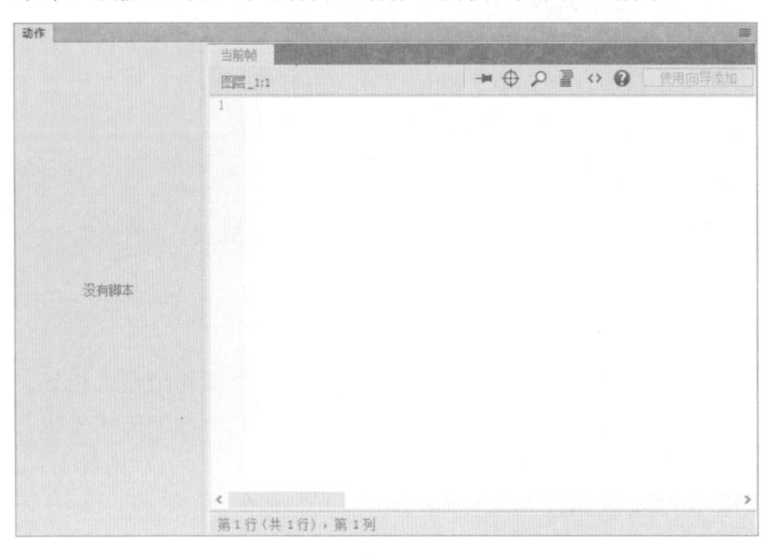

图 8-1

“动作”面板由脚本导航器和“脚本”窗口两个部分组成，这两部分的功能分别如下。

1. 脚本导航器

脚本导航器位于“动作”面板的左侧，其中列出了当前选中对象的具体信息，如名称、位置等，如图 8-2 所示。单击脚本导航器中的某一项目，与该项目相关联的脚本则会出现在“脚本”窗口中，并且场景上的播放头也将移到时间轴上的对应位置上，如图 8-3 所示。

2.“脚本”窗口

“脚本”窗口是添加代码的区域。用户可以直接在“脚本”窗口中输入与当前所选帧相关联的 ActionScript 代码，如图 8-4 所示。

图 8-2

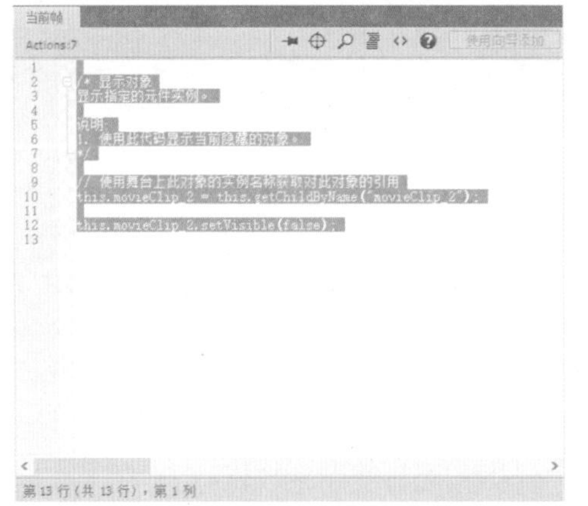

图 8-3

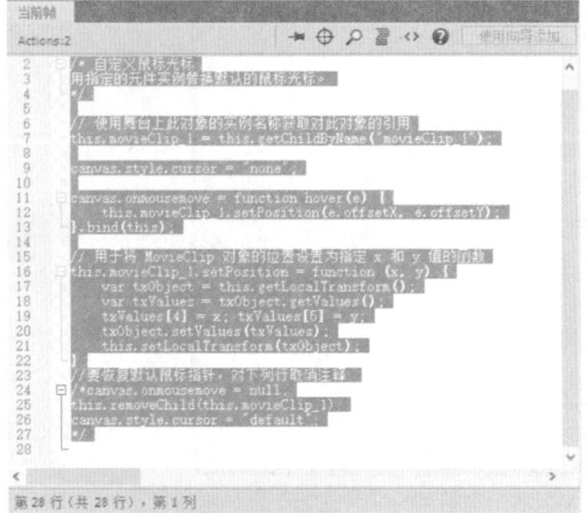

图 8-4

“脚本”窗口中有一排工具图标，如图 8-5 所示。在编辑脚本的时候，用户可以通过这些工具节省工作时间，提高工作效率。

图 8-5

部分选项作用如下。

◎ 固定脚本：用于将脚本固定到“脚本”窗口中各个脚本的固定标签，然后相应移动它们。本功能在调试时非常有用。

◎ 插入实例路径和名称：用于设置脚本中某个动作的绝对或相对目标路径。

◎ 查找：用于查找并替换脚本中的文本。

◎ 设置代码格式：用于帮助用户设置代码格式。

◎ 代码片段：单击该按钮，将打开“代码片段”面板，显示代码片段示例，如图 8-6 所示。

◎ 使用向导添加：单击该按钮将使用简单易用的向导添加动作，而不用编写代码。仅可用于 HTML 5 画布文件类型。

图 8-6

8.4.2 动作脚本的编写

通过代码控制动画，可以增加动画的吸引力。Animate 中的所有脚本命令语言都在“动作”面板中编写。

1. 播放动画

执行“窗口”｜“动作”命令，打开“动作”面板，在“脚本”窗口中输入相应的代码即可。

如果动作附加到某一个按钮上，那么该动作会被自动包含在处理函数 on (mouse event) 内，其代码如下所示。

```
on (release) {
play();
}
```

如果动作附加到某一个影片剪辑中，那么该动作会被自动包含在处理函数 onClipEvent 内，其代码如下所示。

```
onClipEvent (load) {
play();
}
```

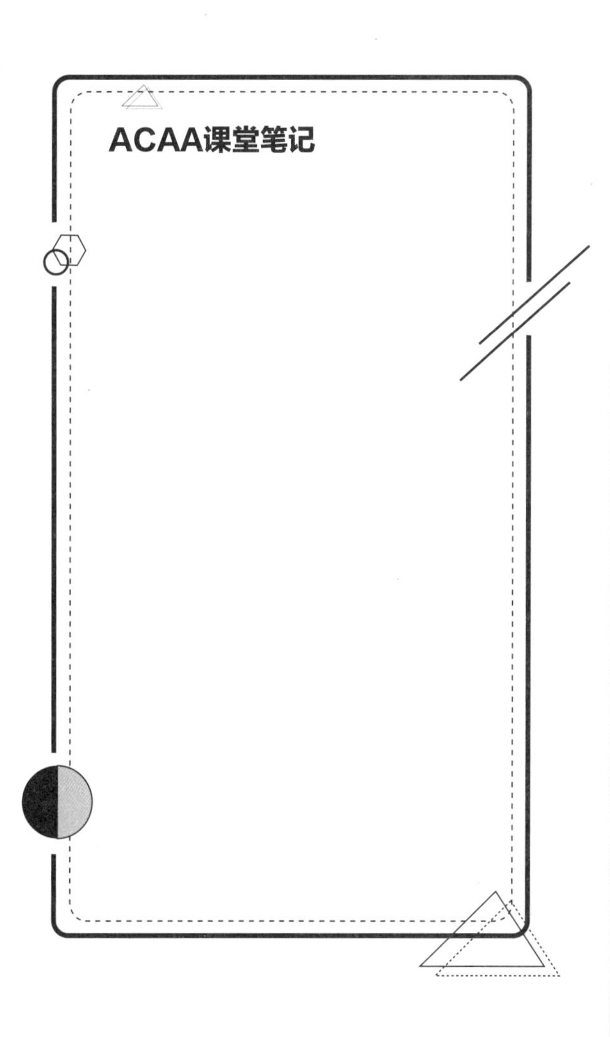

2. 停止播放动画

停止播放动画脚本的添加与播放动画脚本的添加相类似。

如果动作附加到某一按钮上，那么该动作会被自动包含在处理函数 on (mouse event) 内，其代码如下所示。

```
on (release) {
  stop();
}
```

如果动作附加到某个影片剪辑中，那么该动作会被自动包含在处理函数 onClipEvent 内，其代码如下所示。

```
onClipEvent (load) {
stop();
}
```

3. 跳到某一帧或场景

要跳到影片中的某一特定帧或场景，可以使用 goto 动作。该动作在“动作”工具箱作为两个动作列出：gotoAndPlay 和 gotoAndStop。当影片跳到某一帧时，可以选择参数来控制是从新的一帧播放影片（默认设置）还是在当前帧停止。

例如将播放头跳到第 20 帧，然后从那里继续播放：

```
gotoAndPlay(20);
```

例如将播放头跳到该动作所在的帧之前的第 8 帧：

```
gotoAndStop(_currentframe+8);
```

当单击指定的元件实例后，将播放头移动到时间轴中的下一场景并在此场景中继续回放：

```
button_1.addEventListener(MouseEvent.CLICK,
fl_ClickToGoTo NextScene);
function fl_ClickToGoToNextScene(event:MouseEvent):void
{
     MovieClip(this.root).nextScene();
}
```

4. 跳到不同的 URL 地址

若要在浏览器窗口中打开网页，或将数据传递到所定义 URL 处的另一个应用程序，可以使用 getURL 动作。

如下代码片段表示单击指定的元件实例会在新浏览器窗口中加载 URL，即单击后跳转到相应 Web 页面。

```
button_1.addEventListener(MouseEvent.CLICK,
fl_ClickToGo ToWebPage);
function fl_ClickToGoToWebPage(event:MouseEvent):void
{
```

ACAA课堂笔记

```
    navigateToURL(new URLRequest("http://www.sina.com"), "_blank");
}
```

对于窗口来讲，可以指定要在其中加载文档的窗口或帧。

◎ _self 用于指定当前窗口中的当前帧。

◎ _blank 用于指定一个新窗口。

◎ _parent 用于指定当前帧的父级。

◎ _top 用于指定当前窗口中的顶级帧。

8.4.3 脚本的调试

在 Animate 中，有一系列的工具帮助用户预览、测试、调试 ActionScript 脚本程序，其中包括专门用来调试 ActionScript 脚本的调试器。

知识点拨

高级语言的编程和程序的调试一般都是在特定的平台上进行的。而 ActionScript 可以在“动作”面板中进行编写，但不能在“动作”面板中测试。

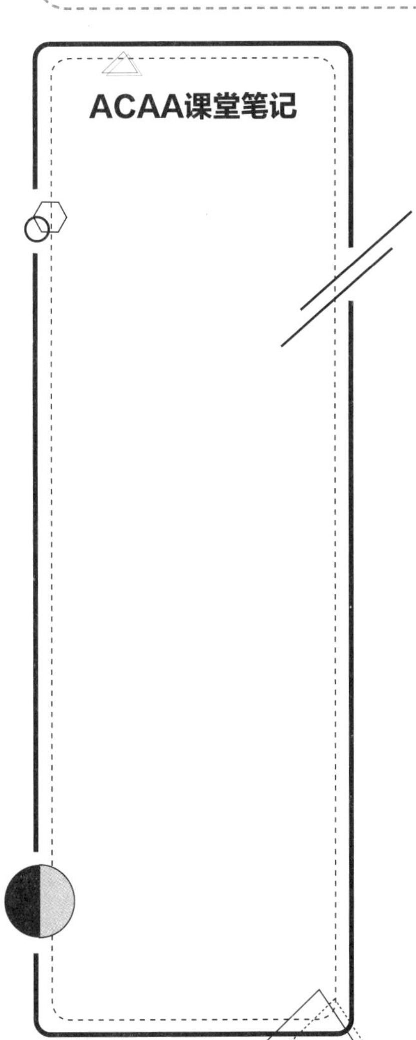

ActionScript 3.0 调试器将 Animate 工作区转换为显示调试所用面板的调试工作区，包括“动作”面板、调试控制台和“变量”面板。调试控制台显示调用堆栈并包含用于跟踪脚本的工具。“变量”面板显示了当前范围内的变量及其值，并允许用户自行更新这些值。

ActionScript 3.0 调试器仅用于 ActionScript 3.0 FLA 和 AS 文件。启动一个 ActionScript 3.0 调试会话时，Animate 将启动独立的 Flash Player 调试版来播放 SWF 文件。调试版 Animate 播放器从 Animate 创作应用程序窗口的单独窗口中播放 SWF，开始调试会话的方式取决于正在处理的文件类型。如从 FLA 文件开始调试，则执行“调试”｜“调试影片”｜“在 Animate 中”命令，打开调试所用面板的调试工作区，如图 8-7 所示。调试会话期间，Animate 遇到断点或运行时错误时将中断执行 ActionScript。

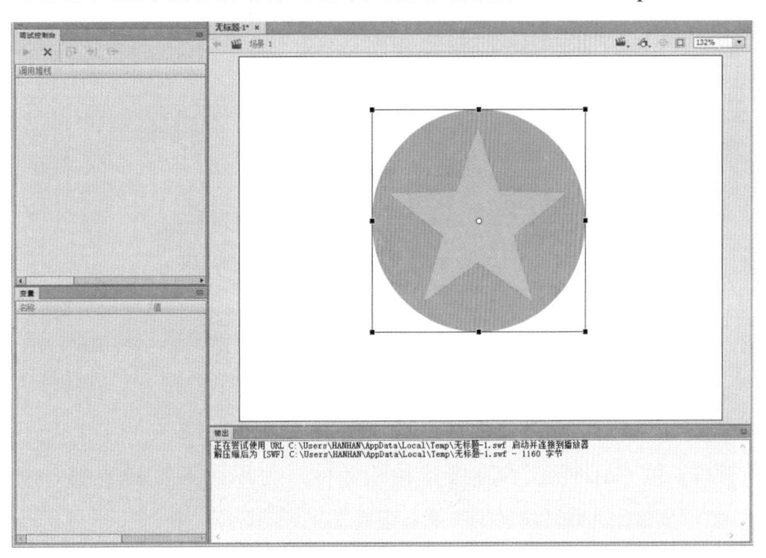

图 8-7

知识点拨

Animate 启动调试会话时，将在为会话导出的 SWF 文件中添加特定信息。此信息允许调试器提供代码中遇到错误的特定行号。用户可以将此特殊调试信息包含在所有从发布设置中通过特定 FLA 文件创建的 SWF 文件中。这将允许用户调试 SWF 文件，即使并未显式启动调试会话。

实例：制作电子相册

本案例将练习制作电子相册，涉及的知识点包括元件的创建、图形的绘制、代码的添加等。

Step01 打开本章素材文件，将其另存，从“库”面板中拖曳背景至舞台合适位置，并调整合适大小，如图 8-8 所示。修改图层 1 名称为“背景”。

Step02 选中舞台中的背景，按 F8 键打开“转换为元件”对话框，并进行设置，将其转化为影片剪辑元件，如图 8-9 所示。

图 8-8

图 8-9

Step03 选中转换的元件，在“属性”面板中，为其添加“模糊”滤镜，并设置迷糊参数，效果如图 8-10 所示。

Step04 在“背景”图层上新建“照片”图层，将库中的图片素材拖曳至舞台合适位置，调整图片的大小，如图 8-11 所示。

图 8-10

图 8-11

Step05 使用文本工具在舞台上输入文字，如图 8-12 所示。

Step06 按 Ctrl+F8 组合键新建按钮元件，使用线条工具绘制一个箭头，如图 8-13 所示。

ACAA课堂笔记

Step07 切换至场景 1，将新建的按钮元件拖曳至舞台中合适位置，并调整大小，在“属性”面板中设置“色彩效果”中的样式为“Alpha”，并设置 Alpha 值为 60%，效果如图 8-14 所示。

图 8-12

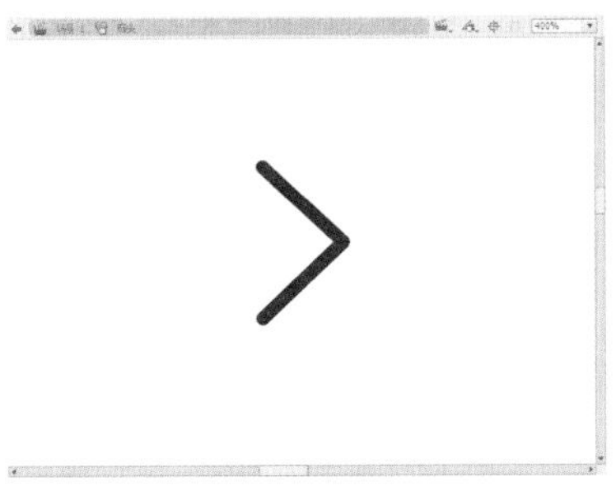
图 8-13

图 8-14

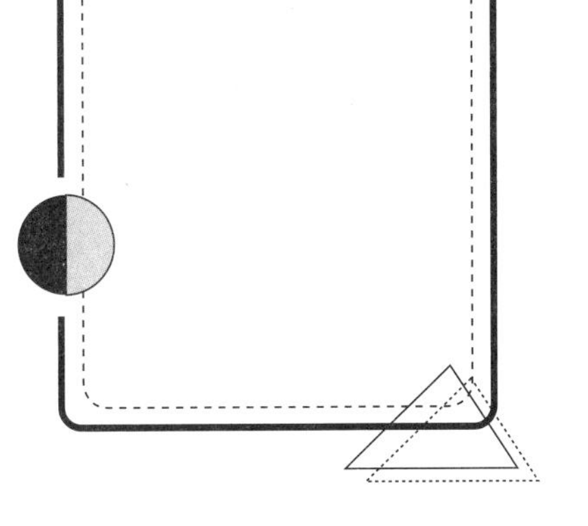

Step08 在“背景”图层的第 2 帧按 F5 键插入帧，在“照片”图层的第 2 帧按 F6 插入关键帧，如图 8-15 所示。

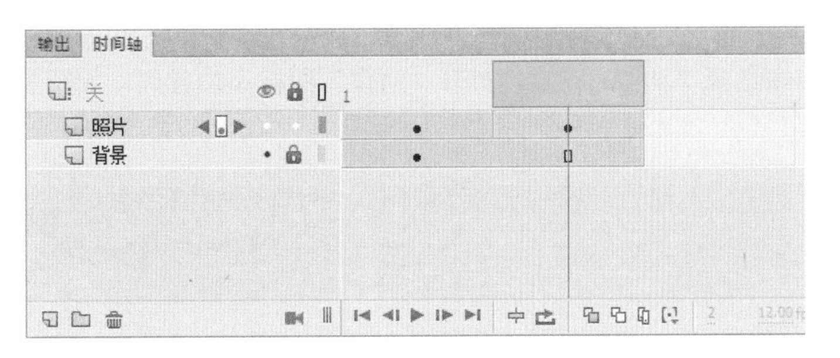

图 8-15

Step09 删除“照片”图层第 2 帧上的图片，将“库”中的另一个图片素材拖至舞台，位置和大小与之前的一致，将文字简单修改，如图 8-16 所示。

Step10 使用相同的方法，设置“背景”图层和“照片”图层的第 3 帧，效果如图 8-17 所示。

图 8-16

图 8-17

Step11 选择“照片”图层第 1 帧，在舞台中选择箭头按钮，在“属性”面板中设置实例名称为 bt，如图 8-18 所示。

Step12 选择第 2 帧中的箭头按钮，在“属性”面板中设置实例名称为 bt1，如图 8-19 所示。

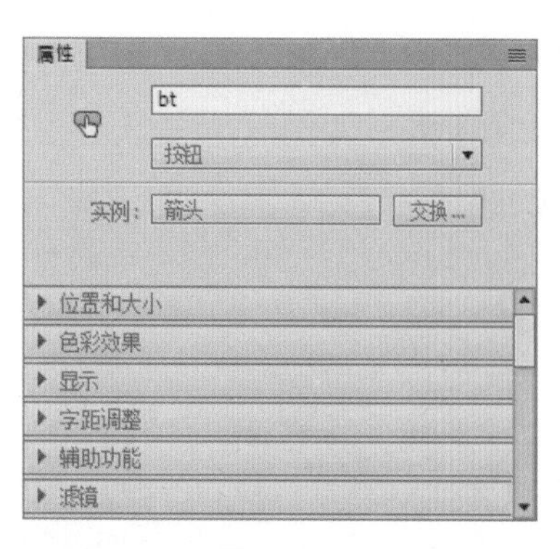

图 8-18

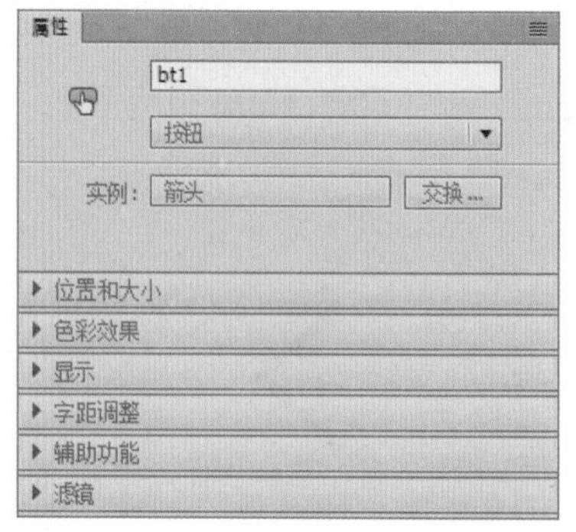

图 8-19

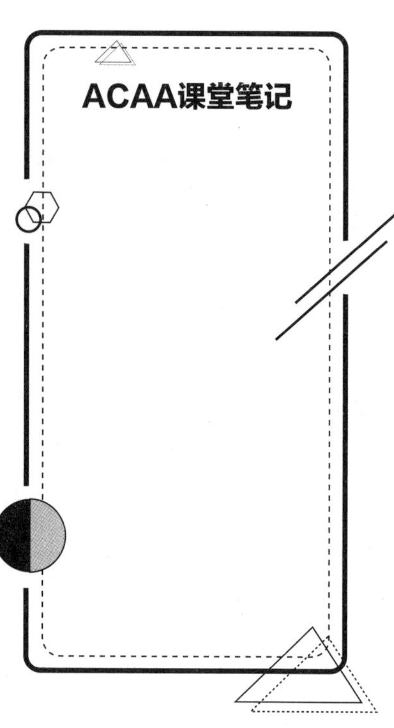

Step13 选择第 2 帧中的箭头按钮，在“属性”面板中设置实例名称为 bt2，如图 8-20 所示。

Step14 在“照片”图层上方新建“动作”图层，在第 1 ～ 3 帧依次按 F7 键插入空白关键帧。选择第 1 帧右击鼠标，在弹出的快捷菜单中选择“动作”命令，打开“动作”面板添加代码，如图 8-21 所示。

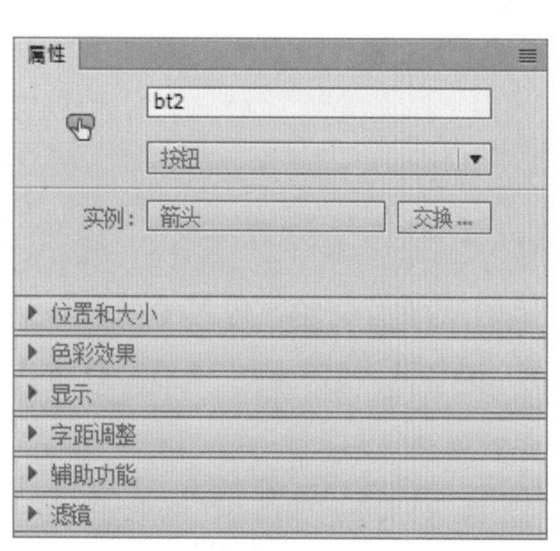

图 8-20

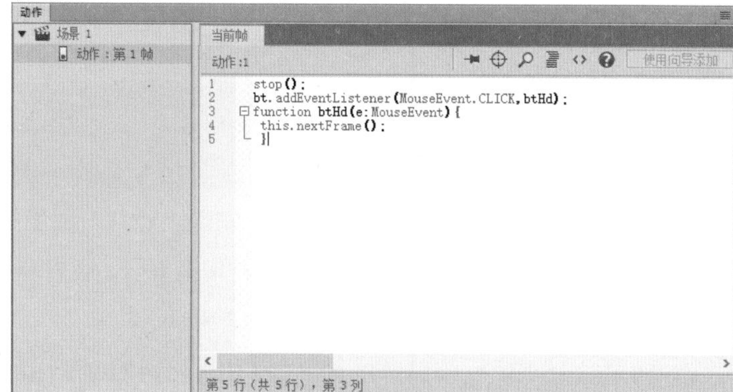

图 8-21

知识点拨

该步骤代码如下：

```
stop();
bt.addEventListener(MouseEvent.CLICK,btHd);
function btHd(e:MouseEvent){
 this.nextFrame();
 }
```

Step15 选择第 1 帧右击鼠标，在弹出的快捷菜单中选择“动作”命令，打开“动作”面板继续添加代码，如图 8-22 所示。

知识点拨

该步骤代码如下：

```
stop();
bt1.addEventListener(MouseEvent.CLICK,btHd);
function bt1Hd(e:MouseEvent){
 this.nextFrame();
 }
```

Step16 选择第 1 帧右击鼠标，在弹出的快捷菜单中选择“动作”命令，打开“动作”面板继续添加代码，如图 8-23 所示。使其能够跳转至第 1 帧上的内容。

知识点拨

该步骤代码如下：

```
stop();
bt2.addEventListener(MouseEvent.CLICK,a1ClickHandler);
function a1ClickHandler(event:MouseEvent)
{
    gotoAndPlay(1);
}
```

ACAA课堂笔记

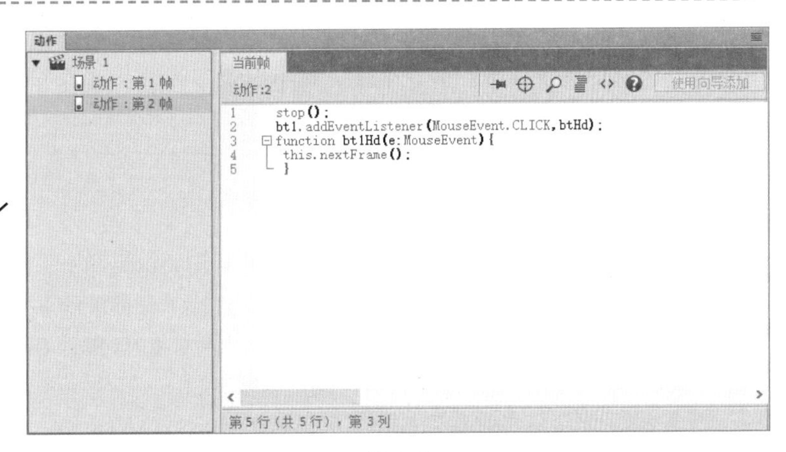

图 8-22

图 8-23

Step17 至此，就完成电子相册的制作。按 Ctrl+Enter 组合键测试，效果如图 8-24、图 8-25 所示。

ACAA课堂笔记

图 8-24

图 8-25

8.5 创建交互式动画

交互式动画是指影片在播放时能够接收到某种控制，而不是像普通动画那样从头到尾进行播放。交互是通过按钮元件和动作脚本语言 ActionScript 实现的。

Animate 中的交互功能是由事件、对象和动作组成的。创建交互式动画就是要设置在某种事件下对某个对象执行某个动作。事件是指用户单击按钮或影片剪辑实例、按下键盘等操作；动作指使播放的动画停止、使停止的动画重新播放等操作。

8.5.1 事件

按照触发方式的不同，事件可以分为帧事件和用户触发事件。帧事件是基于时间的，如当动画播放到某一时刻时，事件就会被触发。用户触发事件是基于动作的，包括鼠标事件、键盘事件和影片剪辑事件。下面简单介绍一些用户触发事件。

◎ press：当鼠标指针移到按钮上时，按下鼠标发生的动作。
◎ release：在按钮上方按下鼠标，然后松开鼠标发生的动作。
◎ rollOver：当鼠标指针滑入按钮时发生的而动作。
◎ dragOver：按住鼠标不放，鼠标指针滑入按钮发生的动作。
◎ keyPress：当按下指定键时发生的动作。
◎ mouseMove：当移动鼠标时发生的动作。
◎ load：当加载影片剪辑元件到场景中时发生的动作。
◎ enterFrame：当加入帧时发生的动作。
◎ date：当数据接收到和数据传输完时发生的动作。

8.5.2 动作

动作是 Actionscript 脚本语言的灵魂和编程的核心，用于控制

ACAA课堂笔记

动画播放过程中相应的程序流程和播放状态。

- ◎ Stop() 语句：用于停止当前播放的影片，最常见的运用是使用按钮控制影片剪辑。
- ◎ gotoAndPlay() 语句：跳转并播放，跳转到指定的场景或帧，并从该帧开始播放；如果没有指定场景，则跳转到当前场景的指定帧。
- ◎ getURL 语句：用于将指定的 URL 加载到浏览器窗口，或者将变量数据发送给指定的 URL。
- ◎ stopAllSounds 语句：用于停止当前在 Animate Player 中播放的所有声音，该语句不影响动画的视觉效果。

实例：制作烟花燃放效果

本案例将练习制作烟花燃放效果，涉及的知识点包括图形的绘制、元件的创建、补间动画的添加以及代码的编写。

Step01 新建空白文档，设置舞台尺寸为 750 像素 ×380 像素。执行“文件” | “导入” | “导入到库”命令，导入本章素材文件，如图 8-26 所示。

Step02 按 Ctrl+F8 组合键打开“创建新元件”对话框，新建“背景”影片剪辑元件，如图 8-27 所示。

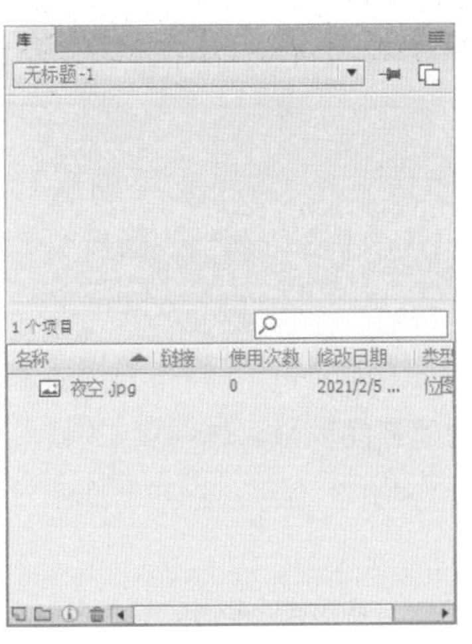

图 8-26

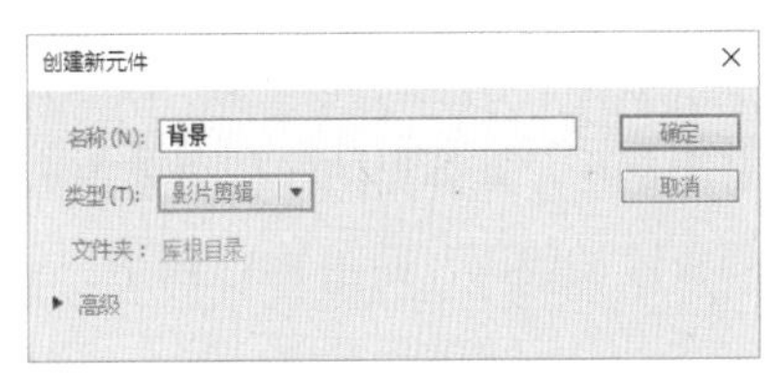

图 8-27

Step03 从“库”面板中拖曳“夜空.jpg”至舞台中，如图 8-28 所示。

Step04 切换至场景 1，修改图层_1 名称为“背景”，将新建的背景元件拖曳至舞台中，并在“属性”面板中设置其实例名称为 bg，如图 8-29 所示。

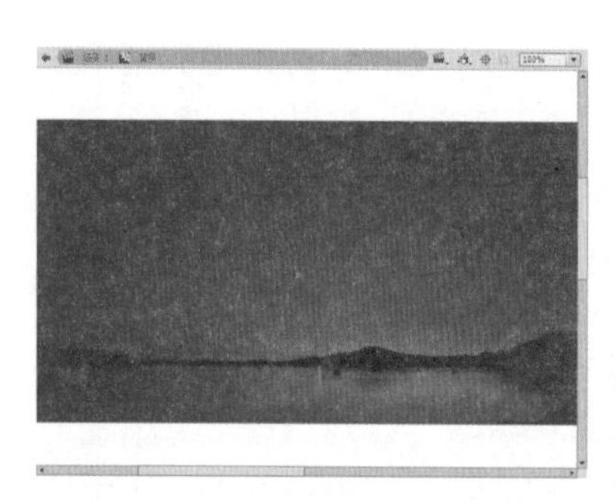

图 8-28

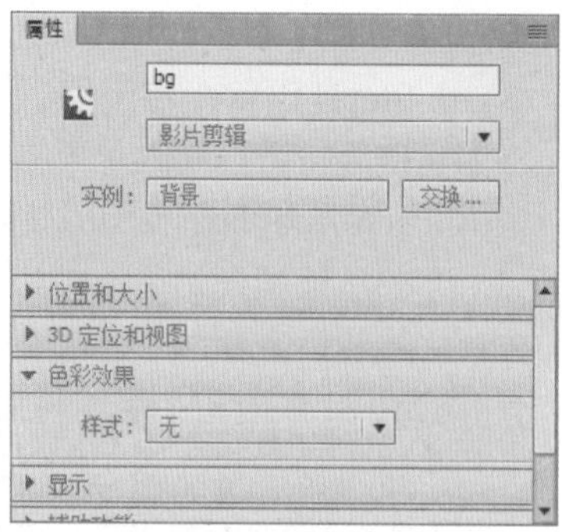

图 8-29

Step05 按 Ctrl+F8 组合键打开“创建新元件”对话框，新建“烟花造型”图形元件，并绘制图案，如图 8-30 所示。

Step06 按 Ctrl+F8 组合键打开“创建新元件”对话框，新建“烟花”影片剪辑元件，并拖入“烟花造型”图形元件，如图 8-31 所示。

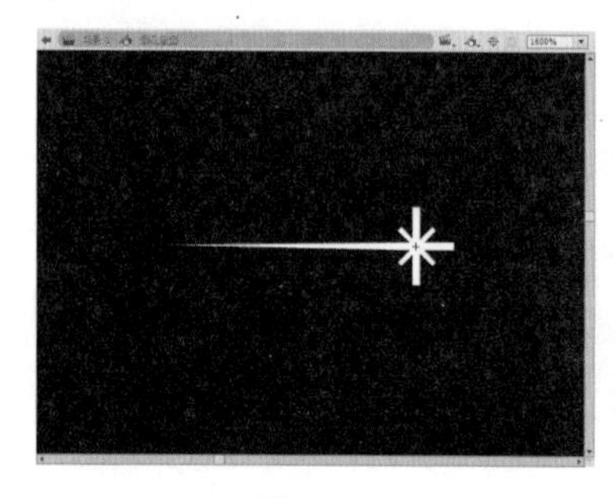

图 8-30

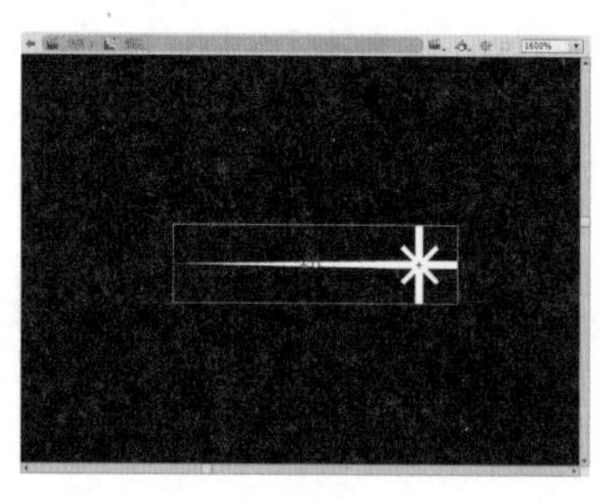

图 8-31

Step07 在“烟花”影片剪辑元件编辑模式下，选择第 15 帧按 F6 键插入关键帧，右移“烟花造型”元件，并在“属性”面板中设置 Alpha 值为 0，如图 8-32 所示。

Step08 选中第 1 ～ 15 帧之间任意帧，右击鼠标，在弹出的快捷菜单中选择“创建传统补间”命令，创建补间动画。选中第 15 帧，右击鼠标，在弹出的快捷菜单中选择“动作”命令，打开“动作”面板添加代码，如图 8-33 所示。

图 8-32

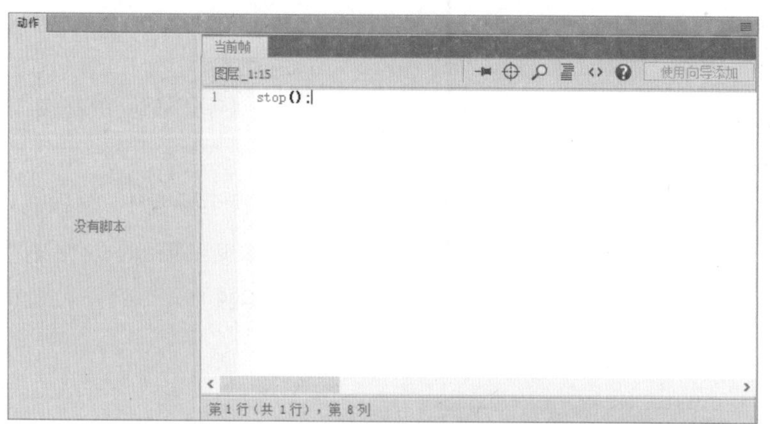

图 8-33

ACAA课堂笔记

ACAA课堂笔记

Step09 在“库”面板中选中“烟花”剪辑元件，单击面板底部的“属性”按钮，打开“元件属性”对话框进行设置，如图 8-34 所示。完成后单击“确定”按钮。

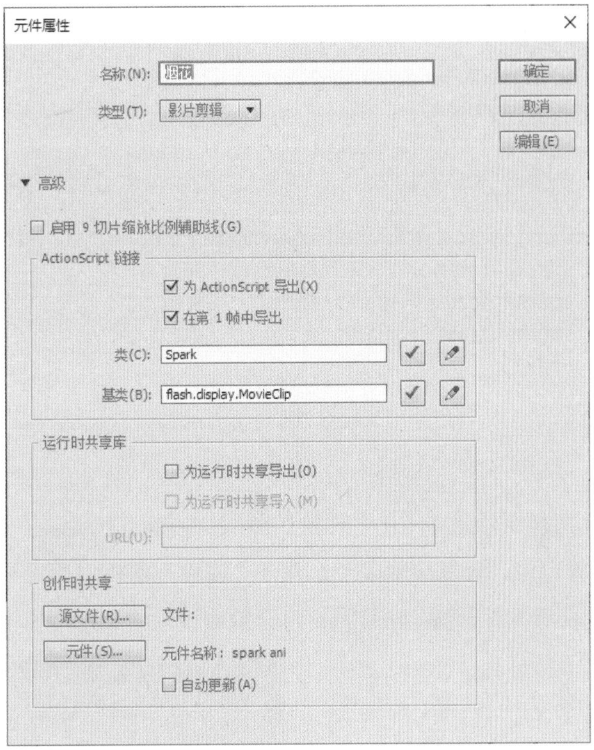

元件属性

名称(N): 烟花　　确定

类型(T): 影片剪辑　　取消

编辑(E)

▼ 高级

☐ 启用 9 切片缩放比例辅助线(G)

ActionScript 链接

☑ 为 ActionScript 导出(X)

☑ 在第 1 帧中导出

类(C): Spark

基类(B): flash.display.MovieClip

运行时共享库

☐ 为运行时共享导出(O)

☐ 为运行时共享导入(M)

URL(U):

创作时共享

源文件(R)...　文件:

元件(S)...　元件名称: spark ani

☐ 自动更新(A)

图 8-34

Step10 按 Ctrl+F8 组合键打开“创建新元件”对话框，新建“烟花动画”影片剪辑元件，选中第一帧，右击鼠标，在弹出的快捷菜单中选择“动作”命令，打开“动作”面板，添加代码，如图 8-35 所示。

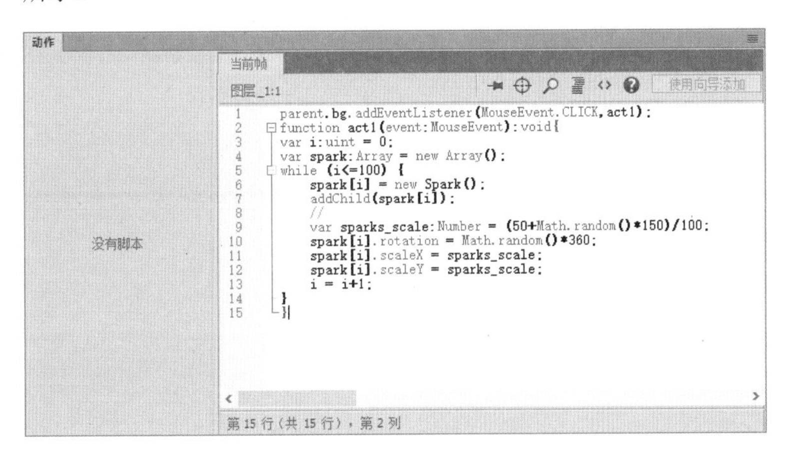

图 8-35

知识点拨

此处完整代码如下：

```
parent.bg.addEventListener(MouseEvent.CLICK,act1);
function act1(event:MouseEvent):void{
var i:uint = 0;
var spark:Array = new Array();
while (i<=100) {
    spark[i] = new Spark();
    addChild(spark[i]);
    //
  var sparks_scale:Number = (50+Math.random()*150)/100;
    spark[i].rotation = Math.random()*360;
    spark[i].scaleX = sparks_scale;
    spark[i].scaleY = sparks_scale;
    i = i+1;
}
}
```

Step11 切换至场景 1，在“背景”图层上方新建“烟花”图层，从“库”面板中拖曳“烟花动画”元件至舞台中，重复放置多个，并在“属性”面板中设置不同的色调，效果如图 8-36 所示。

Step12 保存文件，按 Ctrl+Enter 组合键测试，效果如图 8-37 所示。

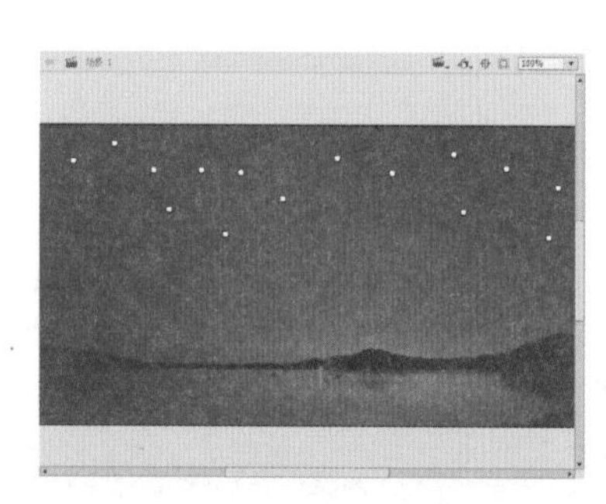

图 8-36

图 8-37

至此，完成烟花燃放效果的制作。

ACAA课堂笔记

8.6 课堂实战：制作网页轮播图效果

本案例将练习制作网页轮播图效果，涉及的知识点包括补间动画的制作、图形的绘制、动作代码的添加等。

Step01 打开本章素材文件，将“库”面板中的“01.jpg”拖曳至舞台中合适位置，如图 8-38 所示。

Step02 选中舞台中的图片，按 F8 键打开“转换为元件”对话框将其转化为图形元件，如图 8-39 所示。修改图层 1 名称为“图像”，在第 50 帧按 F6 键插入关键帧。

图 8-38

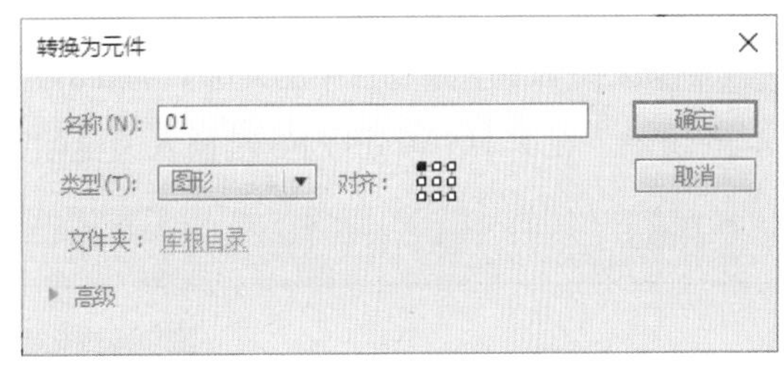

图 8-39

Step03 在第 15 帧处插入关键帧，选择第 1 帧，在“属性”面板设置其 Alpha 值为 0。在第 1 ～ 15 帧之间创建传统补间动画，如图 8-40 所示。

Step04 在第 51 帧按 F7 键插入空白关键帧，将“库”面板中的“02.jpg”拖曳至舞台中合适位置，如图 8-41 所示。

图 8-40

图 8-41

Step05 选择第 51 帧舞台中的对象，按 F8 键打开“转换为元件”对话框将其转化为图形元件，如图 8-42 所示。在第 65 帧处按 F6 键插入关键帧，在第 100 帧处按 F5 键插入帧。

Step06 选择第 51 帧舞台中的对象，在“属性”面板中调整其 Alpha 为 0，在第 51 ～ 65 帧之间创建传统补间动画。如图 8-43 所示。

ACAA课堂笔记

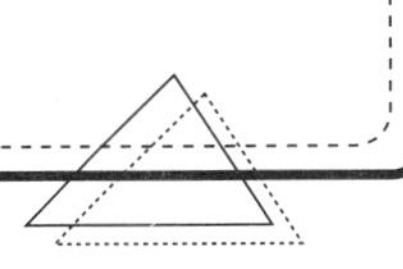

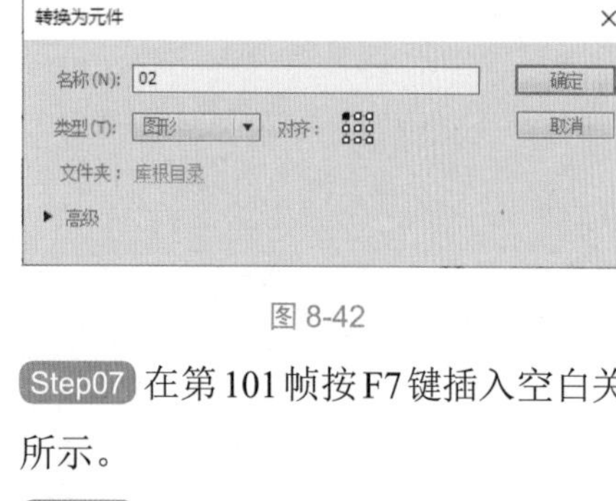

图 8-42

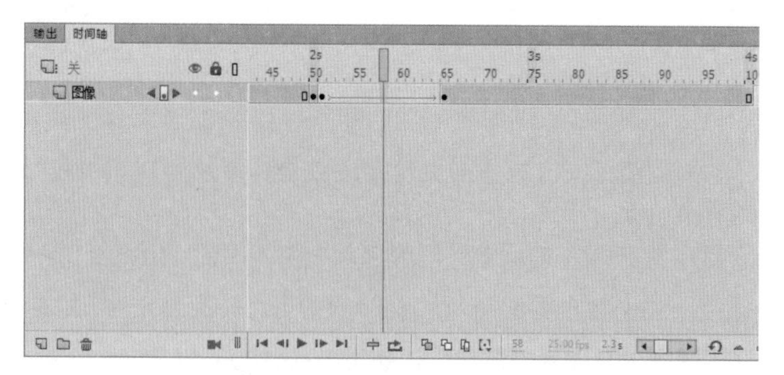

图 8-43

Step07 在第 101 帧按 F7 键插入空白关键帧，将“库”面板中的“03.jpg”拖曳至舞台中合适位置，如图 8-44 所示。

Step08 选择第 101 帧舞台中的对象，按 F8 键打开“转换为元件”对话框将其转化为图形元件，如图 8-45 所示。在第 115 帧处按 F6 键插入关键帧，在第 150 帧处按 F5 键插入帧。

图 8-44

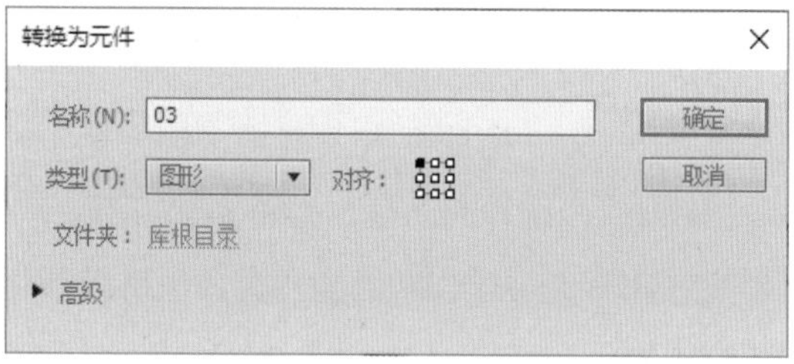

图 8-45

Step09 选择第 101 帧处的背景图片，在“属性”面板中调整其 Alpha 为 0，在第 101 ～ 115 帧之间创建传统补间动画。如图 8-46 所示。

Step10 在“图像”图层上方新建“按钮”图层。使用椭圆工具绘制椭圆，并将该椭圆转化为按钮元件，如图 8-47 所示。

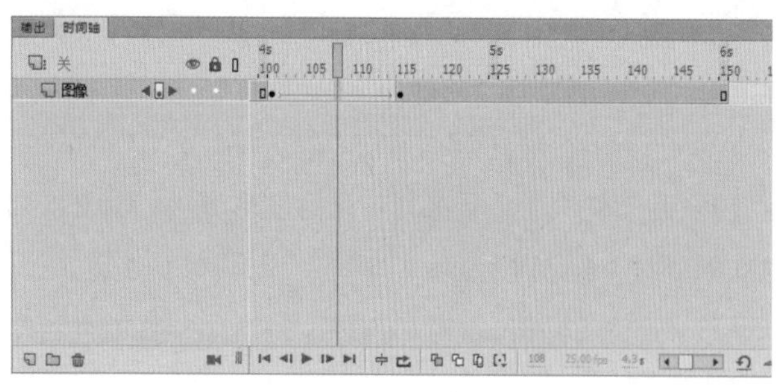

图 8-46

图 8-47

Step11 复制两个按钮元件，如图 8-48 所示。

Step12 选择第一个按钮，在“属性”面板将实例命名为 button1，如图 8-49 所示。使用同样方法依次为后面两个按钮命名。

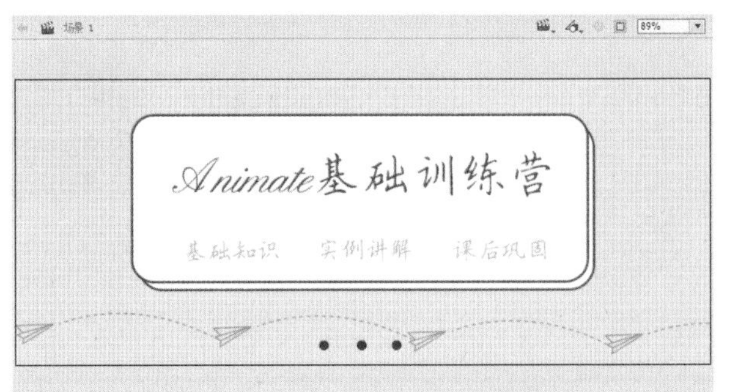

图 8-48

图 8-49

Step13 在“按钮”图层上方新建“动作”图层，在第 1 帧处右击鼠标，在弹出的快捷菜单中选择“动作”命令，打开“动作”面板，添加代码，如图 8-50 所示。

知识点拨

此处完整代码如下：

```
button1.addEventListener(MouseEvent.CLICK,a1ClickHandler);
function a1ClickHandler(event:MouseEvent)
{
    gotoAndPlay(1);
}
button2.addEventListener(MouseEvent.CLICK,a2ClickHandler);
function a2ClickHandler(event:MouseEvent)
{
    gotoAndPlay(51);
}
button3.addEventListener(MouseEvent.CLICK,a3ClickHandler);
function a3ClickHandler(event:MouseEvent)
{
    gotoAndPlay(101);
}
```

Step14 至此，就完成网页轮播图效果的制作。按 Ctrl+Enter 组合键测试效果，如图 8-51、图 8-52、图 8-53 所示。

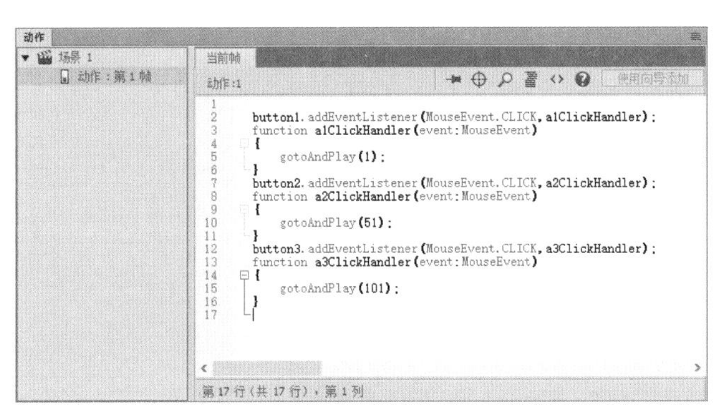

图 8-50

图 8-51

图 8-52

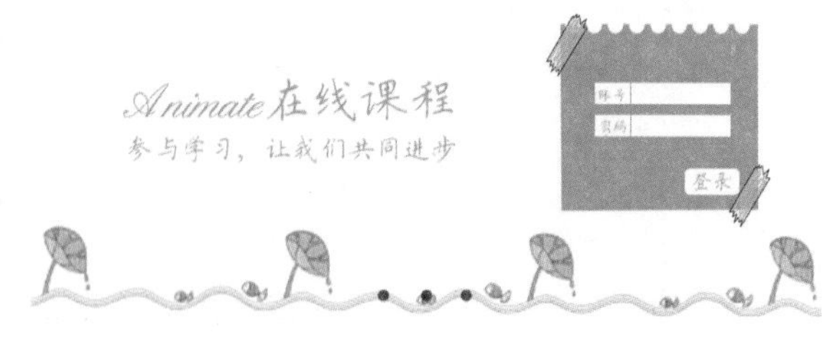

图 8-53

ACAA课堂笔记

8.7 课后练习

一、选择题

1. 若要开始播放动画，应添加的脚本语言是（　　）。

   A. stop()　　B. play()

   C. prevScene()　　D. nextFrame()

2. 使播放头跳转到指定场景内的指定帧并播放的脚本语言应该是（　　）。

   A. gotoAndPlay()　　B. gotoAndStop()

   C. play()　　D. stop()

3. 以下不是简单数据类型变量的是（　　）。

   A. MovieClip 类型　　B. 字符串

   C. 数字　　D. 布尔值

二、填空题

1. ________ 是指实现某一具体功能的命令语句或实现一系列功能的命令语句组合。
2. ________ 是指在程序运行中保持不变的参数，包括数值型、字符串型和逻辑型。
3. A________ 是 Animate 的脚本撰写语言，通过它可以制作各种特殊效果。
4. Animate 中的交互功能是由 ________、对象和 ________ 组成的。

三、操作题

1. 控制音频播放效果

（1）本案例将练习控制音频播放效果，用户可以通过单击按钮控制音频的播放。涉及的知识点包括音频的应用、代码的添加等，如图 8-54 所示为制作效果。

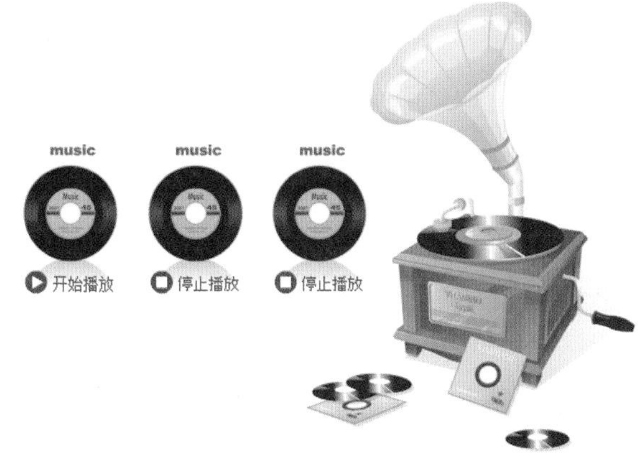

图 8-54

（2）操作思路：

Step01 导入素材文件，新建图形元件；

Step02 新建影片剪辑元件并添加音频，添加按钮元件并绘制图形；

Step03 新建图形元件，添加实例并修改实例名称；

Step04 添加代码，控制播放效果。

2. 制作放大镜效果

（1）本案例将练习制作放大镜效果，用户可以移动鼠标指针放大局部，如图 8-55、图 8-56 所示。涉及的知识点包括图形的绘制、元件的创建、代码的添加等。

图 8-55

图 8-56

（2）操作思路：

Step01 新建空白文档，导入素材，新建图形元件；

Step02 新建影片剪辑元件，并绘制图形；

Step03 导入元件，修改实例名称，添加代码。

第9章 音视频的应用

内容导读

在动画作品中，声音和视频元素是必不可少的，添加音视频文件可以在很大程度上提升动画作品的质量。本章将对音视频的应用知识进行详细介绍，通过学习本章内容，读者可以了解音视频文件的导入操作，熟悉音视频的编辑方法，以及掌握优化、测试等技巧。

学习目标

- 了解音视频的格式
- 熟悉音视频的类型
- 学会导入音视频文件
- 学会编辑音视频文件

9.1 声音的应用

通过添加声音，可以使制作的影片更具有感染力。在 Animate 软件中，有多种使用声音的方式，既可以使声音独立于时间轴连续播放，也可以使用时间轴将动画与音轨同步。下面将对此进行介绍。

9.1.1 声音的格式

Animate 软件支持导入 Adobe 声音、WAV、AIFF、MP3 等格式文件，下面将针对其相关知识进行介绍。

1.MP3 格式

MP3 是使用最为广泛的一种数字音频格式。MP3 是利用 MPEG Audio Layer 3 的技术，将音乐以 1 ∶ 10 甚至 1 ∶ 12 的压缩率，压缩成容量较小的文件，换句话说，能够在音质丢失很小的情况下把文件压缩到更小的程度，而且还非常好地保持了原来的音质。

对于追求体积小、音质好的 Animate MTV 来说，MP3 是最理想的格式。经过压缩，体积很小，它的取样与编码的技术优异。虽然 MP3 经过了破坏性的压缩，但是其音质仍然大体接近 CD 的水平。

MP3 格式有以下几个特点。

◎ MP3 是一个数据压缩格式。

◎ MP3 丢弃脉冲编码调制（PCM）音频数据中对人类听觉不重要的数据（类似于 JPEG 是一个有损图像压缩），从而得到了小得多的文件。

◎ MP3 音频可以按照不同的位速进行压缩，提供了在数据大小和声音质量之间进行权衡的一个范围。MP3 格式使用了混合的转换机制将时域信号转换成频域信号。

◎ MP3 不仅有广泛的用户端软件支持，也有很多的硬件支持，比如便携式媒体播放器（指 MP3 播放器）、DVD 和 CD 播放器等。

2. WAV 格式

WAV 为微软公司（Microsoft）开发的一种声音文件格式，是录音时用的标准的 Windows 文件格式，文件的扩展名为 WAV，数据本身的格式为 PCM 或压缩型，属于无损音乐格式的一种。

WAV 文件作为最经典的 Windows 多媒体音频格式，应用非常广泛，它使用三个参数来表示声音，即采样位数、采样频率和声道数。

WAV 音频格式的优点包括：简单的编 / 解码（几乎直接存

ACAA课堂笔记

储来自模/数转换器（ADC）的信号）、普遍的认同/支持以及无损耗存储。WAV格式的主要缺点是需要音频存储空间，对于小的存储限制或小带宽应用而言，这可能是一个重要的问题。因此，MAV在Animate MTV中并没有得到广泛的应用。

知识点拨

在制作MV或游戏时，调用声音文件需要占用一定数量的磁盘空间和随机存取储存器空间，用户可以使用比WAV或AIFF格式压缩率高的MP3格式声音文件，这样可以减小作品体积，提高作品下载的传输速率。

ACAA课堂笔记

3. AIFF格式

AIFF是音频交换文件格式（Audio Interchange File Format）的英文缩写，是Apple公司开发的一种声音文件格式，被Macintosh平台及其应用程序所支持。AIFF是Apple（苹果）电脑上面的标准音频格式，属于QuickTime技术的一部分。

AIFF支持各种比特决议、采样率和音频通道。AIFF应用于个人电脑及其他电子音响设备以存储音乐数据，支持ACE2、ACE8、MAC3和MAC6压缩，支持16位44.1kHz立体声。

9.1.2 声音的类型

在Animate中，支持事件声音和流声音两种类型。

1. 事件声音

事件声音必须下载完成才能播放，一旦开始播放，中间是不能停止的。事件声音可以用于制作单击按钮时出现的声音效果，也可以把它放在任意想要放置的地方。

关于事件声音，需要注意以下三点。

- ◎ 事件声音在播放之前必须完整下载。有些动画下载时间很长，可能是因为其声音文件过大导致的。如果要重复播放声音，不必再次下载。
- ◎ 事件声音不论动画是否发生变化，它都会独立地把声音播放完毕。如果到播放另一声音的时间，它也不会因此停止播放，所以有时会干扰动画的播放质量，不能实现与动画同步播放。
- ◎ 事件声音不论长短，都能只插入到一个帧中去。

2. 流声音

流声音与动画的播放是保持同步的，所以只需要下载前几帧就可以开始播放了。流声音可以说是依附在帧上的，动画播放的时间有多长，流声音播放的时间就有多长。动画播放结束时，即使导入的声音文件还没有播完，也将停止播放。

关于流声音需要注意以下两点。

◎ 流声音可以边下载边播放，所以不必担心出现因声音文件过大而导致下载过长的现象。因此，可以把流声音与动画中的可视元素同步播放。

◎ 流声音只能在它所在的帧中播放。

9.1.3 导入声音文件

当用户准备好所需要的声音素材后，便可以将其导入库中或者舞台中，从而添加到动画中，以增强 Animate 作品的吸引力。

执行“文件”|“导入”|“导入到库”命令，打开“导入到库”对话框，在该对话框中选择要导入的音频素材，单击“打开”按钮，即可将音频导入到“库”面板中，如图 9-1 所示。

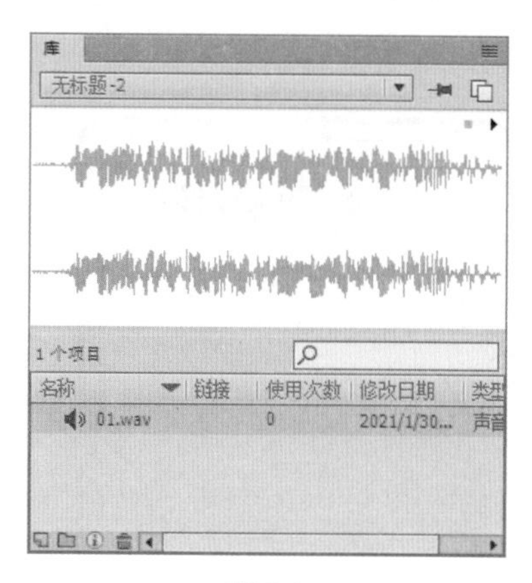

图 9-1

声音导入到“库”面板中之后，选中图层，只需将声音从“库”面板中拖入舞台中即可将其添加到当前图层中。

知识点拨

用户也可以执行“文件”|“导入”|“导入到舞台”命令，将音频文件导入到文档中。

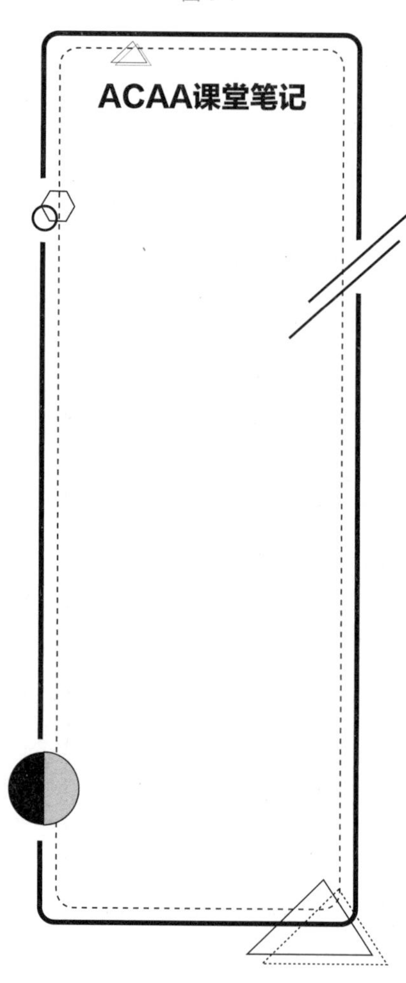

9.1.4 在 Animate 中编辑声音

添加完声音后，可以通过“声音属性”对话框、“属性”面板和“编辑封套”对话框处理声音效果，使其更加适合影片或动画。

1. 设置声音属性

打开“声音属性”对话框，在其中可以设置导入声音的属性，还可以重命名音频文件等，如图 9-2 所示。

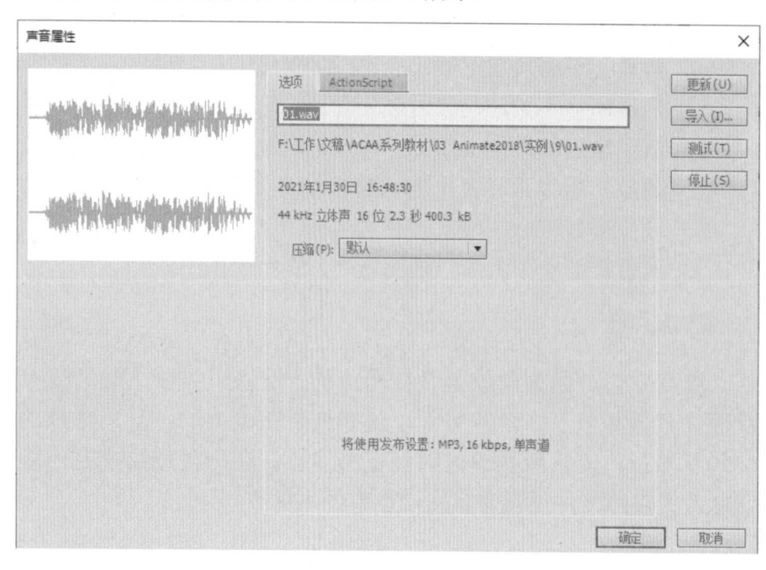

图 9-2

知识点拨

打开“声音属性”对话框的方法有以下 3 种。

★ 在“库”面板中选择音频文件，双击其名称前的图标。

★ 在“库”面板中选择音频文件，右击鼠标，在弹出的快捷菜单中选择“属性”命令。

★ 在“库”面板中选择音频文件，单击面板底部的“属性”按钮。

2. 设置声音的同步方式

用户可以在“属性”面板中设置声音的同步类型，即设置声音与动画是否进行同步播放。

在“时间轴”面板中选中声音所在的帧，打开“属性”面板“声音”区域中的“同步”下拉列表，即可选择同步类型，如图 9-3 所示。

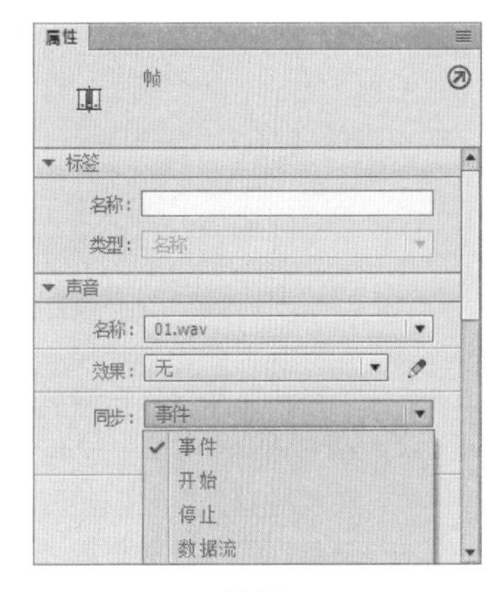

图 9-3

在“同步”下拉列表中各个选项的含义分别如下。

◎ 事件：Animate 默认选项，选择该选项，必须等声音全部下载完毕后才能播放动画，声音开始播放，并独立于时间轴播放完整个声音，即使影片停止也继续播放。一般在不需要控制声音播放的动画中使用。

◎ 开始：该选项与“事件”选项的功能近似，若选择的声音实例已在时间轴上的其他地方播放过了，Animate 将不会再播放该实例。

◎ 停止：可以使正在播放的声音文件停止。

◎ 数据流：将使动画与声音同步，以便在 Web 站点上播放。

3. 设置声音的重复播放

在“属性”面板中，还可以设置声音重复或循环播放，如图 9-4 所示。

图 9-4

这两种选项作用分别如下。

◎ 重复：选择该选项，在右侧的文本框中可以设置播放的次数，默认的是播放一次。

◎ 循环：选择该选项，声音可以一直不停地循环播放。

4. 设置声音的效果

在“属性”面板“声音”区域“效果”下拉列表中提供了多种播放声音的效果选项，如图 9-5 所示。通过选择不同的选项，可以制作不同的声音效果。

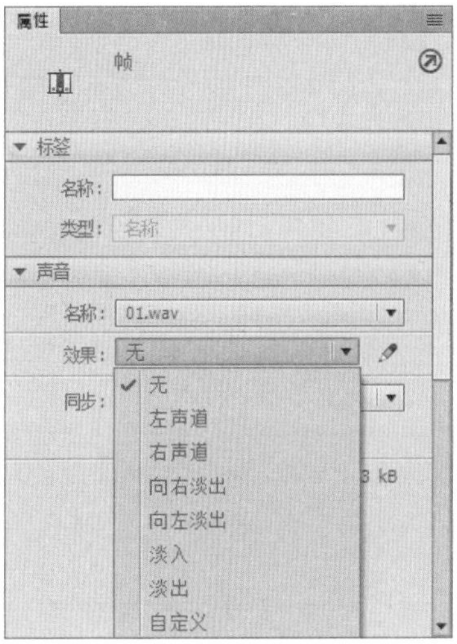

图 9-5

在“效果”下拉列表中各个选项的含义分别如下。

◎ 无：不使用任何效果。

◎ 左声道 / 右声道：只在左声道或者右声道播放音频。

◎ 向右淡出：声音从左声道传到右声道。

◎ 向左淡出：声音从右声道传到左声道。

◎ 淡入：表示在声音的持续时间内逐渐增大声强。

◎ 淡出：表示在声音的持续时间内逐渐减小声强。

◎ 自定义：自己创建声音效果，选择该选项，将打开“编辑封套”对话框，如图 9-6 所示。在该对话框中可以对音频进行编辑。

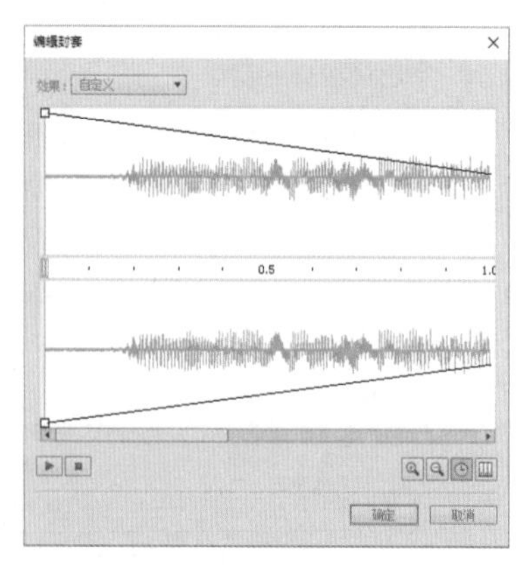

图 9-6

“编辑封套”对话框中分为上下两个编辑区，上方代表左声道波形编辑区，下方代表右声道编辑区，在每一个编辑区的上方都有一条带有小方块的控制线，可以通过控制线调整声音的大小、淡出和淡入等。

在“编辑封套”对话框中，各选项的含义如下。

◎ 效果：在该下拉列表中可以设置声音的播放效果。

◎ “播放声音”按钮▶和“停止声音”按钮■：用于播放或暂停编辑后的声音。

◎ 放大和缩小：单击这两个按钮，可以使显示窗口内的声音波形在水平方向放大或缩小。

◎ 秒和帧：单击这两个按钮，可以在秒和帧之间切换。

◎ 灰色控制条：拖动上下声音波形之间刻度栏内的灰色控制条，可以截取声音片断。

9.1.5 声音的优化

将 Animate 文件导入网页后，由于网速的限制，必须考虑 Animate 动画的大小。在“库”面板中选择音频文件，双击其名称前的图标，打开“声音属性”对话框，在该对话框中的“压缩”下拉列表中包含“默认”“ADPCM”“MP3”“Raw”和“语音”5 个选项，如图 9-7 所示。

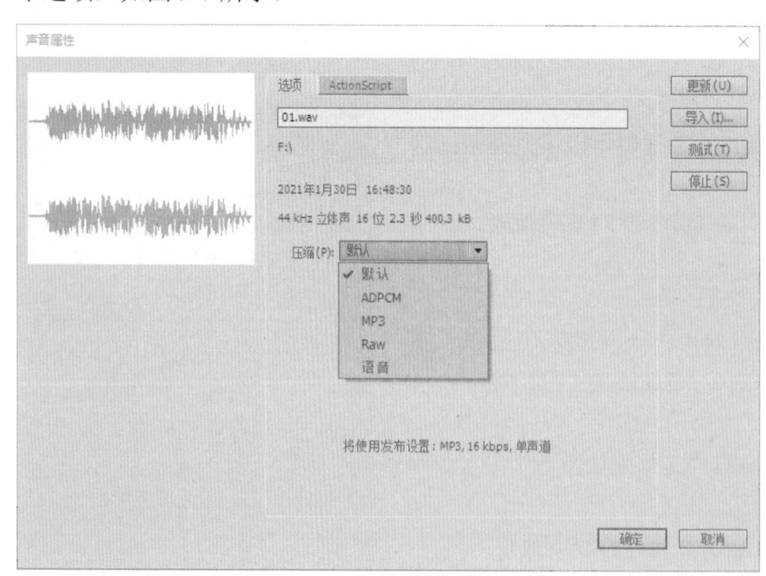

图 9-7

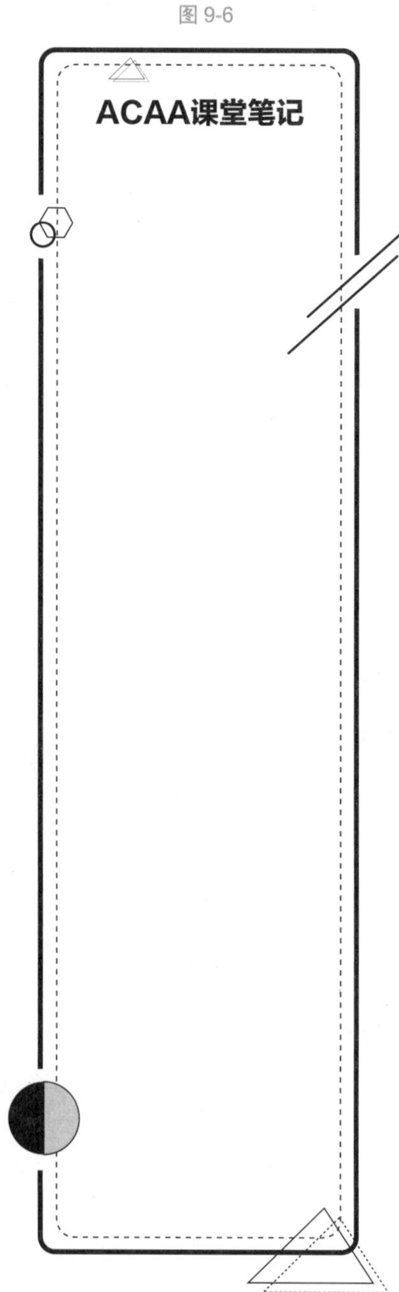

ACAA课堂笔记

这 5 种选项作用分别如下。

1. 默认

选择“默认”压缩方式，将使用“发布设置”对话框中的默认声音压缩设置。

2. ADPCM

ADPCM 压缩适用于对较短的事件声音进行压缩，可以根据需要设置声音属性，例如鼠标点击音这样的短事件音，一般选用该压缩方式。选择该选项后，会在“压缩”下拉列表框的下方出现有关 ADPCM 压缩的设置选项，如图 9-8 所示。

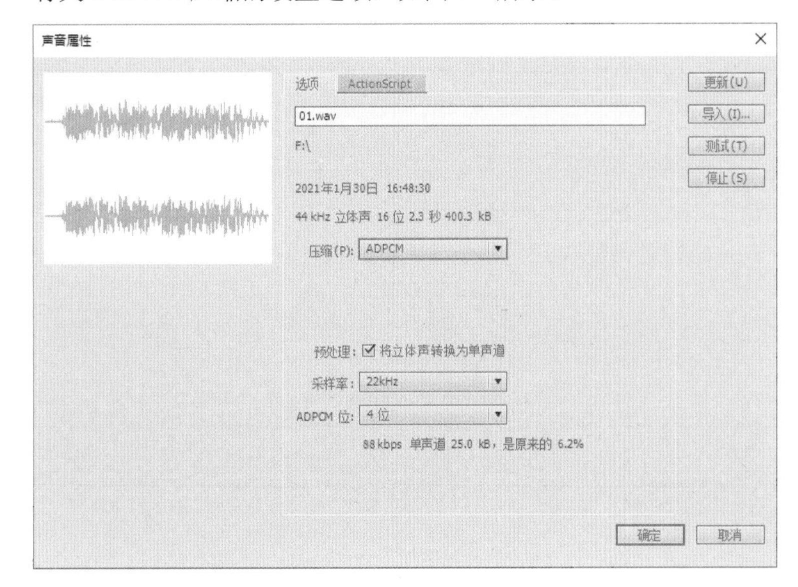

图 9-8

其中，各主要选项的含义介绍如下。

（1）预处理

若勾选“将立体声转换成单声道”复选框，会将混合立体声转换为单声道，而原始声音为单声道则不受此选项影响。

（2）采样率

采样率的大小关系到音频文件的大小，适当调整采样率既能增强音频效果，又能减少文件的大小。较低的采样率可减小文件，但也会降低声音品质。Animate 不能提高导入声音的采样率。例如导入的音频为 11kHz，即使将它设置为 22 kHz，也只是 11kHz 的输出效果。

在采样率下拉列表中各选项含义如下。

◎ 5 kHz 的采样率仅能达到一般声音的质量，例如电话、人的讲话简单声音。

◎ 11 kHz 的采样率是一般音乐的质量，是 CD 音质的四分之一。

◎ 22 kHz 采样率的声音可以达到 CD 音质的一半，一般都选用这样的采样率。

◎ 44 kHz 的采样率是标准的 CD 音质，可以达到很好的音质效果。

（3）ADPCM 位

从下拉列表中可以选择 2 ～ 5 位的选项，据此可以调整文件的大小。

3. MP3

MP3 压缩一般用于压缩较长的流式声音，它的最大特点就是接近于 CD 的音质。选择该选项，会在“压缩”下拉列表框的下方出现有关 MP3 压缩的设置选项，如图 9-9 所示。

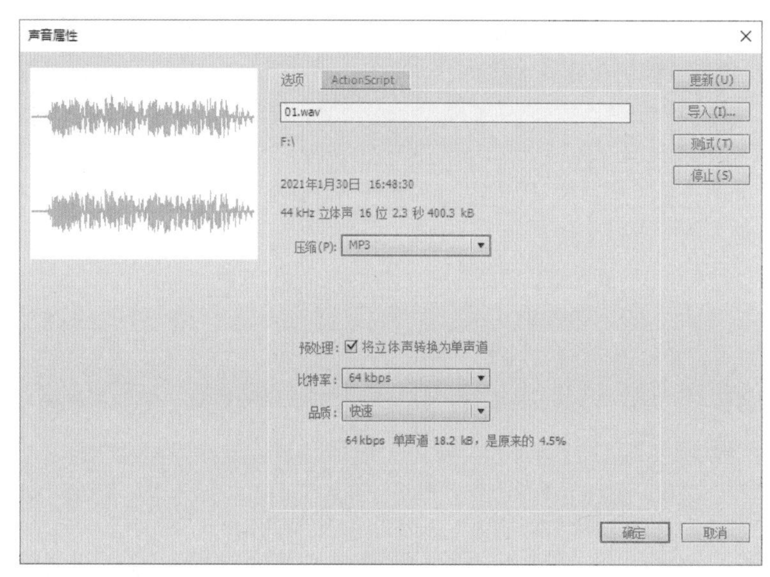

图 9-9

其中，各主要选项的含义如下。

（1）比特率

用于决定导出的声音文件每秒播放的位数。导出声音时，需要将比特率设为 16 kbps 或更高，以获得最佳效果，比特率的范围为 8 ～ 160kbps。

（2）品质

可以根据压缩文件的需求，进行适当的选择。在该下拉列表中包含“快速”“中”和“最佳”3 个选项。

4. Raw

Raw 压缩选项不会压缩导出的声音文件。选择该选项后，会在“压缩”下拉列表框的下方出现有关原始压缩的设置选项，如图 9-10 所示。

ACAA课堂笔记

ACAA课堂笔记

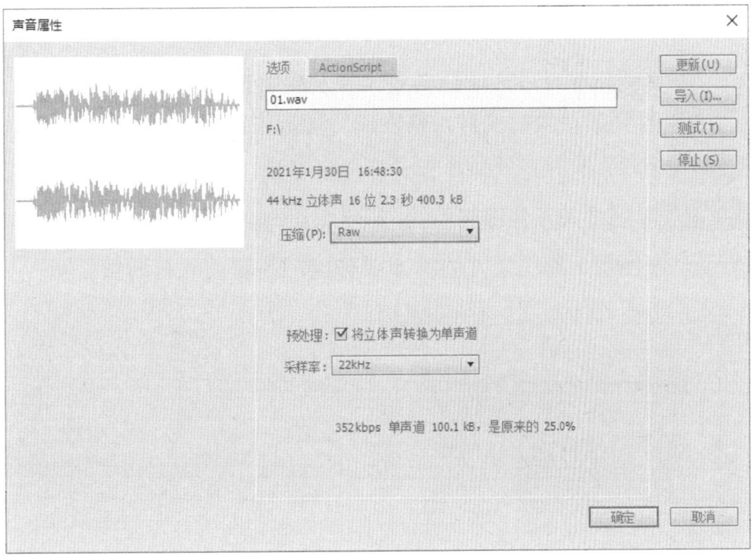

声音属性

选项 ActionScript

01.wav

F:\

2021年1月30日 16:48:30

44 kHz 立体声 16 位 2.3 秒 400.3 kB

压缩(P): Raw

预处理：☑ 将立体声转换为单声道

采样率：22kHz

352kbps 单声道 100.1 kB，是原来的 25.0%

更新(U) 导入(I)... 测试(T) 停止(S)

确定 取消

图 9-10

设置“压缩”类型为“Raw”方式后，只需要设置采样率和预处理，具体设置与 ADPCM 压缩设置相同。

5. 语音

“语音”压缩选项是一种适合于语音的压缩方式导出声音。选择该选项后，会在“压缩”下拉列表框的下方出现有关语音压缩的设置选项，如图 9-11 所示。只需要设置采样率和预处理即可。

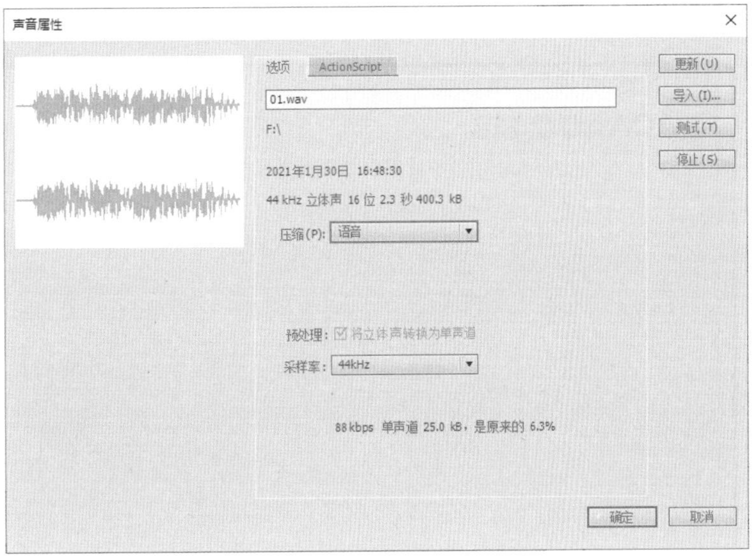

声音属性

选项 ActionScript

01.wav

F:\

2021年1月30日 16:48:30

44 kHz 立体声 16 位 2.3 秒 400.3 kB

压缩(P): 语音

预处理：☑ 将立体声转换为单声道

采样率：44kHz

88 kbps 单声道 25.0 kB，是原来的 6.3%

更新(U) 导入(I)... 测试(T) 停止(S)

确定 取消

图 9-11

■ 实例：添加动画音效

本案例将练习添加动画音效，涉及的知识点包括元件的创建、音频文件的添加等。

Step01 打开本章素材文件，将“库”面板中的背景图片拖曳至舞台合适位置，如图 9-12 所示。

Step02 按 F8 键打开“转换为元件”对话框，将其转化为影片剪辑元件，如图 9-13 所示。

Step03 双击进入元件编辑模式，新建图层，将“库”面板中的火焰影片剪辑元件拖曳至舞台中，如图 9-14 所示。在图层 1 和图层 2 的第 50 帧处按 F5 键插入普通帧。

图 9-12

图 9-13

图 9-14

Step04 新建图层，将“库”面板中“火的音效”拖至舞台中，此时舞台上没有任何变化，但是时间轴上显示有声音的音轨。切换至场景 1，按 Ctrl+Enter 组合键测试效果，如图 9-15 所示。

图 9-15

ACAA课堂笔记

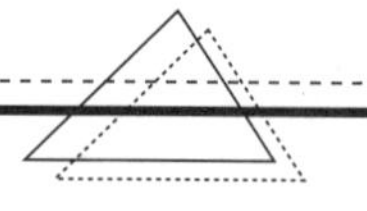

知识点拨

音频的采样率、压缩率对输出动画的声音质量和文件大小起决定性作用。要得到更好的声音质量，必须对动画声音进行多次编辑。压缩率越大，采样率越低，文件的体积就会越小，但是质量也更差，用户可以根据实际需要对其进行更改。

打开“库”面板，选择库中的音频文件，打开“声音属性”对话框，在“压缩”下拉列表中选择压缩格式，设置参数，如图 9-16 所示。完成后单击“测试”按钮，测试音频效果，单击“确定”按钮，即可完成声音的输出设置。

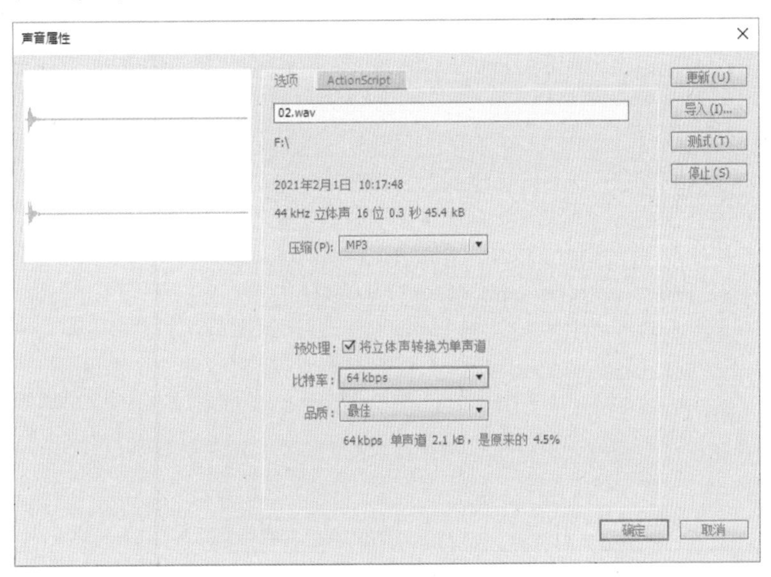

图 9-16

9.2 视频的应用

除了音频素材、图像素材可以导入外，Animate 软件中还可以导入视频素材。在 Animate 中，可以对视频素材进行导入、裁剪等操作，还可以控制播放进程，但是不能修改视频中的具体内容。下面将进行具体介绍。

9.2.1 视频的类型

Animate 是一种功能非常强大的软件，可以将视频镜头融入基于 Web 的演示文稿。导入 Animate 软件的视频必须以 FLV 或 H.264 格式编码。在导入时，“视频导入”对话框会对导入的视频文件进行检查，若不是 Animate 可以播放的格式，将进行提醒。

知识点拨

若加载的视频格式不对，必须先转换格式，一般转换成 .fla 格式。

■ 9.2.2 导入视频文件

用户可以将现有的视频文件导入到当前文档中，通过指导完成选择现有视频文件的过程，并导入该文件以供在三个不同的视频回放方案中使用。

执行“文件” | “导入” | “导入视频”命令，即可打开“导入视频”对话框，如图 9-17 所示。

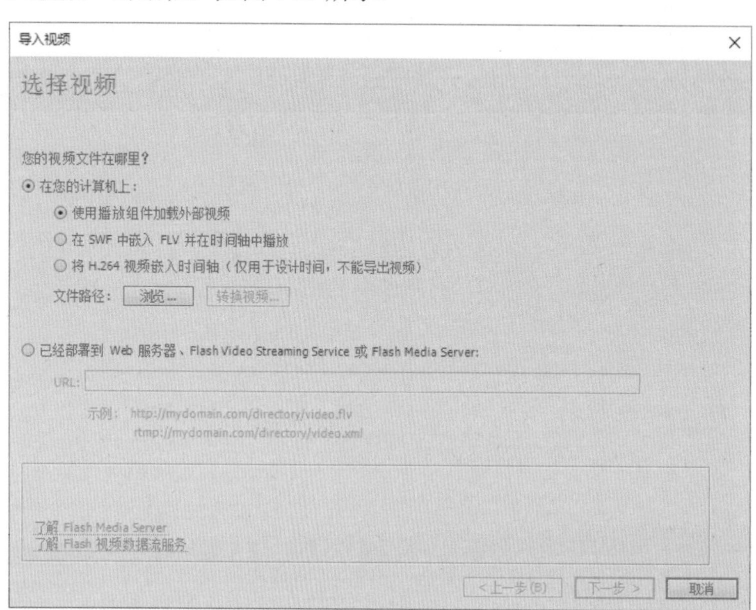

图 9-17

在“导入视频”对话框中提供了 3 个视频导入选项，各选项的含义分别介绍如下。

（1）使用播放组件加载外部视频

该选项可导入视频并创建 FLVPlayback 组件的实例以控制视频回放。将 Animate 文档作为 SWF 发布并将其上传到 Web 服务器时，必须将视频文件上传到 Web 服务器或 Animate Media Server，并按照已上传视频文件的位置配置 FLVPlayback 组件。

（2）在 SWF 中嵌入 FLV 并在时间轴中播放

该选项可将 FLV 嵌入到 Animate 文档中。这样导入视频时，该视频放置于时间轴中，可以看到时间轴帧所表示的各个视频帧的位置。嵌入的 FLV 视频文件成为 Animate 文档的一部分。该选项可以使此视频文件与舞台上的其他元素同步，但是也可能会出现声音不同步的问题，同时 SWF 的文件大小会增加。一般来说，品质越高，文件也就越大。

（3）将 H.264 视频嵌入时间轴

该选项可将 H.264 视频嵌入 Animate 文档中。使用此选项导入视频时，为了使用视频作为设计阶段制作动画的参考，可以将视频放置在舞台上。在拖曳或播放时间轴时，视频中的帧将呈现在

ACAA课堂笔记

舞台上，相关帧的音频也将播放。

以使用“使用播放组件加载外部视频”导入选项为例，选择该选项后，单击“浏览”按钮，打开“打开”对话框并选择合适的视频素材，如图 9-18 所示。完成后单击“打开”按钮，切换至“导入视频”对话框，单击“下一步”按钮，设定外观，如图 9-19 所示。

图 9-18

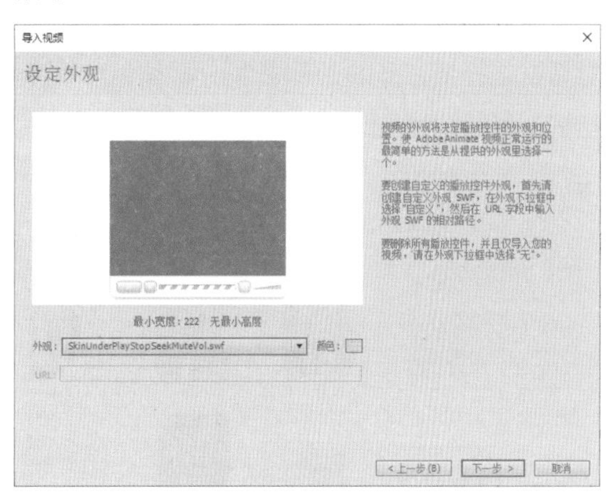

图 9-19

单击“下一步”按钮，完成视频导入，如图 9-20 所示。单击“完成”按钮，即可在场景中看到导入的视频，如图 9-21 所示。

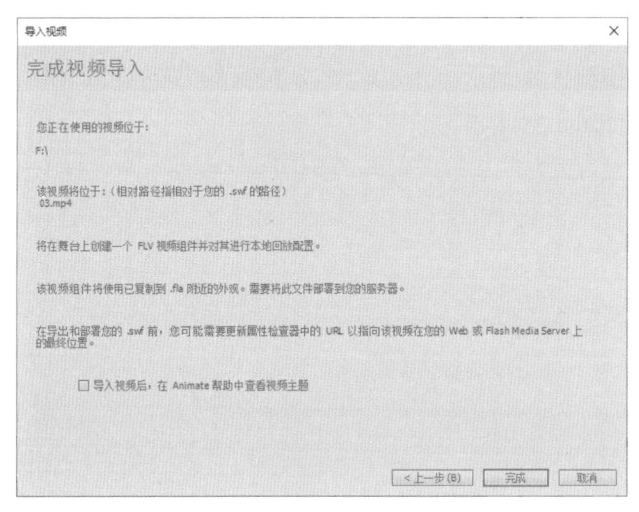

图 9-20

图 9-21

实例：制作电子相册

本案例将练习制作电子相册，涉及的知识点包括视频的导入及调整、关键帧的添加等。

Step01 新建一个 960 像素 ×540 像素的空白文档。执行“文件”｜“导入”｜“导入视频”命令，打开“导入视频”对话框，选择“使用播放组件加载外部视频”命令，单击“浏览”按钮，打开“打开”对话框选择要打开的素材文件，如图 9-22 所示。完成后单击“打开”按钮，切换至“导入视频”对话框，如图 9-23 所示。

图 9-22

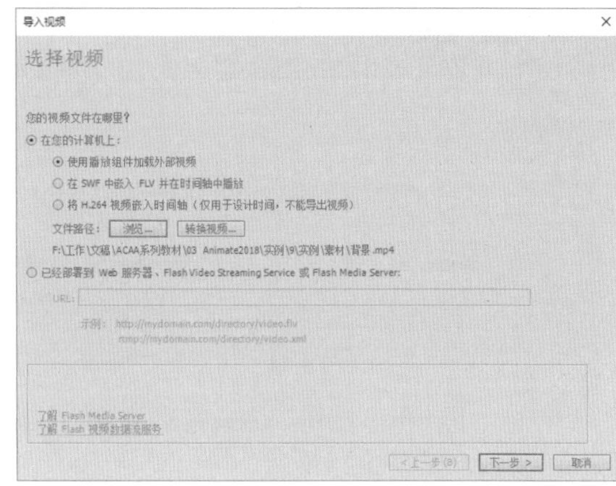

图 9-23

Step02 单击“下一步”按钮，设定视频外观，如图 9-24 所示。

Step03 单击“下一步”按钮，完成视频导入，如图 9-25 所示。

图 9-24

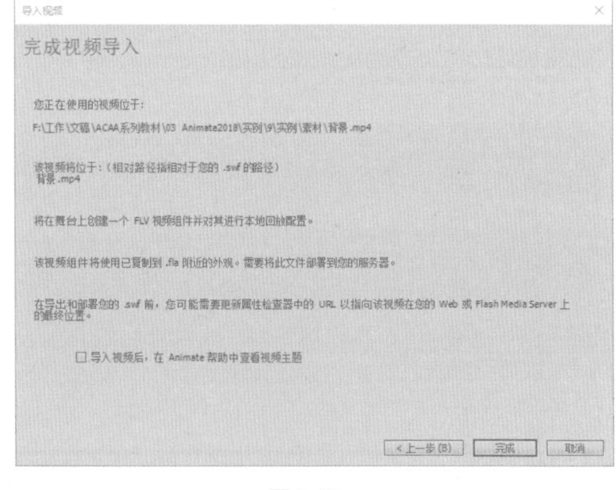

图 9-25

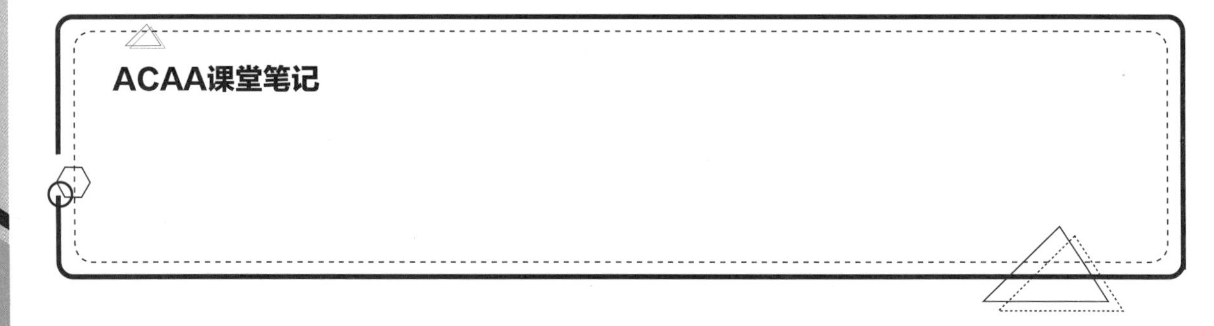

ACAA课堂笔记

Step04 单击“完成”按钮，效果如图 9-26 所示。

Step05 执行“文件”|“导入”|“导入到库”命令，导入本章图像素材，如图 9-27 所示。

图 9-26

图 9-27

Step06 修改图层 1 名称为“背景”，在“背景”图层的第 30 帧处按 F5 键插入帧。在“背景”图层上方新建“照片”图层，从“库”面板中将“01.jpg”拖曳至舞台中，并调整至合适大小与位置，如图 9-28 所示。

Step07 在“照片”图层的第 11 帧按 F7 键插入空白关键帧，从“库”面板中将“02.jpg”拖曳至舞台中，并调整至合适大小与位置，如图 9-29 所示。

图 9-28

图 9-29

Step08 在“照片”图层的第 21 帧按 F7 键插入空白关键帧，从“库”面板中将“03.jpg”拖曳至舞台中，并调整至合适大小与位置，如图 9-30 所示。

Step09 至此，完成电子相册的制作。按 Ctrl+Enter 组合键测试效果，如图 9-31、图 9-32、图 9-33 所示。

图 9-30

图 9-31

图 9-32

图 9-33

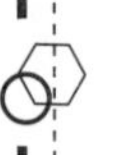

9.2.3 处理导入的视频文件

视频文件导入到文档中，选择舞台上嵌入或链接的视频剪辑。在“属性”面板中就可以对视频实例的名称、在舞台上的像素大小和位置等参数进行修改，如图 9-34 所示。

同时，用户还可以通过“组件参数”面板，对导入的视频进行设置，如图 9-35 所示。

图 9-34

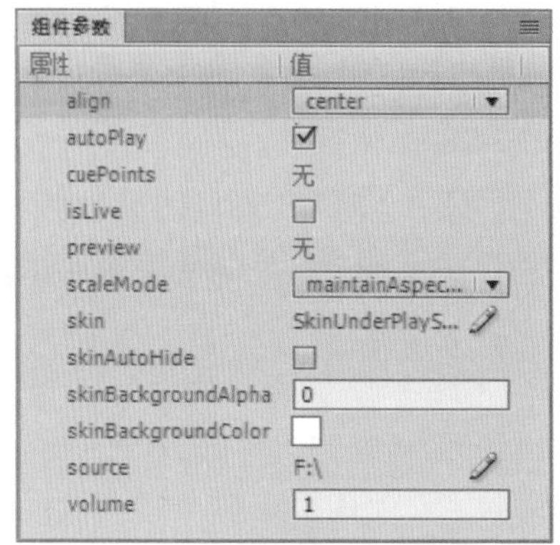

图 9-35

9.3 课堂实战：制作歌曲播放动画

本案例将练习制作选择歌曲进行播放的效果，涉及的知识点包括元件的添加、音频的编辑以及代码的编写等。

Step01 打开本章素材文件，将“库”面板中的背景图片拖曳至舞台中，调整至合适位置与大小，如图 9-36 所示。修改图层 1 名称为“背景”，按 Ctrl+Shift+S 组合键将文件另存。

Step02 在“背景”图层上方新建“音效”图层，将“库”面板中的音效元件拖曳至舞台中合适位置，在“属性”面板调整其色调为橙色，效果如图 9-37 所示。

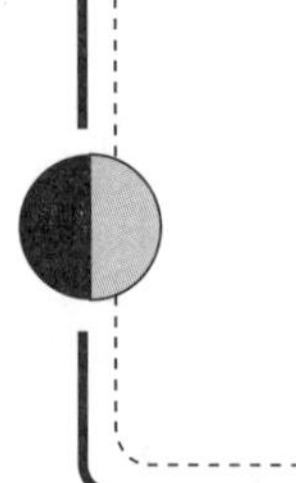

图 9-36

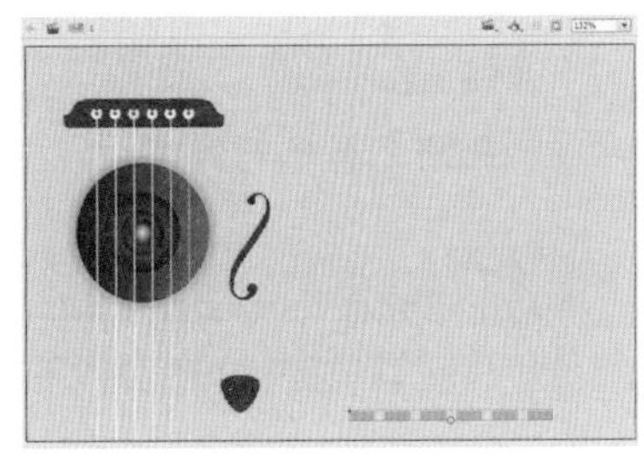

图 9-37

Step03 在“音效”图层上方新建“菜单”图层，使用文本工具T输入文字，使用线条工具绘制白色直线，如图 9-38 所示。

Step04 在“菜单”图层上方新建“按钮”图层，使用矩形工具和多角星形工具绘制播放按钮，并将其转化为按钮元件。复制一个按钮，并为两个按钮添加实例名称，分别为 button1，button2，效果如图 9-39 所示。

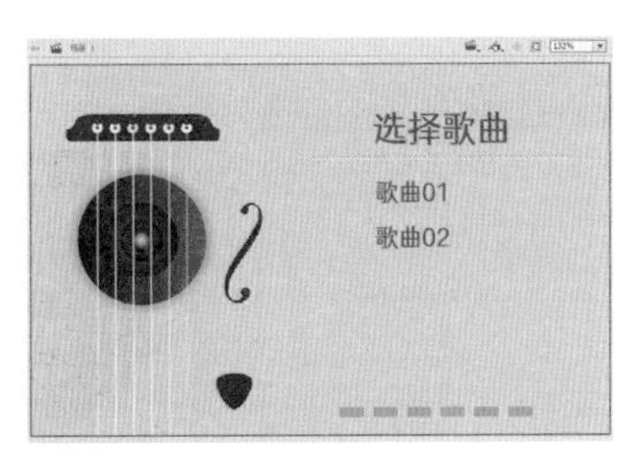

图 9-38

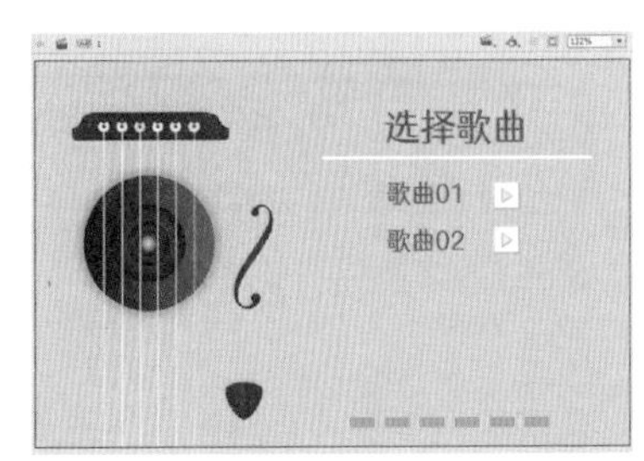

图 9-39

Step05 在“按钮”图层上方新建“音乐 1”图层，将“库”面板中的“1.mp3”拖曳至舞台中，在“属性”面板中设置“同步”为“数据流”，在第 200 帧处按 F5 键插入帧，如图 9-40 所示。

Step06 在“音乐”图层的第 201 帧处插入空白关键帧，将“库”面板中的“2.mp3”拖曳至舞台中，所有图层的时间轴延长至 400 帧，如图 9-41 所示。

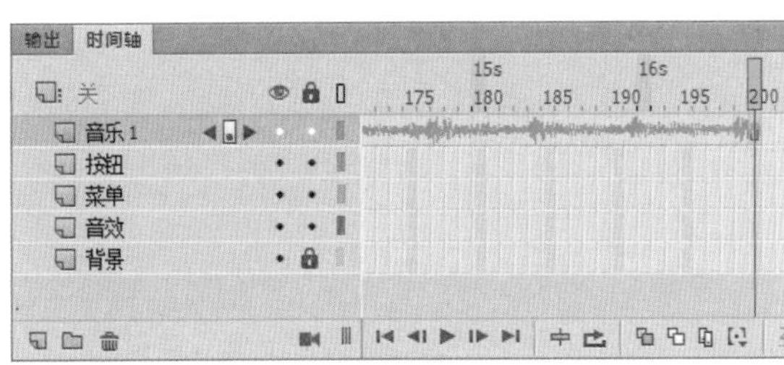

图 9-40

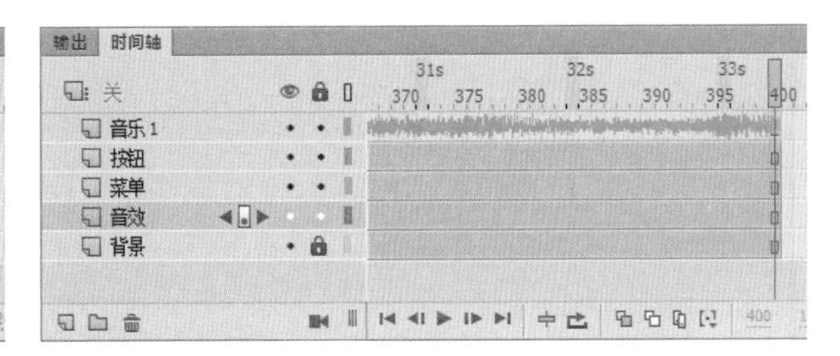

图 9-41

Step07 在“音乐”图层上方新建“动作”图层，选择第 1 帧右击鼠标，在弹出的快捷菜单中选择“动作”命令，打开“动作”面板，添加代码，如图 9-42 所示。

知识点拨

此处完整代码如下：

```
stop();
button1.addEventListener(MouseEvent.CLICK,a1ClickHandler);
function a1ClickHandler(event:MouseEvent)
{
	gotoAndPlay(1);
}
button2.addEventListener(MouseEvent.CLICK,a2ClickHandler);
function a2ClickHandler(event:MouseEvent)
{
	gotoAndPlay(201);
}
```

Step08 至此，完成选择歌曲的操作。按 Ctrl+Enter 组合键测试，可以使用按钮控制音乐的播放，效果如图 9-43 所示。

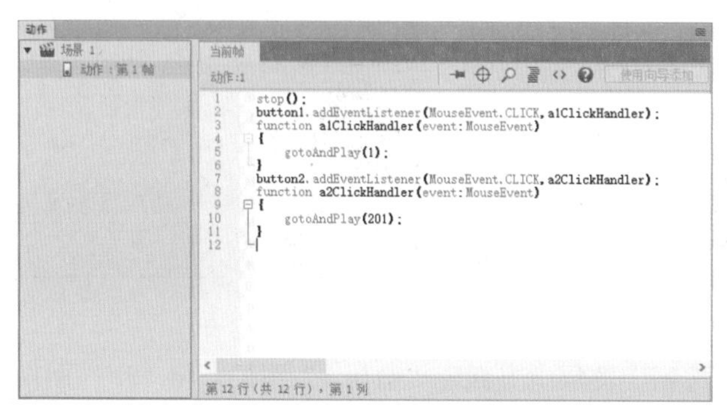

图 9-42

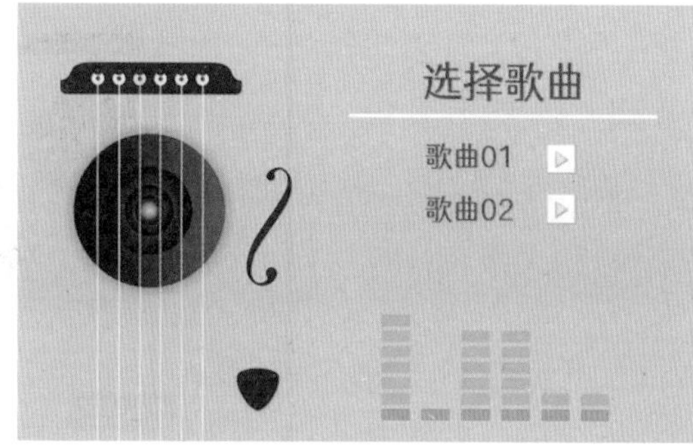

图 9-43

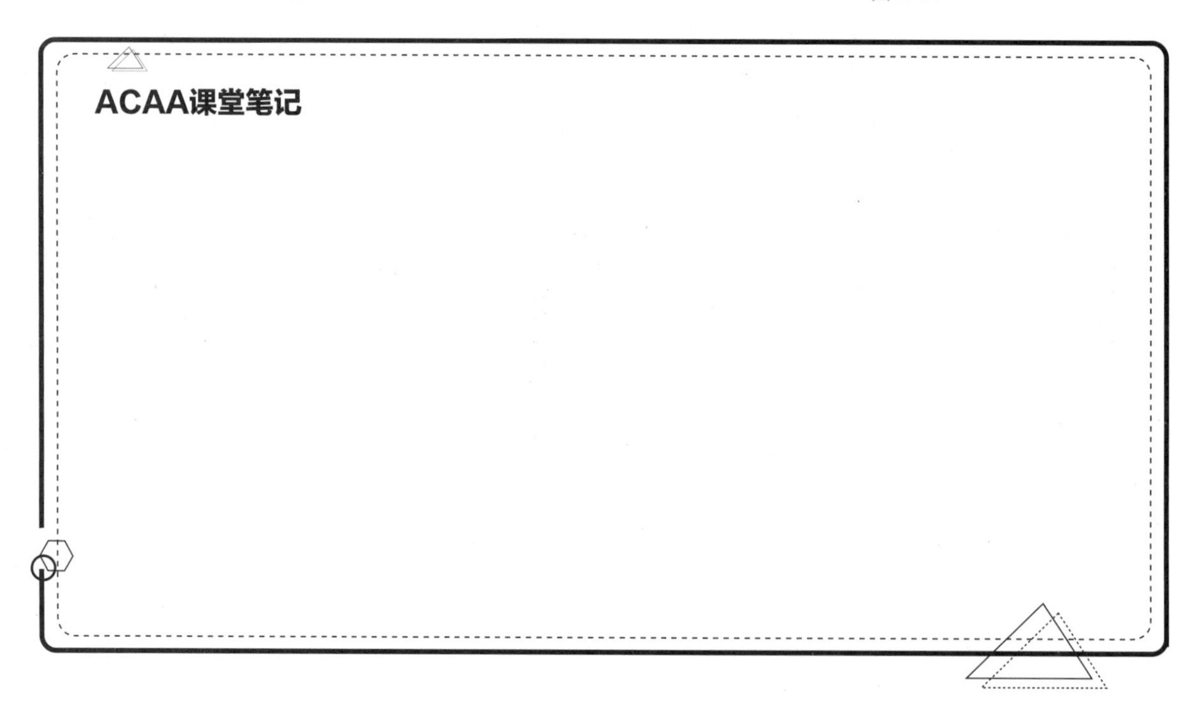

9.4 课后练习

一、选择题

1. 设置（　　）声音效果可以得到如图 9-44 所示的声音效果预览图。

A. 从左到右淡出　　B. 从右到左淡出

C. 淡入　　D. 淡出

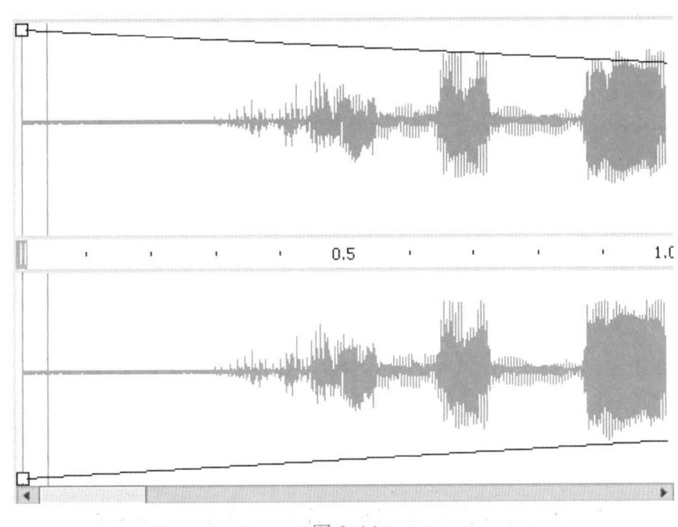

图 9-44

2. 制作鼠标点击音这样的短事件音时，一般选用（　　）压缩方式。

A. MP3　　B. 语音

C. Raw　　D. ADPCM

3. 若想要使声音独立于时间轴播放，可以选择同步为（　　）。

A. 开始　　B. 事件

C. 停止　　D. 数据流

二、填空题

1. 在 Animate 中，支持 ________ 声音和 ________ 两种类型。

2. ________ 与动画的播放是保持同步的，所以只需要下载前几帧就可以开始播放。

3. 导入 Animate 软件的视频必须以 ________ 或 ________ 格式编码。

4. ________对话框中分为上下两个编辑区，上方代表左声道波形编辑区，下方代表右声道编辑区，在每一个编辑区的上方都有一条带有小方块的控制线，可以通过控制线调整声音的大小、淡出和淡入等。

三、操作题

1. 控制声道

（1）本案例将练习通过按钮控制声道，涉及的知识点包括元件的创建、代码的添加等。如图 9-45 所示为制作效果。

图 9-45

（2）操作思路：

Step01 打开本章素材文件，新建按钮元件并进行调整；

Step02 新建图层，导入元件；

Step03 调整画面效果；

Step04 添加脚本。

2. 制作黑客文字效果

（1）本案例将练习制作黑客文字效果，涉及的知识点包括遮罩动画的创建、文本的添加以及音频的导入。如图 9-46 所示为制作效果。

图 9-46

（2）操作思路：

Step01 新建空白文档，创建图层元件，输入文本；

Step02 制作移动效果，创建遮罩动画；

Step03 添加音频文件。

第10章 组件的应用

内容导读

组件用于帮助用户制作带有交互性的动画效果，如调查表、信息登记表等。组件的最大便利在于重复利用。本章将对组件的相关知识和应用进行详细介绍，通过本章的学习，可以帮助用户了解常见组件的应用方法与技巧。

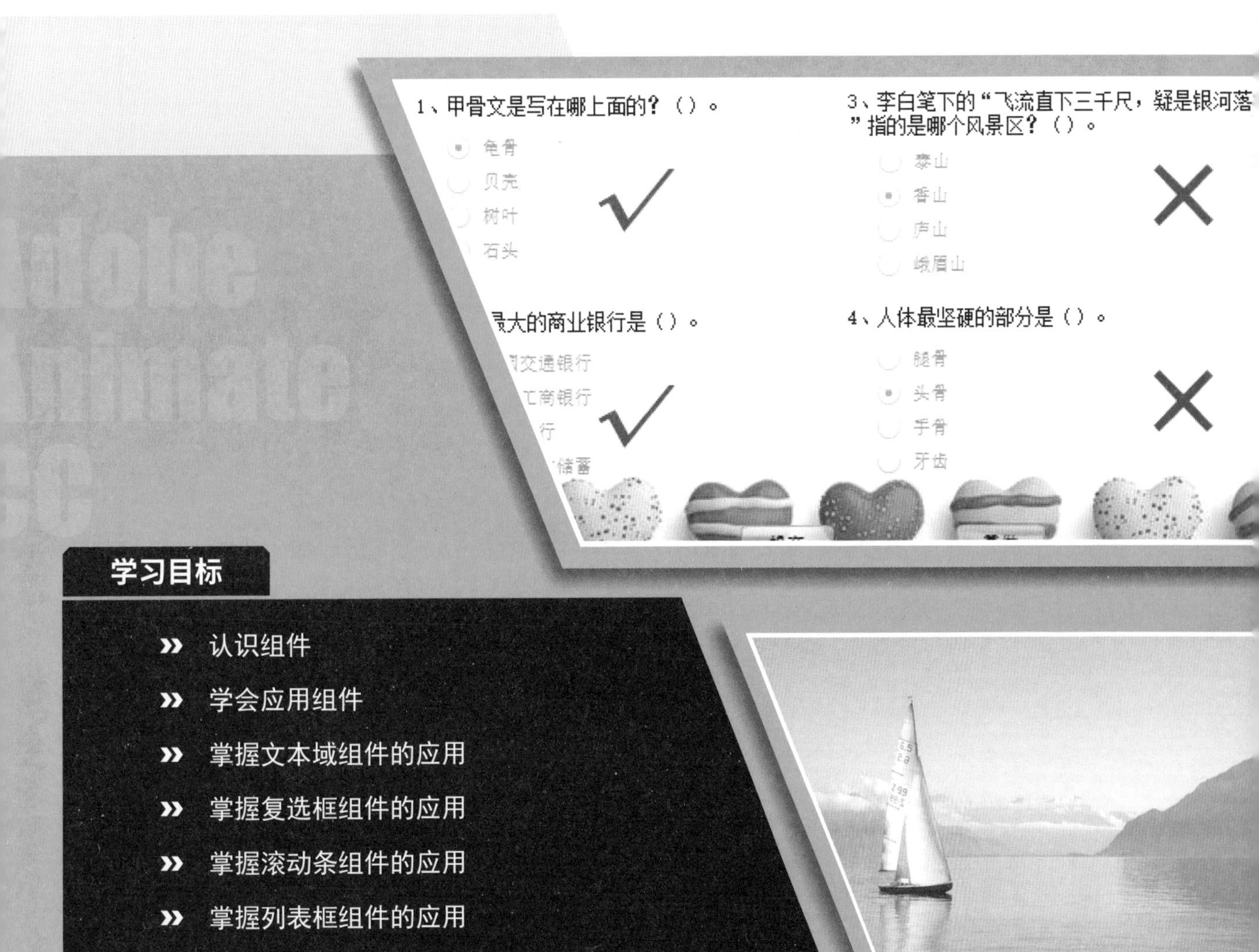

学习目标

- 认识组件
- 学会应用组件
- 掌握文本域组件的应用
- 掌握复选框组件的应用
- 掌握滚动条组件的应用
- 掌握列表框组件的应用

10.1 认识组件

ACAA课堂笔记

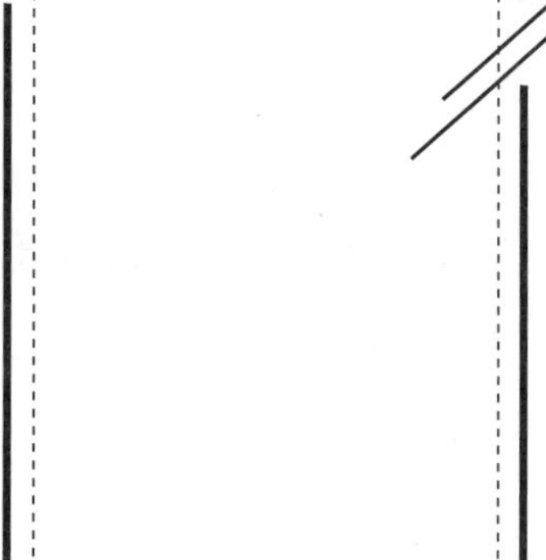

组件提供一种功能或一组相关的可重用自定义组件，通过组件，可以提高工作效率。比如单选按钮、复选框以及按钮等元素，都可以利用组件功能来实现。

10.1.1 组件的类型

组件可以将应用程序的设计过程和编码分开，简化编码过程，使设计人员可以通过更改组件的参数来自定义组件的大小、位置和行为。常用的组件包含 4 种类型，下面进行具体介绍。

1. 文本类组件

虽然 Animate 具有功能强大的文本工具，但是利用文本类组件可以更加快捷、方便地创建文本框，并且可以载入文档数据信息。在 Animate 中预置了 Lable、TextArea 和 TextInput 这 3 种常用的文本类组件，如图 10-1 所示为这 3 种组件的样式效果。

图 10-1

2. 列表类组件

Animate 根据不同的需求预置了不同方式的列表组件，包括 ComboBox、DataGrid 和 List 这 3 种列表类组件，便于用户直观地组织同类信息数据，方便选择。如图 10-2 所示为常见的列表类组件样式效果。

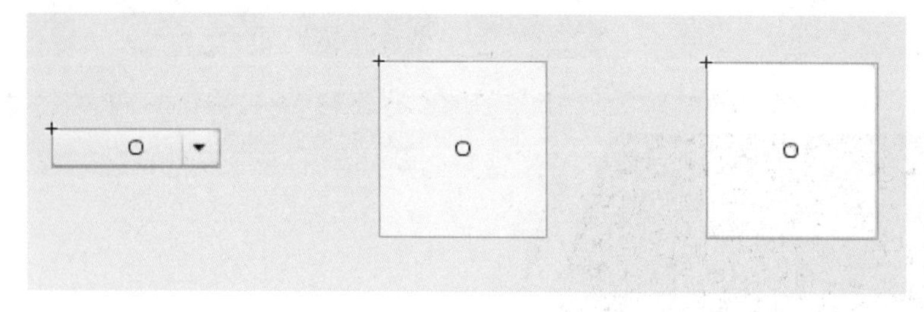

图 10-2

3. 选择类组件

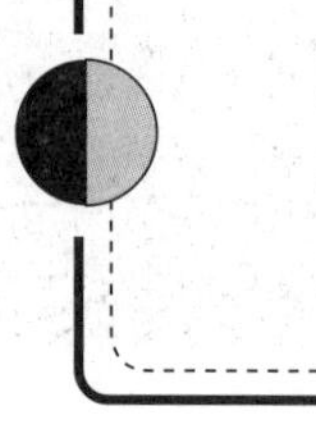

Animate 中预置了 Button、CheckBox、RadioButton 和 NumericStepper 这 4 种常用的选择类组件，便于用户制作一些用于网页的选择调查类文件。如图 10-3 所示为常见的选择类组件样式效果。

图 10-3

4. 窗口类组件

使用窗口类组件可以制作类似于 Windows 操作系统的窗口界面，如带有标题栏和滚动条的资源管理器、执行某一操作时弹出的警告提示对话框等。窗口类组件包括 ScrollPane、UIScrollBar 和 ProgressBar 等，样式效果如图 10-4 所示。

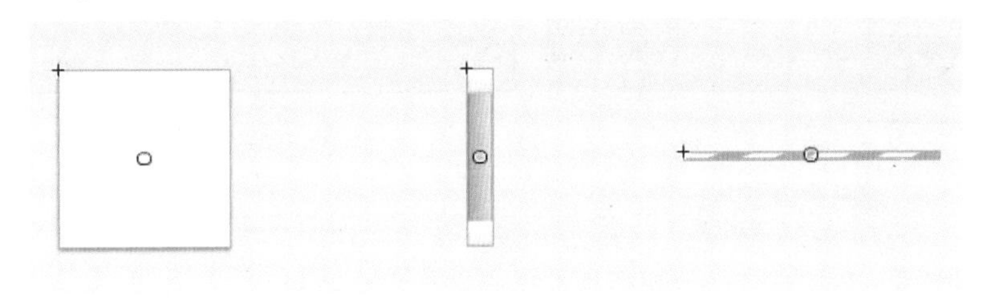

图 10-4

10.1.2 组件的应用

了解组件的基本知识后，接下来将对组件的添加、删除、预览等操作进行一一介绍。

1. 添加组件

组件的添加操作很简单，打开 Animate 软件，执行“窗口”|“组件”命令，打开“组件”面板，如图 10-5 所示。在“组件”面板中选择组件类型，双击或将其拖曳至“库”面板或舞台中，即可将其添加，如图 10-6 所示。

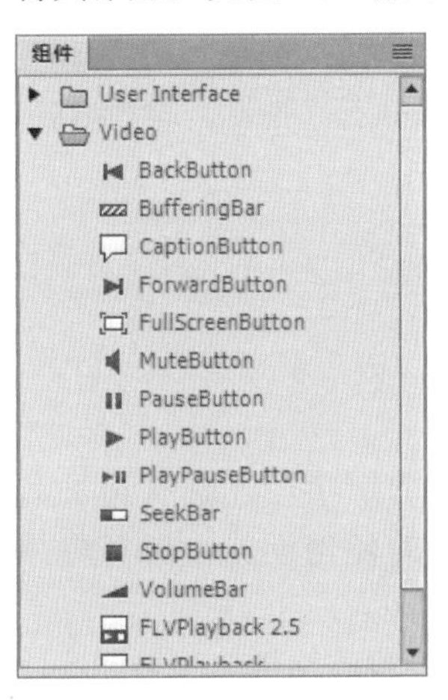

图 10-5

图 10-6

选中添加的组件，在“属性”面板中可以对其参数进行调整，

如图 10-7 所示。也可以单击“属性”面板中的“显示参数”按钮，打开“组件参数”面板进行设置，如图 10-8 所示。

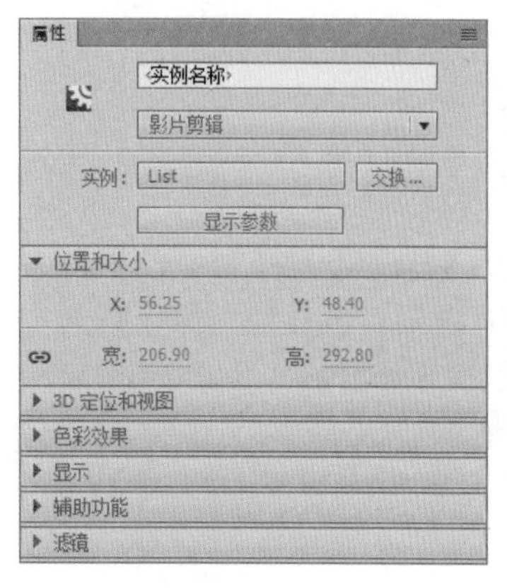

图 10-7

图 10-8

知识点拨

不同组件的“组件参数”面板也有所不同。

2. 删除组件

若对添加的组件不满意，想将其删除，可以在舞台中选中添加的组件实例，按 Delete 键，但这种方法仅可从舞台中删除实例，在编译时该组件依然包括在应用程序中。

若想彻底删除组件，可以用以下两种方法。

◎ 选中“库”面板中要删除的组件，右击鼠标，在弹出的快捷菜单中选择“删除”命令或者直接按 Delete 键。

◎ 在“库”面板中选中要删除的组件，单击“库”面板底部的“删除”按钮即可。

3. 预览组件

添加完组建后，按 Ctrl+Enter 组合键或执行“控制”|“测试”命令即可导出 SWF 影片进行测试。

10.2 文本域组件

文本域组件（Textarea）是一个多行文字字段，具有边框和选择性的滚动条。在需要多行文本字段的任何地方，都可使用 TextArea 组件。

打开“组件”面板，选择 Textarea 组件将其拖曳至舞台即可，效果如图 10-9 所示。在 Textarea 组件实例所对应的“属性”面板中调整组件参数，如图 10-10 所示。

ACAA课堂笔记

ACAA课堂笔记

图 10-9

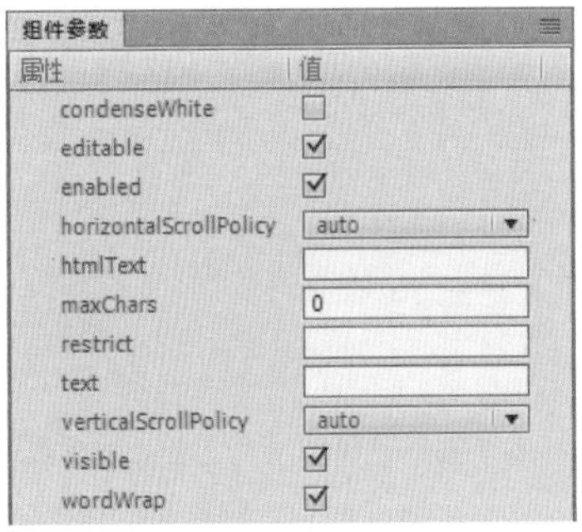

属性	值
condenseWhite	☐
editable	☑
enabled	☑
horizontalScrollPolicy	auto
htmlText	
maxChars	0
restrict	
text	
verticalScrollPolicy	auto
visible	☑
wordWrap	☑

图 10-10

该组件“属性”面板中各主要选项的含义介绍如下。

◎ editable：用于指示该字段是否可编辑。

◎ enabled：用于控制组件是否可用。

◎ horizontalScrollPolicy：用于指示水平滚动条是否打开。该值可以为“on”（显示）、“off”（不显示）或“auto”（自动），默认值为“auto”。

◎ maxChars：用于设置文本区域最多可以容纳的字符数。

◎ text：用于设置 Textarea 组件默认显示的文本内容。

◎ verticalScrollPolicy：用于指示垂直滚动条是否打开。该值可以为“on”（显示）、“off”（不显示）或“auto”（自动），默认值为“auto”。

◎ wordWrap：用于控制文本是否自动换行。

设置完成后，效果如图 10-11、图 10-12 所示。

图 10-11

图 10-12

10.3 复选框组件

复选框组件（CheckBox）是一个可以选中或取消选中的方框。通过该组件，可以同时选取多个项目。当它被选中后，框中会出现一个复选标记。用户可以为 CheckBox 添加一个文本标签，用以说明选项。

打开“组件”面板，选择 CheckBox 组件将其拖至舞台即可，效果如图 10-13 所示。在 CheckBox 组件实例所对应的“属性”面板中调整组件参数。如图 10-14 所示。

图 10-13

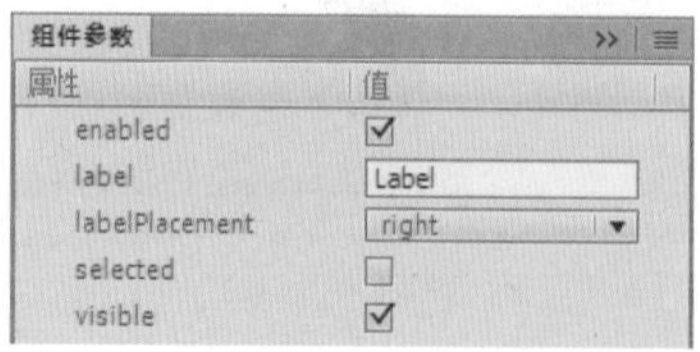

图 10-14

ACAA课堂笔记

该组件“属性”面板中各选项的含义介绍如下。

- ◎ enabled：用于控制组件是否可用。
- ◎ label：用于确定复选框旁边的显示内容。默认值是“Label”。
- ◎ labelPlacement：用于确定复选框上标签文本的方向。其中包括 4 个选项：“left”“right”“top”和“bottom”，默认值是“right”。
- ◎ selected：用于确定复选框的初始状态为选中或取消选中。被选中的复选框中会显示一个勾。
- ◎ visible：用于决定对象是否可见。

设置完成后，效果如图 10-15、图 10-16 所示。

图 10-15

图 10-16

10.4 滚动条组件

滚动条组件（Uiscrollbar）可以将滚动条添加到文本字段中。用户可以在创作时将滚动条添加到文本字段中，也可以使用 ActionScript 在运行时添加。

知识点拨

如果滚动条的长度小于其滚动箭头的加总尺寸，则滚动条将无法正确显示。如果调整滚动条的尺寸以至没有足够的空间留给滚动框（滑块），则 Animate 会使滚动框变为不可见。

ACAA课堂笔记

打开“组件”面板，选择 Uiscrollbar 组件将其拖曳至动态文本框中即可，效果如图 10-17 所示。在 Uiscrollbar 组件实例所对应的“属性”面板中调整组件参数，如图 10-18 所示。

图 10-17

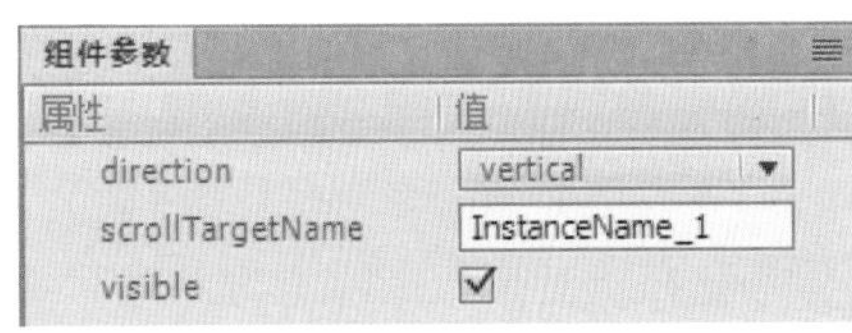

属性	值
direction	vertical
scrollTargetName	InstanceName_1
visible	☑

图 10-18

该组件“属性”面板中各选项的含义介绍如下。

◎ direction：用于选择 Uiscrollbar 组件方向是横向或纵向。

◎ scrollTargetName：用于设置滚动条的目标名称。

◎ visible：用于控制 Uiscrollbar 组件是否可见。

设置完成后，效果如图 10-19、图 10-20 所示。

图 10-19

图 10-20

知识点拨

使用 Uiscrollbar 组件时，需先制作一个动态文本框，再将该组件拖曳至动态文本框中使用。

实例：制作文章页面

本案例将练习制作文章页面，涉及的知识点包括 Uiscrollbar 组件的使用与编辑、文字工具的使用等。

Step01 新建空白文档，执行“文件”|“导入”|“导入到舞台”命令，导入本章素材文件，并调整至合适大小与位置，如图 10-21 所示。修改图层 1 名称为“背景”，并将其锁定。

Step02 在“背景”图层上方新建“矩形”图层，使用矩形工具▢绘制矩形，并将其转换为影片剪辑元件，在“属性”面板中设置 Alpha 值为 50%，效果如图 10-22 所示。

图 10-21

图 10-22

Step03 在“矩形”图层上方新建“文字”图层，使用文本工具T输入文字，如图 10-23 所示。

Step04 选中文本工具T，在“属性”面板中设置“文本类型”为“动态文本”，并设置字符参数，在舞台中绘制文本框，如图 10-24 所示。

图 10-23

图 10-24

Step05 选中绘制的文本框，在“属性”面板中设置实例名称为 txt，如图 10-25 所示。

Step06 执行“窗口”｜“组件”命令，打开“组件”面板，选择 Uiscrollbar 组件，将其拖曳至文本框中，如图 10-26 所示。

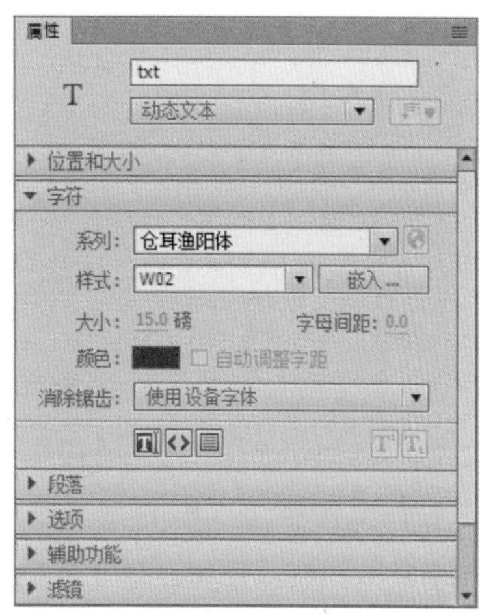

图 10-25

图 10-26

ACAA课堂笔记

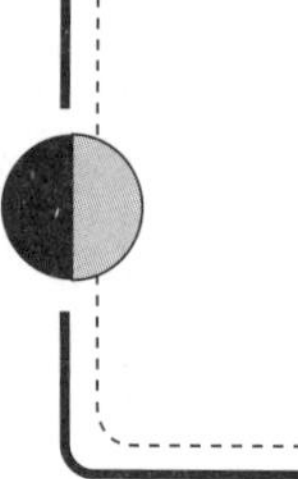

Step07 选中组件，在“属性”面板中单击“显示参数”按钮，打开“组件参数”面板进行设置，如图 10-27 所示。

Step08 在“文字”图层上方新建“动作”图层，选中第 1 帧右击鼠标，在弹出的快捷菜单中选择“动作”命令，打开“动作”面板添加代码，如图 10-28 所示。

知识点拨

此处完整代码如下：

```
txt.text =“金樽清酒斗十千，\r\r 玉盘珍羞直万钱。\r\r 停杯投箸不能食，\r\r 拔剑四顾心茫然。\r\r 欲渡黄河冰塞川，\r\r 将登太行雪满山。\r\r 闲来垂钓碧溪上，\r\r 忽复乘舟梦日边。\r\r 行路难，\r\r 行路难，\r\r 多歧路，\r\r 今安在？ \r\r 长风破浪会有时，\r\r 直挂云帆济沧海。”
```

图 10-27

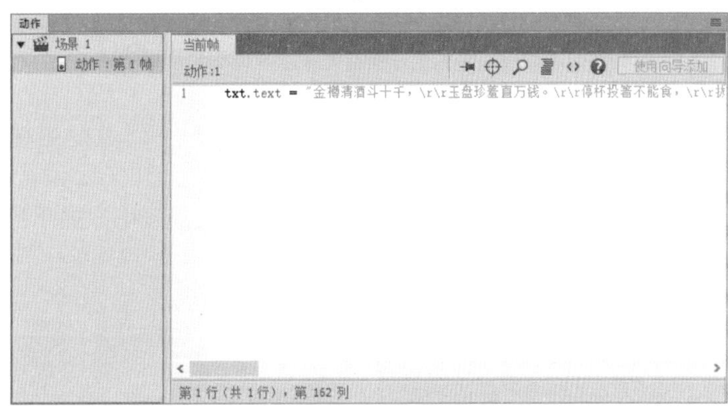

图 10-28

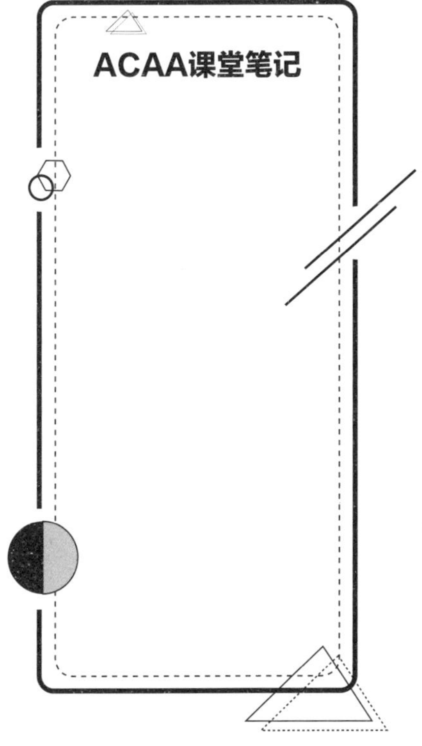

Step09 至此，完成文章页面的制作。按 Ctrl+Enter 组合键测试效果，如图 10-29、图 10-30 所示。

图 10-29

图 10-30

10.5 下拉列表框组件

下拉列表框组件（ComboBox）与对话框中的下拉列表框类似，单击右侧的下拉按钮即可弹出相应的下拉列表，根据需要选择即可。

打开“组件”面板，选择 ComboBox 组件将其拖曳至舞台，效果如图 10-31 所示。在 ComboBox 组件实例所对应的“属性”面板中调整组件参数。如图 10-32 所示。

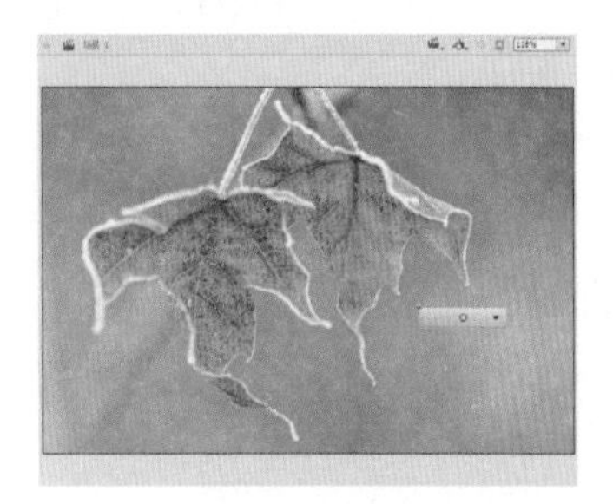

图 10-31

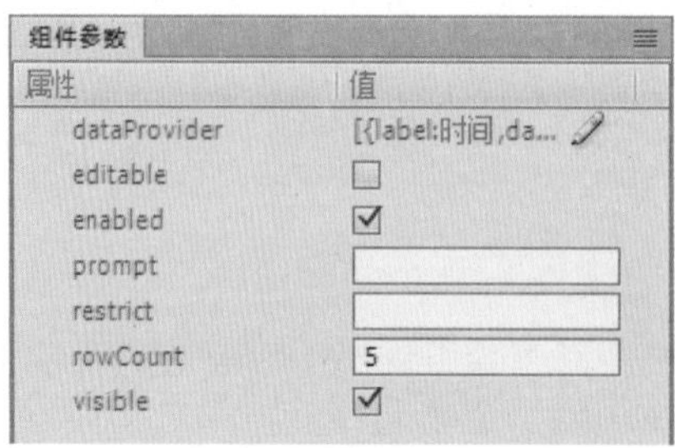

图 10-32

该组件“属性”面板中各主要选项的含义介绍如下。

◎ dataProvider：用于将一个数据值与 ComboBox 组件中的每个项目相关联。

◎ editable：用于决定用户是否可以在下拉列表框中输入文本。

◎ rowCount：用于确定在不使用滚动条时最多可以显示的项目数。默认值为 5。

设置完成后，效果如图 10-33、图 10-34 所示。

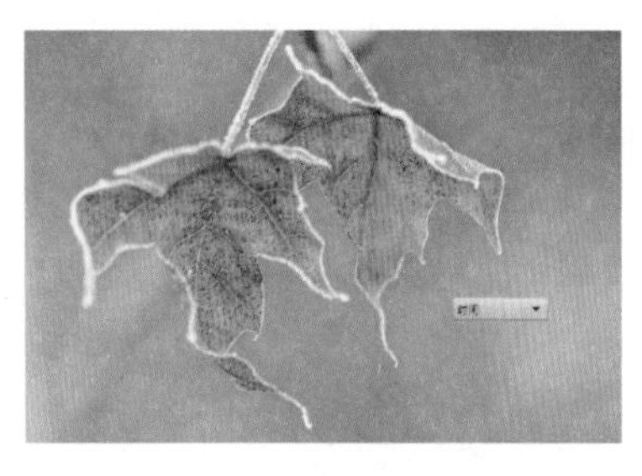

图 10-33

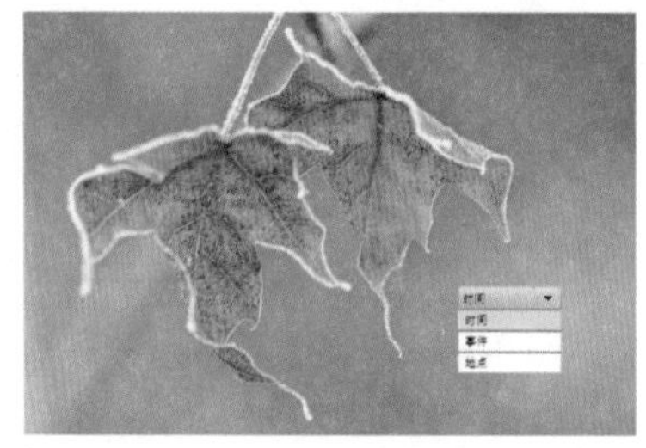

图 10-34

实例：制作读书调查表

本案例将练习制作读书调查表，涉及的知识点包括 ComboBox 组件的使用与编辑。

Step01 新建空白文档，执行“文件”|“导入”|“导入到舞台”命令，导入本章素材文件，并调整至合适大小与位置，如图 10-35 所示。修改图层 1 名称为“背景”，并将其锁定。

Step02 在“背景”图层上方新建“文字”图层，使用文本工具输入文字，在“属性”面板中设置参数，效果如图 10-36 所示。

ACAA课堂笔记

ACAA课堂笔记

图 10-35

图 10-36

Step03 使用相同的方法，继续输入文字，如图 10-37 所示。

Step04 执行“窗口”｜“组件”命令，打开“组件”面板，选择 ComboBox 组件，将其拖曳至舞台中合适位置，如图 10-38 所示。

图 10-37

图 10-38

Step05 选中导入的组件，单击“属性”面板中的“显示参数”按钮，打开“组件参数”面板，如图 10-39 所示

Step06 单击“组件”参数面板中的按钮，打开“值”对话框，单击按钮添加值并进行编辑，效果如图 10-40 所示。完成后单击“确定”按钮即可。

图 10-39

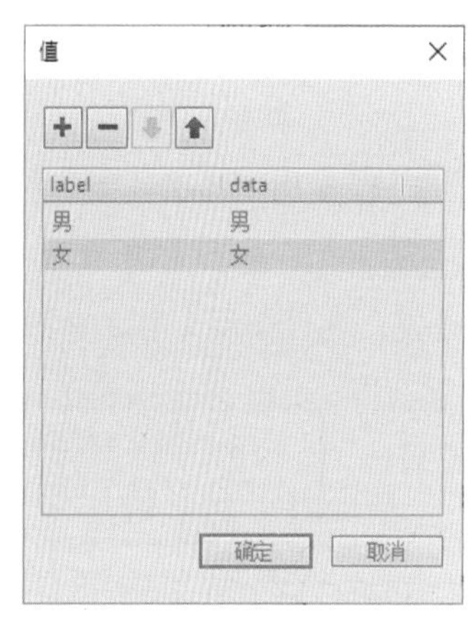

图 10-40

Step07 使用相同的方法，设置其他选项，如图 10-41 所示。

Step08 至此，完成读书调查表的制作。按 Ctrl+Enter 组合键测试，效果如图 10-42 所示。

图 10-41

图 10-42

10.6 课堂实战：制作公司信息登记表

本案例将练习制作一份某公司个人信息登记表，涉及的知识点包括创建文本、绘制图形、添加代码以及组件的使用与编辑。

Step01 新建空白文档，执行“文件”｜“导入”｜“导入到舞台”命令，导入本章素材文件，并调整至合适大小与位置，如图 10-43 所示。修改图层 1 名称为“背景”，并将其锁定。

Step02 在“背景”图层上方新建“调查”图层，使用文本工具输入文字，在“属性”面板中设置参数，效果如图 10-44 所示。

图 10-43

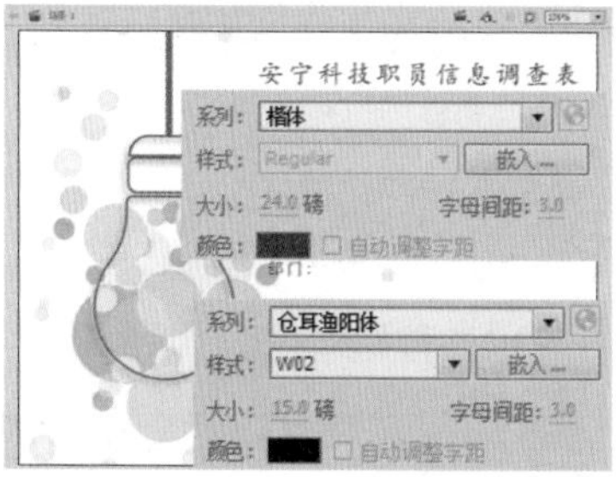

图 10-44

Step03 使用矩形工具绘制矩形，如图 10-45 所示。

Step04 在“调查”图层和“背景”图层的第 2 帧按 F6 键插入关键帧，设置“调查图层”第 2 帧舞台效果，如图 10-46 所示。

图 10-45

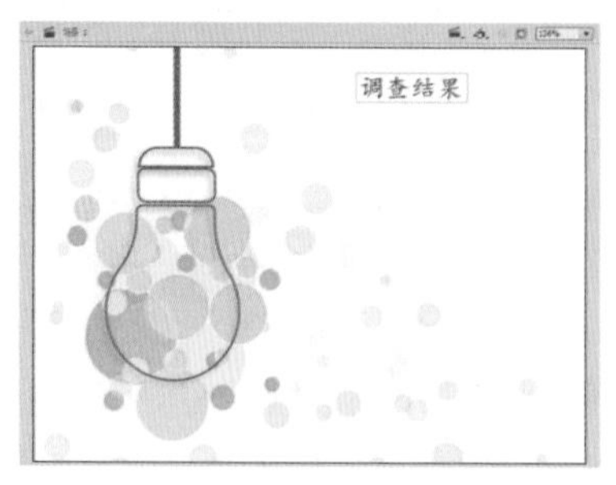

图 10-46

ACAA课堂笔记

ACAA课堂笔记

Step05 在“调查”图层上方新建“组件”图层，在“组件”面板中选择 TextInput 组件并拖曳至舞台中合适位置，如图 10-47 所示。

Step06 选中组件，在“属性”面板中设置实例名称为 _name，单击“显示参数”按钮，打开“组件参数”面板设置参数，如图 10-48 所示。

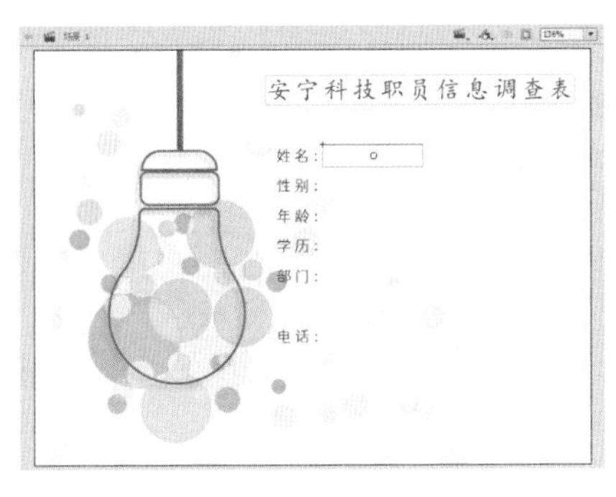

图 10-47

图 10-48

Step07 在“组件”面板中选择 RadioButton 组件拖曳至“性别”右侧，重复一次，如图 10-49 所示。

Step08 选中左侧的 RadioButton 组件，在“属性”面板中设置实例名称为 _boy，在“组件参数”面板中设置参数，如图 10-50 所示。

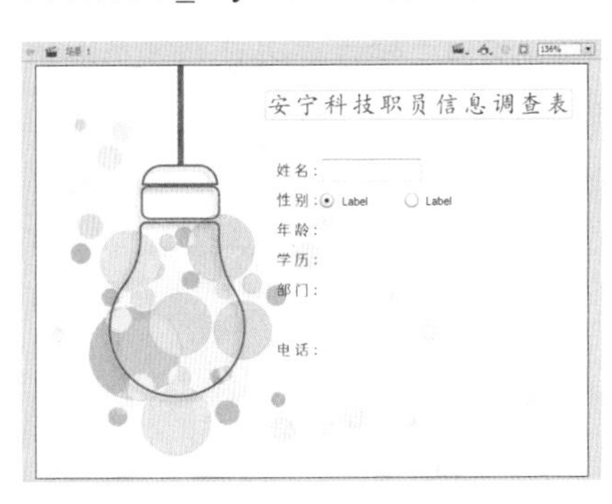

图 10-49

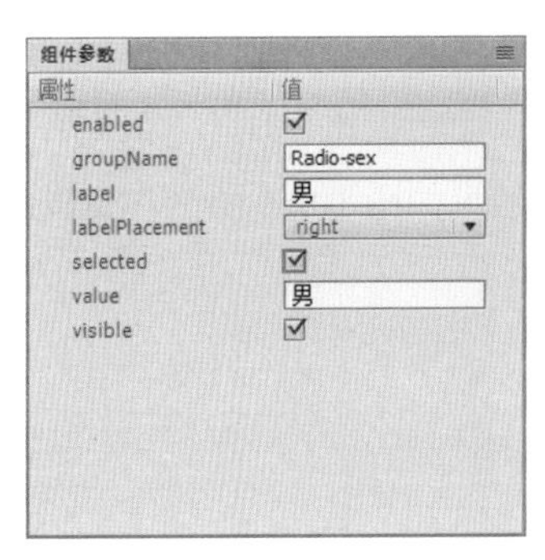

图 10-50

Step09 使用相同的方法，选中右侧的 RadioButton 组件，设置其实例名称为 _girl，并在“组件参数”面板中设置参数，如图 10-51 所示。

Step10 完成后效果如图 10-52 所示。

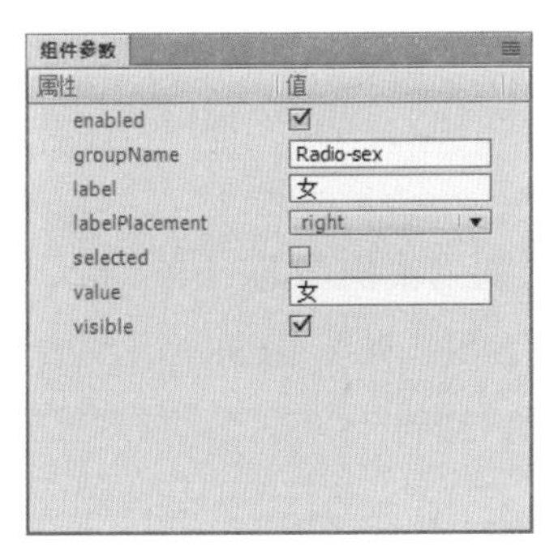

图 10-51

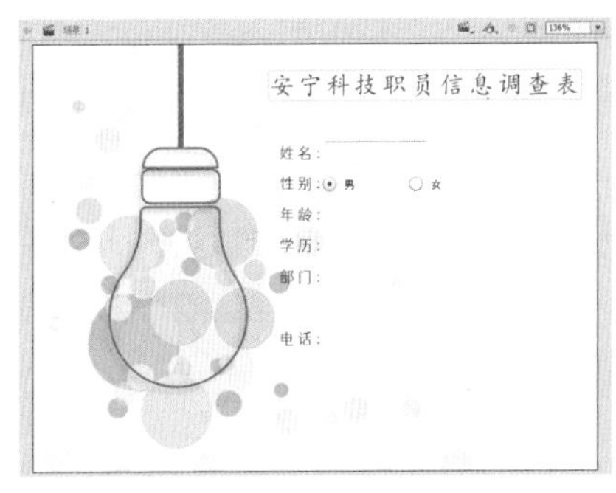

图 10-52

Step11 在“组件”面板中选择 TextInput 组件拖曳至舞台中合适位置，如图 10-53 所示。

Step12 选中组件，在“属性”面板中设置实例名称为 _age，单击“显示参数”按钮，打开“组件参数”面板设置参数，如图 10-54 所示。

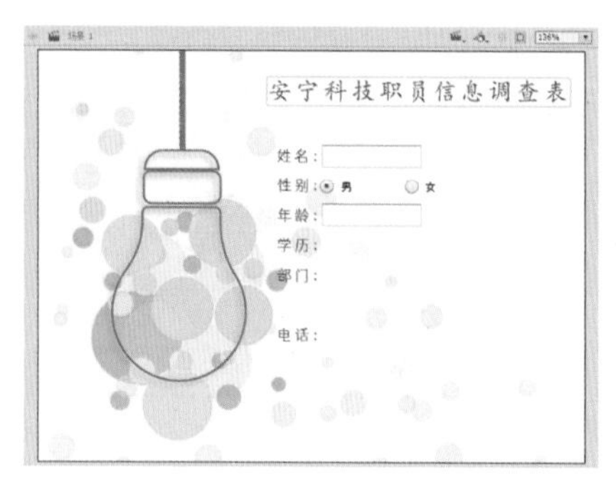

图 10-53

图 10-54

Step13 选择“组件”面板中的 ComboBox 组件拖曳至舞台中，如图 10-55 所示。

Step14 选中组件，在“属性”面板中设置实例名称为 _xueli，单击“显示参数”按钮，打开“组件参数”面板，单击“组件”参数面板中的按钮，打开“值”对话框，单击按钮添加值并进行编辑，效果如图 10-56 所示。完成后单击“确定”按钮即可。

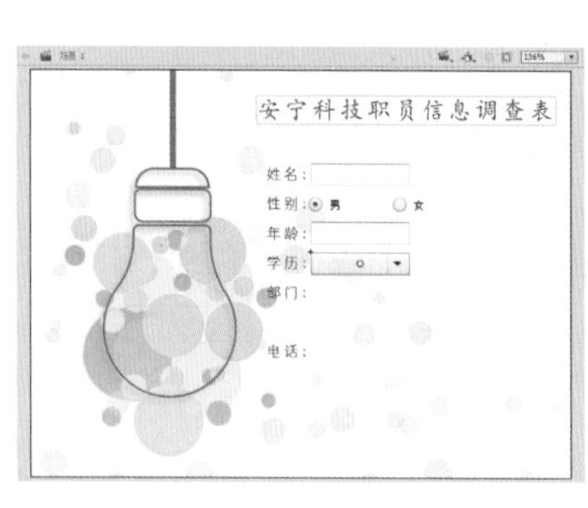

图 10-55

图 10-56

Step15 在“组件”面板中选择 RadioButton 组件拖曳至“部门”下方，重复三次，如图 10-57 所示。

Step16 在“属性”面板中从左至右依次为实例命名 _b1、_b2、_b3、_b4，在“组件参数”面板中设置参数，如图 10-58 所示为左侧第一个的“组件参数”设置面板。

ACAA课堂笔记

ACAA课堂笔记

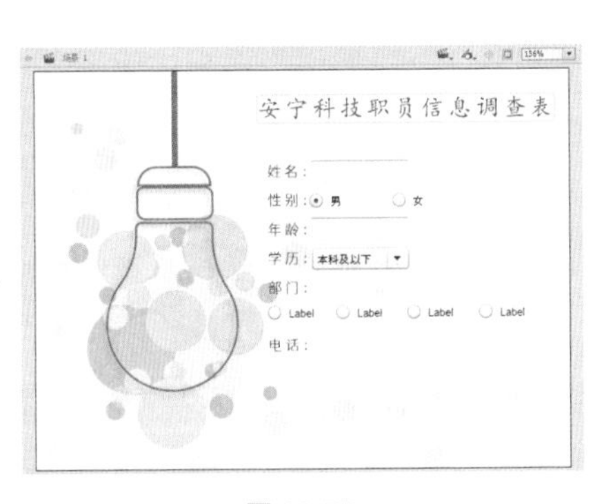

图 10-57

图 10-58

Step17 其余 3 个仅修改 label 值和 value 值，取消勾选 selected 复选框，效果如图 10-59 所示。

Step18 使用相同的方法，在“电话”右侧添加 TextInput 组件，在“属性”面板中设置实例名称为 _phone，在“组件参数”面板中设置参数，如图 10-60 所示。

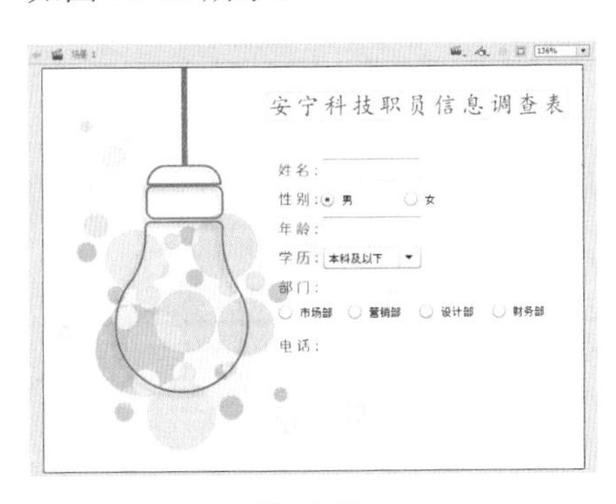

图 10-59

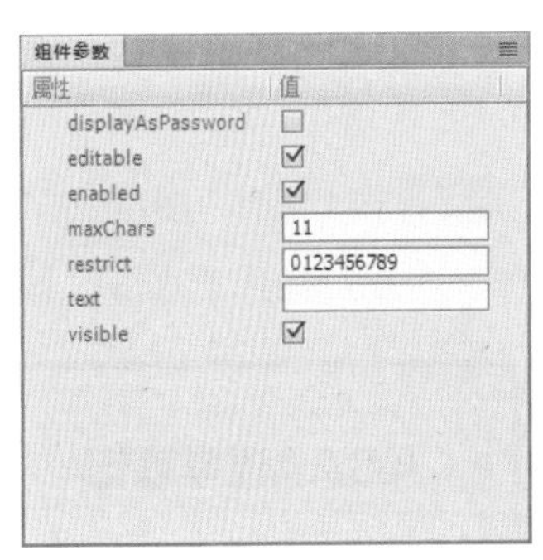

图 10-60

Step19 在页面最下方添加 Button 组件，在“属性”面板中设置实例名称为 _tijiao，在“组件参数”面板中设置参数，如图 10-61 所示。

Step20 在“组件”图层第 2 帧按 F7 键插入空白关键帧，选中该帧，将 ScrollPane 组件和 Button 组件至舞台中合适位置，如图 10-62 所示。

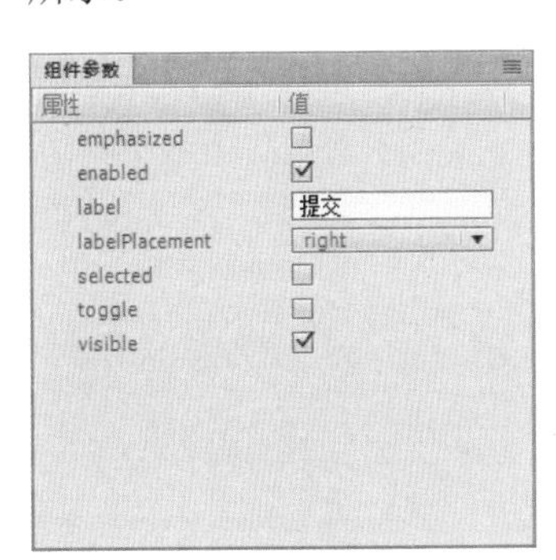

图 10-61

图 10-62

Step21 选中舞台中的 ScrollPane 组件，在“属性”面板中设置其实例名为 _jieguo，使用文本工具在该组件上绘制文本框，在“属性”面板中设置实例名称为 _result，并设置字体字号等参数，如图 10-63 所示。

Step22 选中 Button 组件，在“属性”面板中设置实例名称为 _back，在“组件参数”面板中设置参数，如图 10-64 所示。

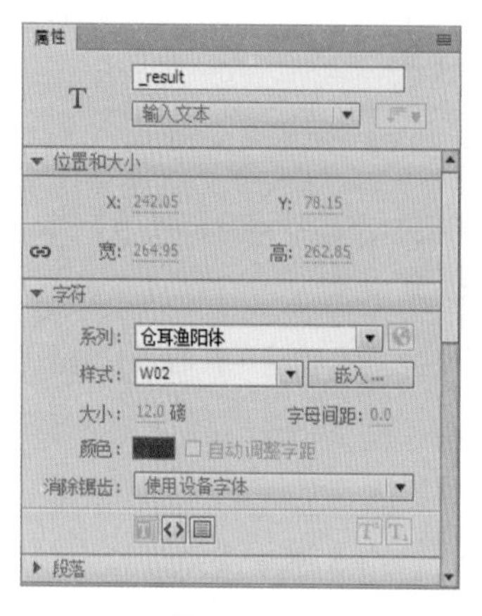

图 10-63

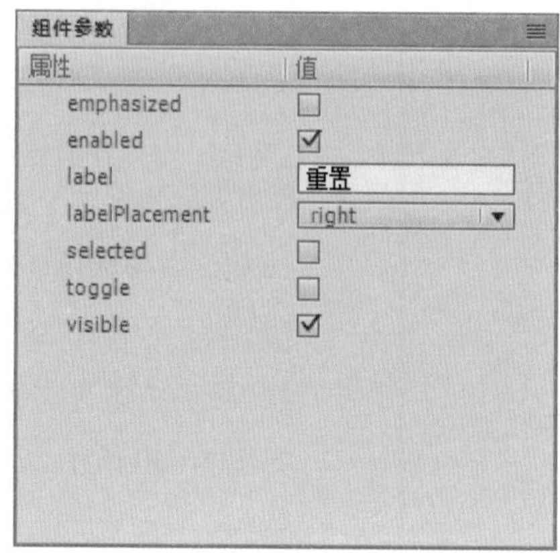

图 10-64

Step23 在“组件”图层上方新建“动作”图层，选中第 1 帧，右击鼠标，在弹出的快捷菜单中选择“动作”命令，打开“动作”面板，输入代码。

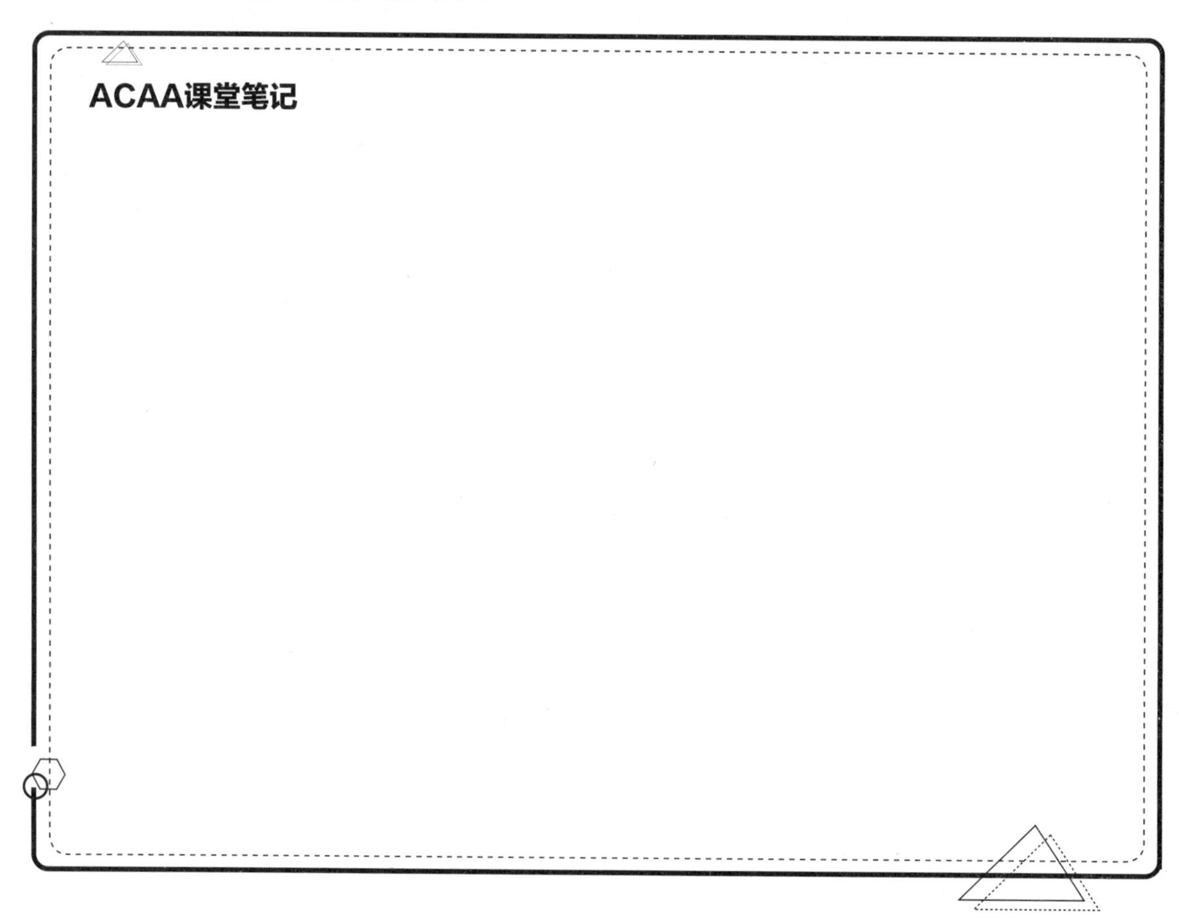

知识点拨

此处完整代码如下：

```
stop();
var temp:String = “”;
var bm:String = “市场部";
var type:String = “”;
// 部门
function clickHandler2(event:MouseEvent):void
{
	bm = event.currentTarget.label;
}
_b1.addEventListener(MouseEvent.CLICK, clickHandler2);
_b2.addEventListener(MouseEvent.CLICK, clickHandler2);
_b3.addEventListener(MouseEvent.CLICK, clickHandler2);
_b4.addEventListener(MouseEvent.CLICK, clickHandler2);
function _tijiaoclickHandler(event:MouseEvent):void
{
	// 取得当前的数据
	temp = “姓名：” + _name.text + “\r\r 性别：”;
	if (_girl.selected)
	{
		temp += _girl.value;
	}
	else if (_boy.selected)
	{
		temp += _boy.value;
	}
	temp += “\r\r 年龄：” + _age.text + “\r\r 学历：” + _xueli.selectedItem.data + “\r\r 部门：”
+ bm;
	temp += “\r\r 电话” + _phone.text;
	// 跳转
	this.gotoAndStop(2);
}
_tijiao.addEventListener(MouseEvent.CLICK, _tijiaoclickHandler);
```

Step24 在“动作”图层的第 2 帧按 F7 键插入空白关键帧，在“动作”面板中输入代码。

知识点拨

此处完整代码如下：

```
_result.text = temp;
stop();
function _backclickHandler(event:MouseEvent):void
{
	gotoAndStop(1);
}
_back.addEventListener(MouseEvent.CLICK, _backclickHandler);
```

Step25 至此，就完成公司信息调查表的制作。按 Ctrl+Enter 组合键测试，效果如图 10-65、图 10-66 所示。

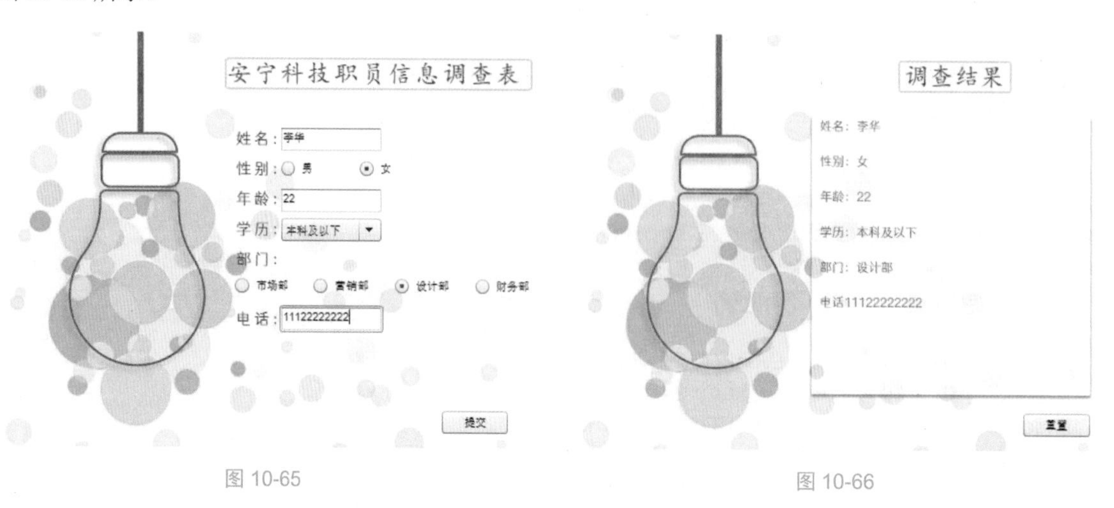

图 10-65　　　　图 10-66

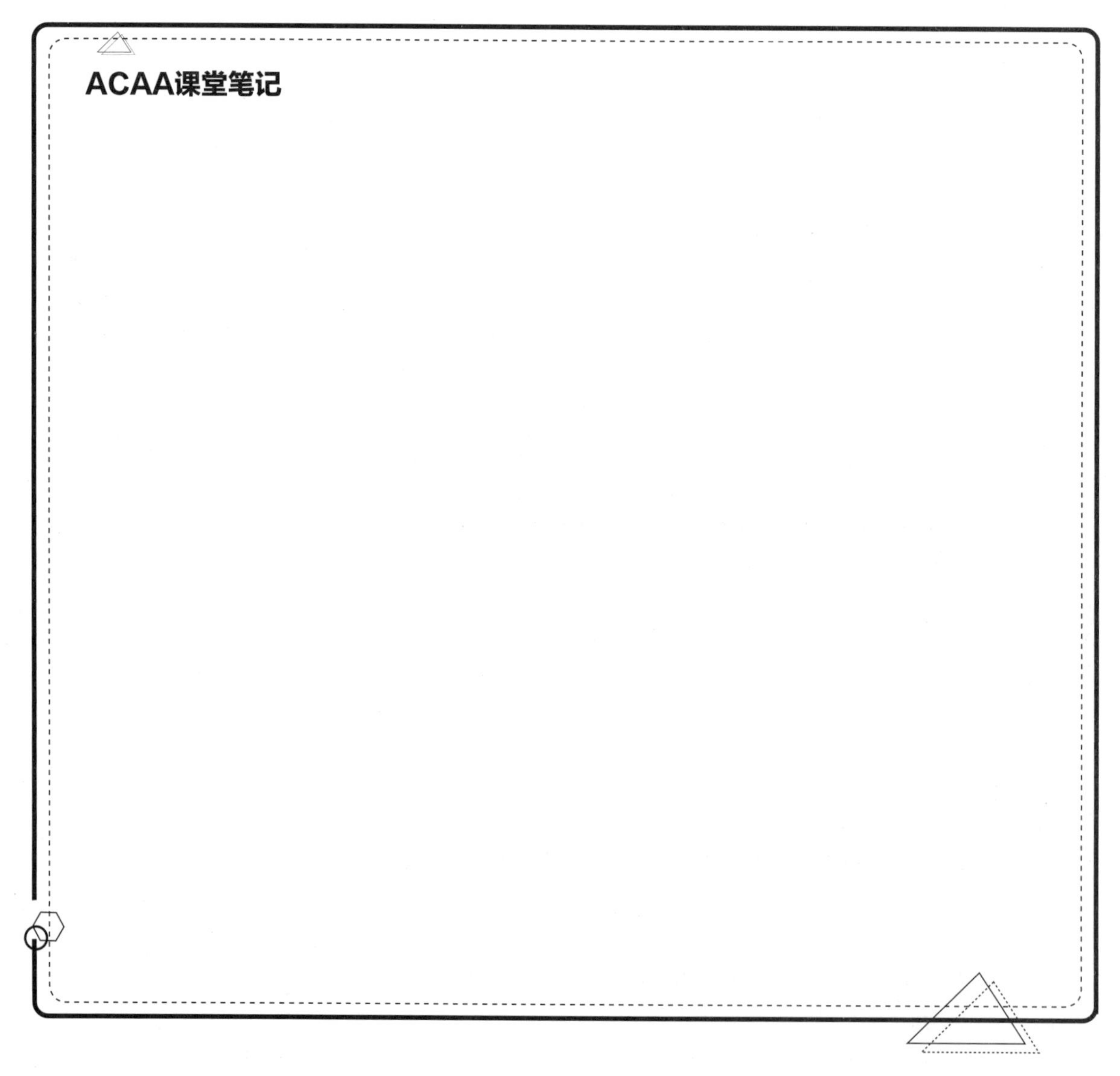

10.7 课后练习

一、选择题

1. 以下（　　）不属于列表类组件。

A. ComboBox　　B. TextArea

C. DataGrid　　D. List

2. Textarea 组件中控制该字段是否可编辑的选项是（　　）。

A. editable　　B. maxChars

C. enabled　　D. text

3. Uiscrollbar 组件是一种（　　）组件。

A. 选择类　　B. 文本类

C. 列表类　　D. 窗口类

二、填空题

1. 常见的选择类组件有 _________、CheckBox、_________ 和 NumericStepper 这 4 种。

2. _________ 组件可以创建下拉列表框。

3. _________ 选项可以确定 ComboBox 组件在不使用滚动条时最多可以显示的项目数。

三、操作题

1. 制作趣味选择题效果

（1）本案例将练习制作趣味选择题，涉及的知识点主要包括 RadioButton 组件的应用。制作完成后效果如图 10-67、图 10-68 所示。

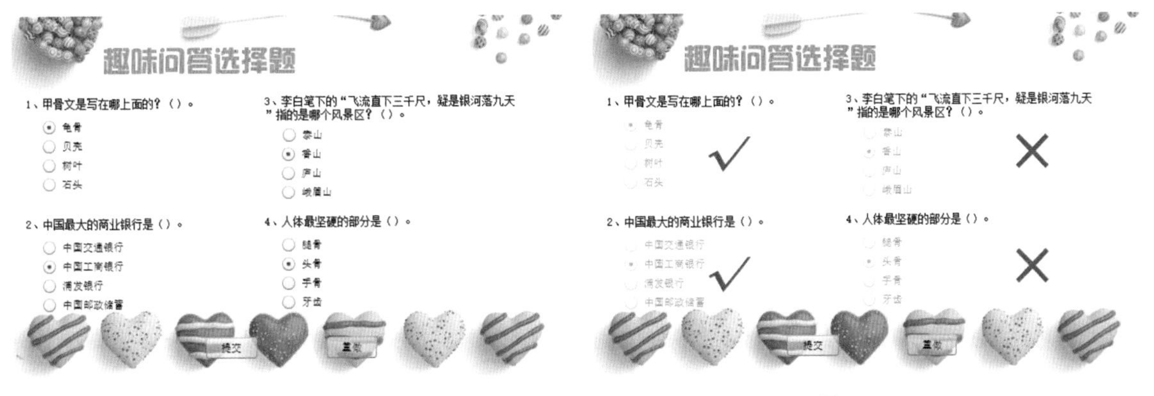

图 10-67　　图 10-68

（2）操作思路：

Step01 新建文件，导入背景，添加文字；

Step02 添加组件并进行设置；

Step03 添加代码。

2. 制作个人信息卡

（1）本案例将练习制作个人信息卡，涉及的知识点主要包括 ComboBox 组件的应用。制作完成后效果如图 10-69、图 10-70 所示。

图 10-69

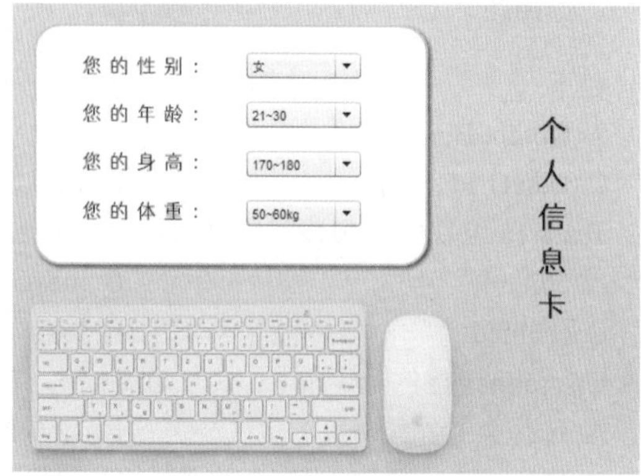

图 10-70

（2）操作思路：

Step01 新建空白文档，导入素材文件；

Step02 添加文本信息，绘制矩形，创建元件；

Step03 添加组件并设置。

第11章 绘制卡通人物

内容导读

在使用 Animate 软件制作动画时，常常会使用其中的绘图工具绘制合适的动画素材，以达到需要的效果。本章将针对人物图像的绘制进行介绍，通过本章的学习，可以帮助读者回顾绘图工具的使用。

学习目标

- 熟悉矢量图形的绘制
- 熟练填充工具的应用
- 熟练颜色面板的使用

11.1 设计解析

在绘制人物之前，需要先构思人物的神态、服装、动作、场景等元素，从而使整体构思合理，不脱离实际。

11.1.1 设计思想

本案例将练习绘制写实儿童。儿童代表了天真烂漫，绚丽自然，在绘制时，可以选择比较卡通的颜色，如粉紫色、天蓝色、黄色等；绘制完成人物后，可以添加一些儿童玩具，如气泡等，增加整体图像的趣味性。

11.1.2 制作手法

本案例将练习绘制人物。主要用到的工具包括钢笔工具、画笔工具、椭圆工具、颜料桶工具等。在绘制时，可以先使用钢笔工具绘制人物大体轮廓，再使用画笔工具添加细节，最后制作装饰物部分，调整图层顺序。

11.2 卡通人物绘制过程

绘制卡通人物的具体过程介绍如下。

Step01 打开 Animate 软件，新建一个 550 像素 ×400 像素的文档，如图 11-1 所示。

Step02 双击图层 1 名称部分，修改其名称为“头和五官”，使用钢笔工具绘制头部轮廓，并在“属性”面板中设置其填充色，效果如图 11-2 所示。

图 11-1

图 11-2

知识点拨

绘制图形对象后，按 Ctrl+G 组合键可将其组合。

Step03 继续使用钢笔工具绘制人物眼睛和高光，并使用画笔工具绘制眉毛，效果如图 11-3 所示。

Step04 使用相同的方法，继续绘制面部细节，效果如图 11-4 所示。

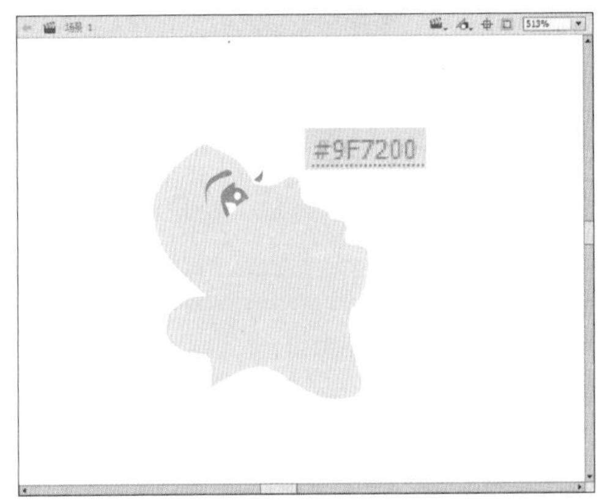

图 11-3

图 11-4

Step05 单击“时间轴”面板中的“新建图层”按钮，新建图层，并修改其名称为“头发”，使用钢笔工具绘制头发并填充，填充色与眉毛颜色一致，效果如图 11-5 所示。

Step06 使用画笔工具绘制头发高光，效果如图 11-6 所示。

图 11-5

图 11-6

Step07 在“头和五官”图层下方新建“上衣”图层，使用钢笔工具绘制上衣并进行填充，效果如图 11-7 所示。

Step08 在“上衣”图层上方新建“上衣褶皱”图层，并使用画笔工具绘制衣物褶皱，如图 11-8 所示。

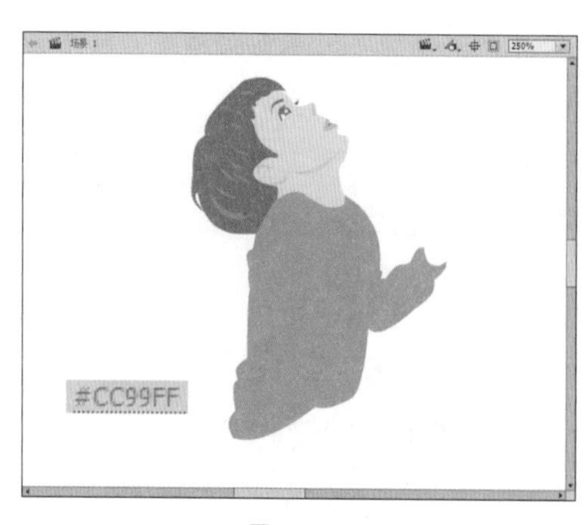

图 11-7

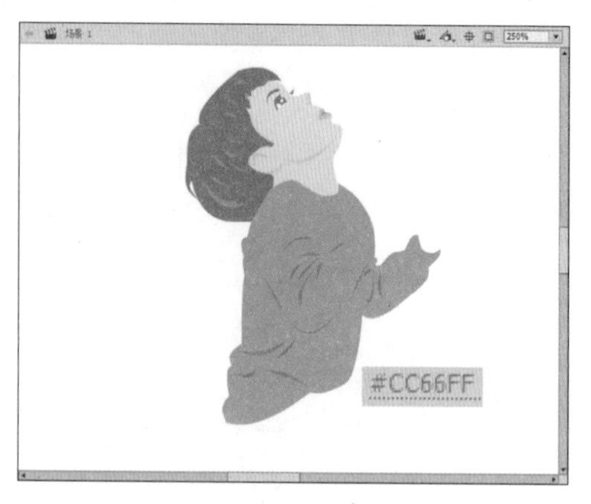

图 11-8

Step09 在“上衣褶皱”图层上方新建“领口袖口”图层，使用画笔工具绘制领口袖口并调整，效果如图 11-9 所示。

Step10 在“领口袖口”图层上方新建“条纹”图层，使用画笔工具绘制白色条纹，如图 11-10 所示。

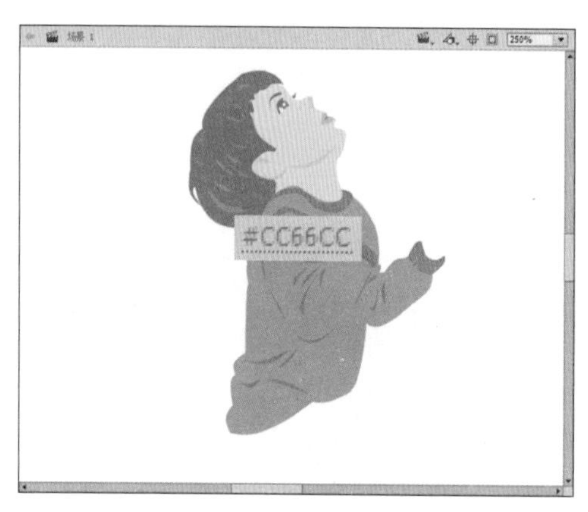

图 11-9

图 11-10

Step11 新建“双手”图层，使用钢笔工具绘制手部，使用画笔工具绘制手部阴影，效果如图 11-11 所示。

Step12 在“上衣”图层下方新建“裤子”图层，使用钢笔工具”绘制裤子，效果如图 11-12 所示。

图 11-11

图 11-12

Step13 在“裤子”图层上方新建“裤子褶皱”图层，并使用铅笔工具绘制裤子褶皱，效果如图11-13所示。

Step14 在“裤子”图层下方新建“鞋子”图层，并使用钢笔工具绘制鞋子，效果如图11-14所示。

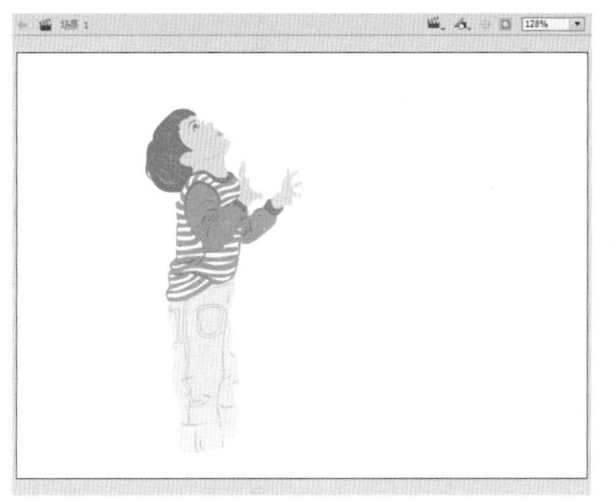

图 11-13

图 11-14

Step15 使用相同的方法，在“头发”图层上方新建“小孩2”图层，并绘制小孩，如图11-15所示。

Step16 在“小孩2”图层上方新建“气泡”图层，使用椭圆工具绘制40×40的正圆，如图11-16所示。

图 11-15

图 11-16

ACAA课堂笔记

Step17 选中绘制的正圆，执行“窗口”|“颜色”命令，打开“颜色”面板设置径向渐变，如图 11-17 所示。

Step18 设置后效果如图 11-18 所示。

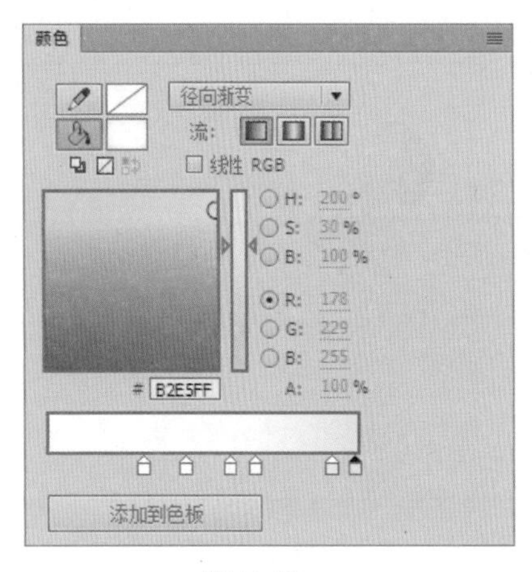

图 11-17

图 11-18

Step19 选中绘制的正圆，按住 Alt 键拖曳复制，并调整至合适大小与位置，如图 11-19 所示。

图 11-19

至此，完成人物的绘制。

第12章 制作片头动画

内容导读

随着互联网的普及与发展，用户浏览各种网站的机会也大大增加。在进入网站时，首先注意到的就是网站的片头，优秀的网站片头可以吸引观众的注意，增加网站的点击量。本章对此进行介绍。

学习目标

- 熟悉图形的绘制
- 学会处理位图图像
- 掌握元件的创建
- 熟练运用补间动画
- 学会应用动作

设计解析

在制作景点片头之前，需要先对该景点有所了解，从而制作出与景点契合的片头，使其与网站更加和谐。

12.1.1 设计思想

本次练习将为四川峨眉山设计网站片头。峨眉山作为中国名山之一，风景秀丽，素有“峨眉天下秀”之称，在制作片头的过程中，可以为其添加中国风元素，使整体设计偏古风；增加烟雾遮罩效果，使其更具古风韵味。

12.1.2 制作手法

本案例主要涉及的知识点包括背景图案的制作与添加、形状补间动画的制作、脚本代码的添加等。在制作景点片头时，可以先制作背景图像，奠定片头基调；然后通过制作按钮、补间动画等，丰富片头效果；添加音频文件，增加片头感染力；最后添加代码，使片头在需要的地方停止。

片头动画制作过程

下面将对景点片头动画的制作过程进行详细介绍。

Step01 打开 Animate 软件，新建一个 900 像素 ×700 像素的空白文档，设置 FPS 值为 12。执行“文件”|“导入”|“导入到库”命令，导入本章素材文件，如图 12-1 所示。

Step02 按 Ctrl+F8 组合键新建影片剪辑元件 sprite 1，将“库”面板中的“image1.jpg”拖曳至舞台中，将其选中并按 Ctrl+B 组合键分离，然后对图片大小进行修剪，如图 12-2 所示。

图 12-1

图 12-2

Step03 使用相同的方法，新建按钮元件 button1，进入其编辑模式，绘制图形，如图 12-3 所示。在第 2 帧按 F6 键插入关键帧，将图形缩小，在第 4 帧按 F5 键插入普通帧。

Step04 在按钮元件编辑模式下，新建图层 2，使用文本工具输入文字，如图 12-4 所示。将其转换为图形元件 text1，在第 4 帧按 F5 键插入普通帧。

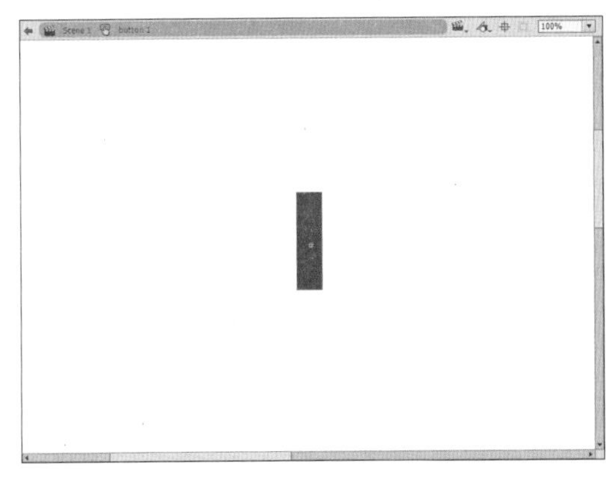

图 12-3

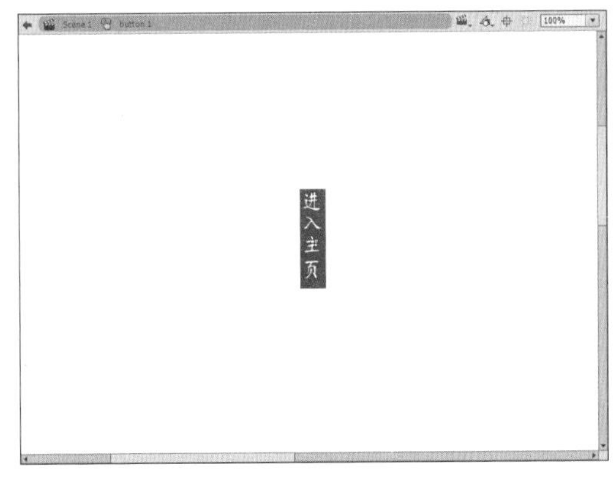

图 12-4

Step05 切换至场景 1，在图层 1 的第 15 帧按 F6 键插入关键帧，将元件 sprite 1 拖曳至舞台中，并在“属性”面板中设置 Alpha 值为 0，如图 12-5 所示。

Step06 在图层 1 的第 21 帧插入关键帧，选中舞台中的元件，设置 Alpha 值为 60%，如图 12-6 所示。

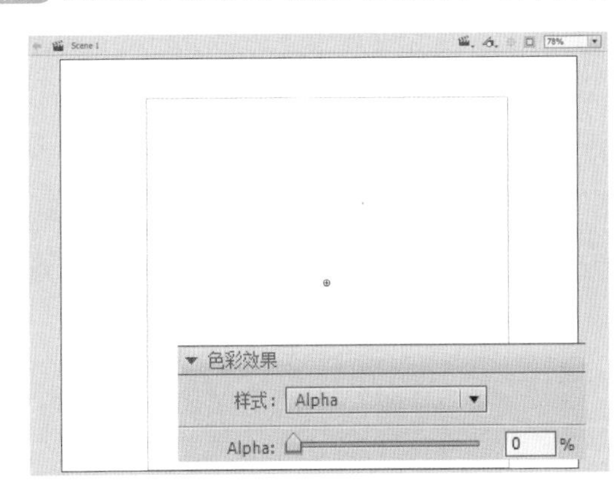

图 12-5

图 12-6

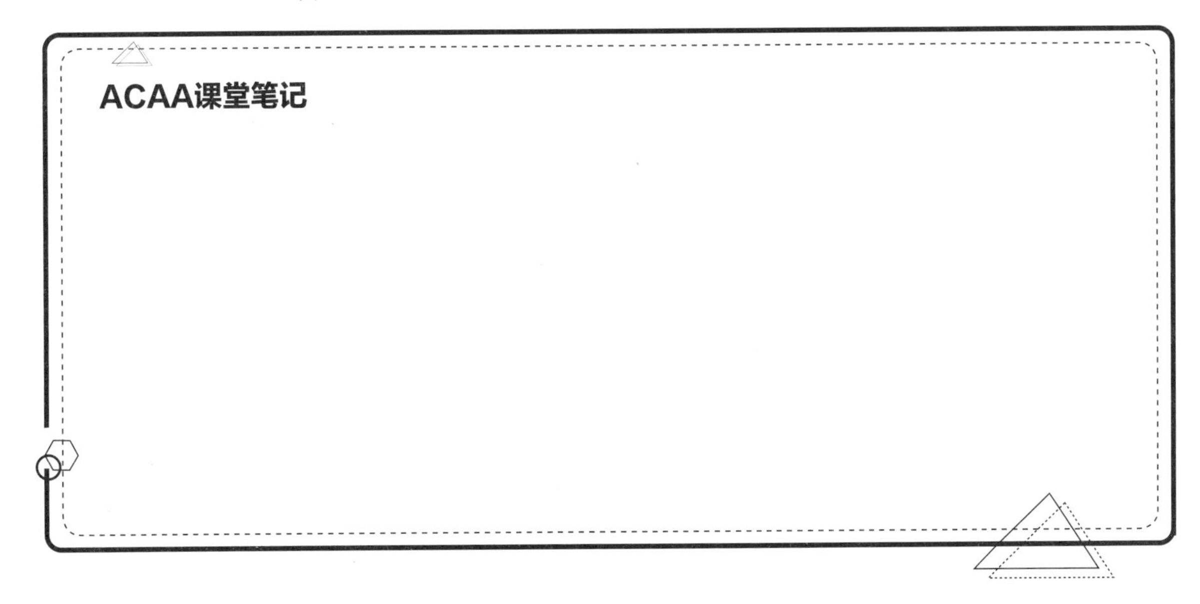

Step07 在第 23 帧插入关键帧，取消样式效果。选中第 15 ～ 21 帧、第 21 ～ 23 帧之间的任意帧，右击鼠标，在弹出的快捷菜单中选择“创建传统补间”命令，制作补间动画，如图 12-7 所示。在第 100 帧按 F6 键插入关键帧。

Step08 在图层 1 上方新建图层 2，在第 15 帧按 F6 键插入关键帧，使用矩形工具绘制矩形，如图 12-8 所示。

图 12-7

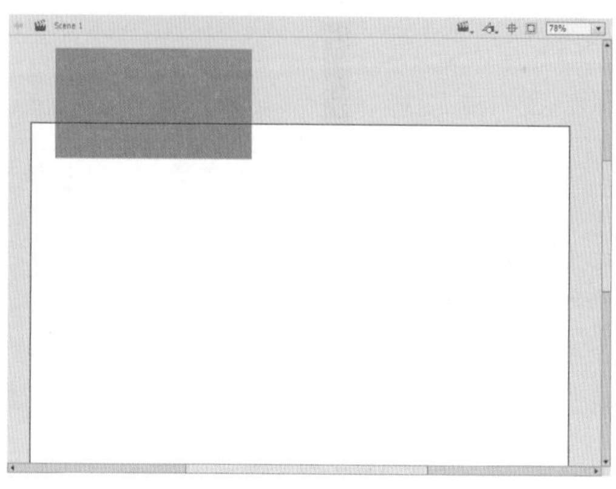

图 12-8

Step09 在图层 2 第 21 帧插入关键帧，拖曳矩形使其变形，如图 12-9 所示。在第 15 ～ 21 帧之间创建形状补间动画。

Step10 使用相同的方法，在第 22 帧、27 帧、28 帧、32 帧、33 帧、37 帧、38 帧、45 帧、46 帧、54 帧、55 帧、64 帧、65 帧、74 帧插入关键帧，并变形形状，使其逐渐覆盖图层 1 中的对象，如图 12-10 所示为第 74 帧的形状。在第 22 ～ 27 帧、28 ～ 32 帧、33 ～ 37 帧、38 ～ 45 帧、46 ～ 54 帧、55 ～ 64 帧、65-74 帧之间创建形状补间动画。

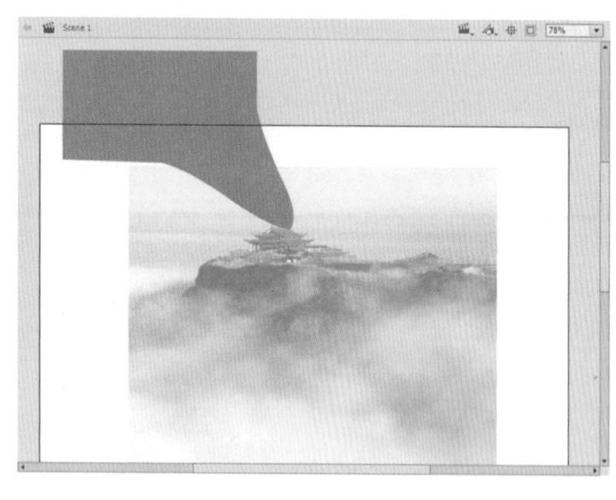

图 12-9

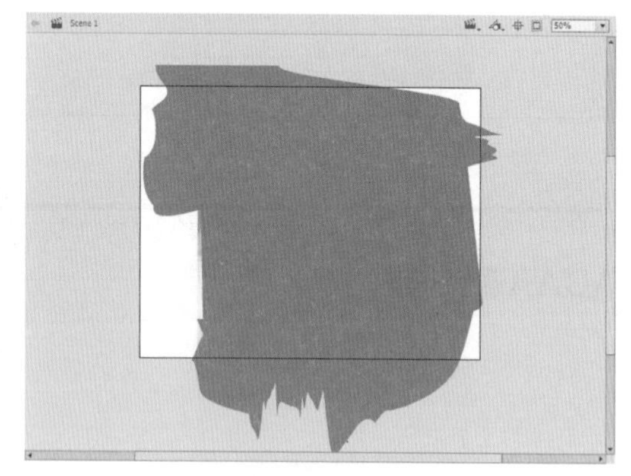

图 12-10

ACAA课堂笔记

Step11 在图层 2 的第 100 帧插入普通帧，选中图层控制区域中的图层 2，右击鼠标，在弹出的快捷菜单中选择“遮罩层”命令，创建遮罩，如图 12-11 所示。

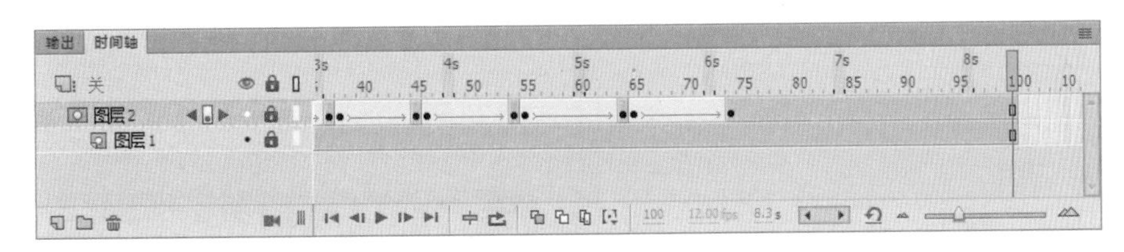

图 12-11

Step12 在图层 2 上方新建图层 3，使用矩形工具在舞台中合适位置绘制渐变矩形，如图 12-12、图 12-13 所示。选中绘制的矩形，按 F8 键打开“转换为元件”对话框，将其转换为影片剪辑元件 sprite 2。

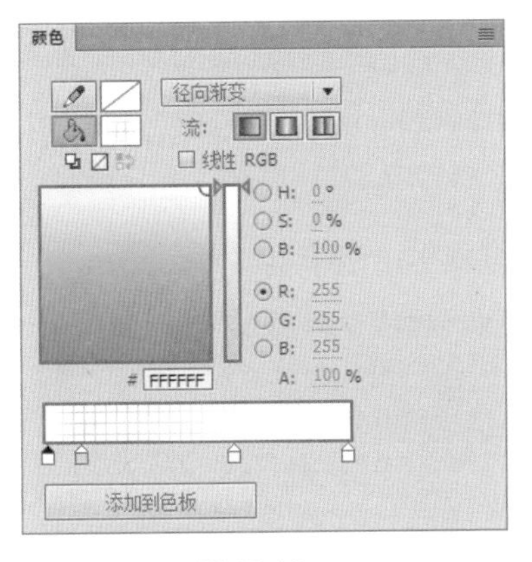

图 12-12

图 12-13

Step13 按 Ctrl+F8 组合键打开“创建新元件”对话框，新建影片剪辑元件 sprite 3，在 sprite 3 影片剪辑元件的编辑模式下绘制如图 12-14 所示图形。

Step14 使用文本工具输入文字，从“库”面板中拖曳 image2 图形元件至舞台中合适位置，并调整至合适大小，效果如图 12-15 所示。

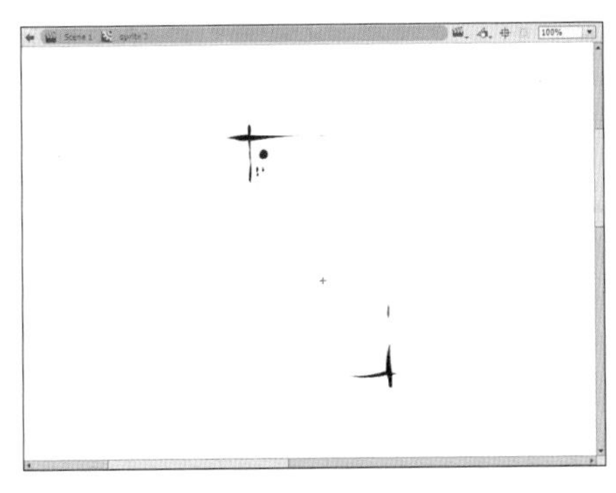

图 12-14

图 12-15

Step15 切换至场景 1，在图层 3 上方新建图层 4，从“库”面板中拖曳 sprite 3 影片剪辑元件至舞台中合适位置，并调整至合适大小，效果如图 12-16 所示。

Step16 在图层 4 第 12 帧插入关键帧，选择第 1 帧，在“属性”面板中设置 Alpha 值为 0，选择第 1 ～ 12

帧之间的任意帧，右击鼠标，在弹出的快捷菜单中选择“创建传统补间”命令，创建补间动画，如图 12-17 所示。

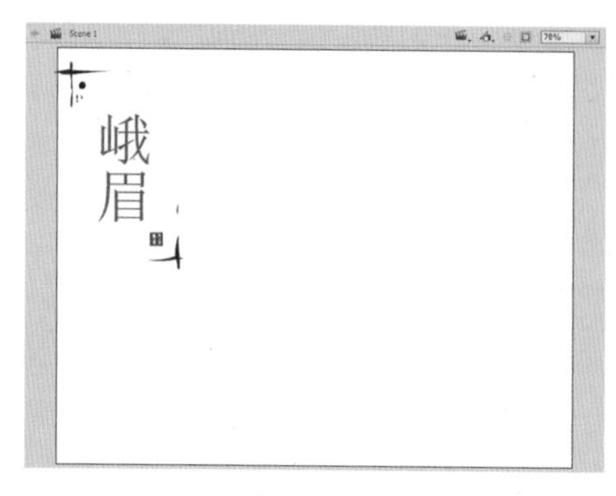

图 12-16

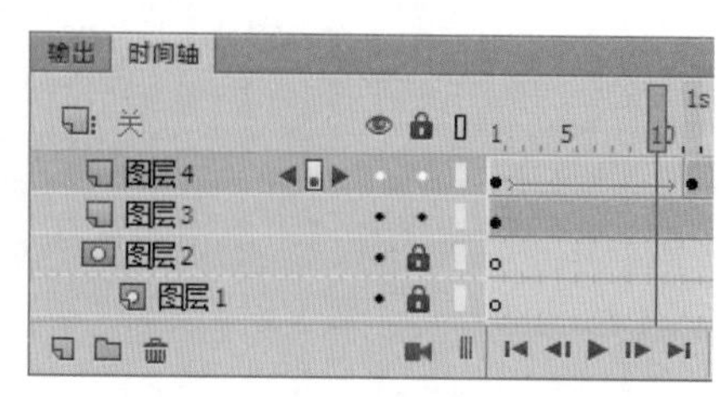

图 12-17

Step17 新建图层 5，在第 100 帧插入关键帧，从“库”面板中拖曳 button1 按钮元件至舞台中合适位置，并调整至合适大小，效果如图 12-18 所示。

Step18 新建 music 图层，在“属性”面板中设置，添加声音效果，如图 12-19 所示。

图 12-18

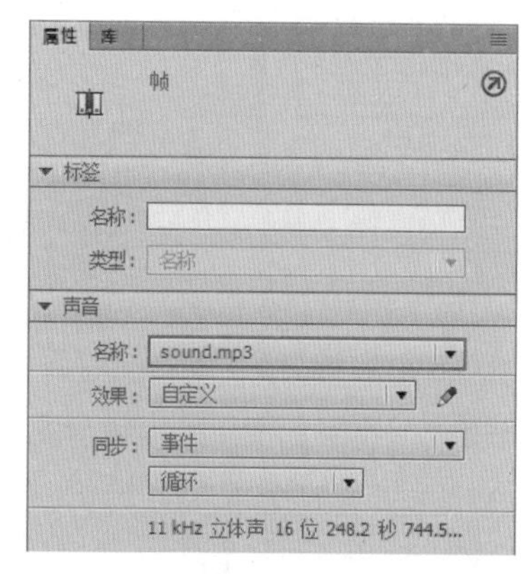

图 12-19

Step19 新建“动作”图层，在最后 1 帧插入关键帧，在“动作”面板中输入脚本“stop();”。至此，完成景点片头的制作。按 Ctrl+Enter 组合键测试效果如图 12-20、图 12-21 所示。

图 12-20

图 12-21

制作电子贺卡

内容导读

在 Animate 动画中，电子贺卡是常见的一个品类。通过电子贺卡，可以交流感情，联络亲友。本章节将通过制作生日贺卡，复习补间动画的创建、遮罩层的创建以及动作脚本的添加等知识。

Adobe Animate CC

HAPPY birthday

学习目标

- 熟悉图形的绘制
- 学会创建并应用元件
- 熟练运用补间动画
- 制作完整动画效果

ACAA课堂笔记

13.1 设计解析

电子贺卡作为常见的祝福方式，在现实生活中被广泛应用。在制作电子贺卡前，需要对贺卡的主题、风格进行构思，制作出符合时代美学的作品。

13.1.1 设计思想

本次练习将制作生日贺卡。生日一般是温馨喜悦的，在背景上可以选择暖色调的橙色等，使氛围更加温馨；再添加一些生日元素、祝福语等，突出贺卡主题；添加代码，增强交互性。

13.1.2 制作手法

本案例主要制作生日贺卡，涉及的知识点包括图形的绘制、素材的导入、补间动画的制作、音频素材的添加以及代码的编写等。在制作过程中，先绘制背景，并制作动画效果；再绘制装饰物，通过创建不同的元件，制作不同的动画效果；最后添加代码，使用户可以通过单击鼠标来点燃蜡烛，以增加交互性与趣味性。

13.2 生日贺卡制作过程

下面将介绍具体的制作步骤。

Step01 打开本章素材文件，修改图层1名称为“条纹”，按Ctrl+F8组合键打开“创建新元件”对话框，创建“条纹”图形元件，如图13-1所示。

Step02 完成后单击“确定”按钮，进入元件编辑模式，使用矩形工具绘制白色矩形，如图13-2所示。

图 13-1

图 13-2

Step03 选中绘制的矩形，按住 Alt 键向下拖曳复制，重复多次，效果如图 13-3 所示。

Step04 选中所有矩形，使用任意变形工具旋转选中对象，如图 13-4 所示

Step05 切换至场景 1，选中“库”面板中的条纹元件拖曳至舞台中合适位置，在“属性”面板中设置其 Alpha 值为 40%，效果如图 13-5 所示。在第 200 帧并按 F5 键插入帧。

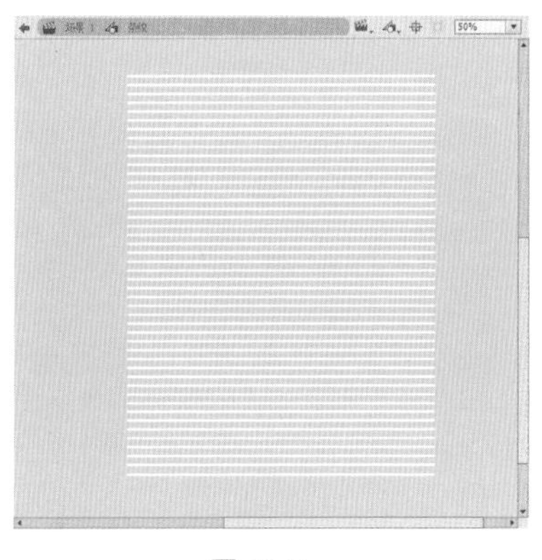

图 13-3

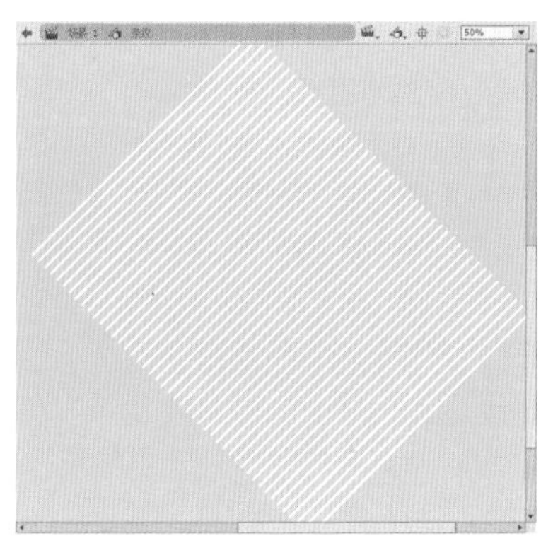

图 13-4

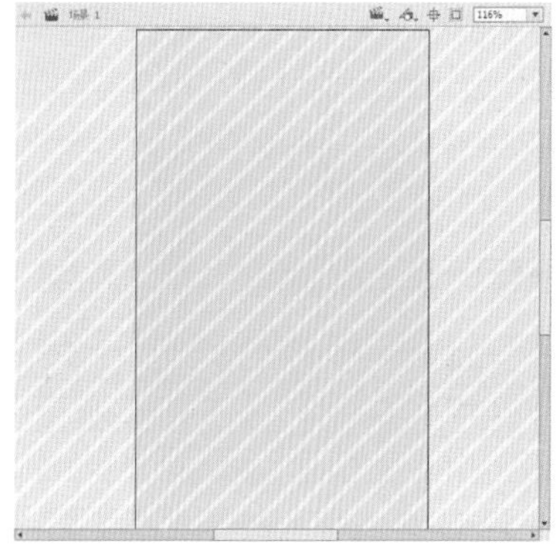

图 13-5

Step06 使用相同的方法，新建“彩旗”图形元件，并进行绘制，如图 13-6 所示。

Step07 切换至场景 1，在“条纹”图层上方新建“彩旗”图层，将彩旗元件从“库”面板中拖曳至舞台中合适位置，如图 13-7 所示。在“属性”面板中设置其 Alpha 值为 0。

Step08 在“彩旗”图层第 11 帧按 F6 键插入关键帧，在“属性”面板中设置其样式为无，并移动其至合适位置，如图 13-8 所示。

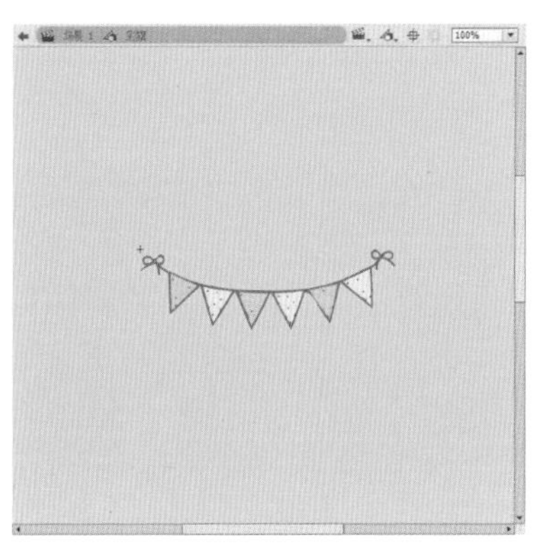

图 13-6

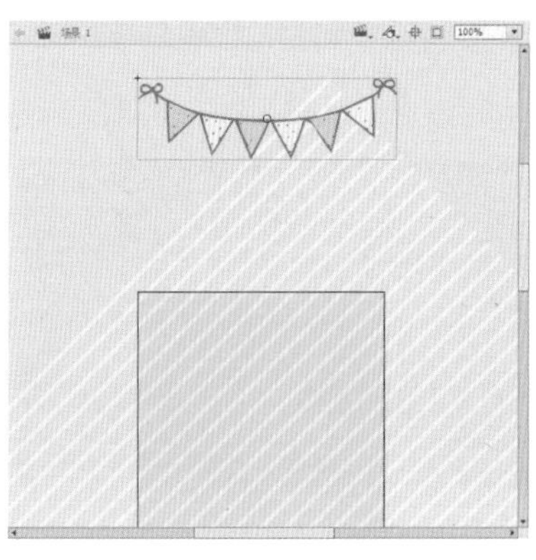

图 13-7

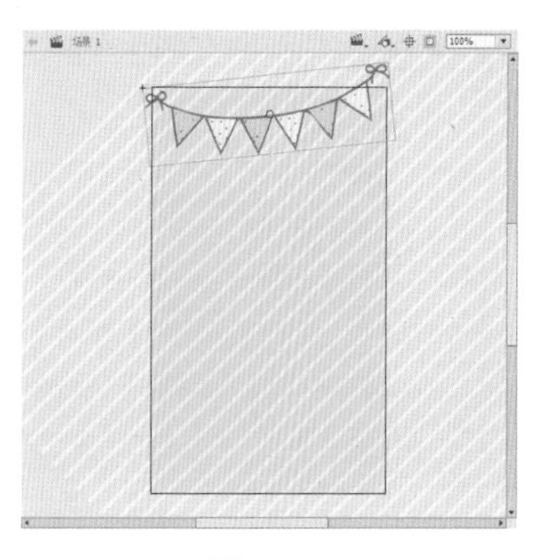

图 13-8

ACAA课堂笔记

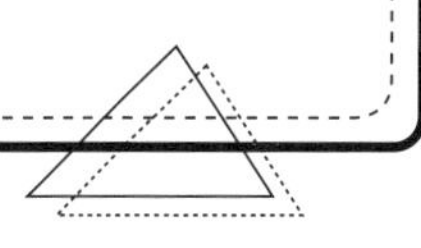

Step09 选择第 1 ～ 11 帧之间任意帧，右击鼠标，在弹出的快捷菜单中选择“创建传统补间”命令，创建补间动画，如图 13-9 所示。

Step10 在“彩旗”图层的第 12 帧插入关键帧，旋转对象，如图 13-10 所示。

ACAA课堂笔记

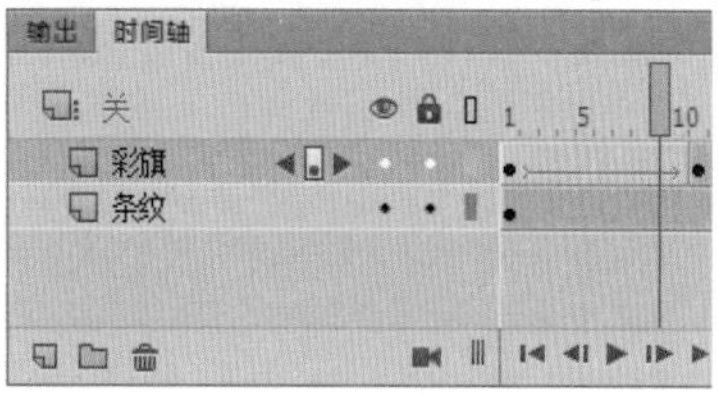

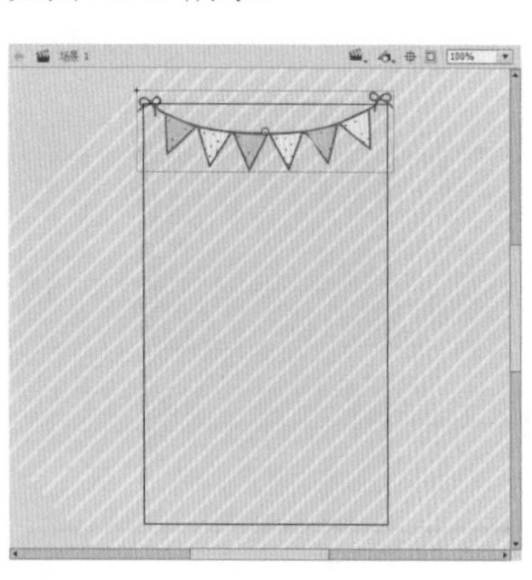

图 13-9

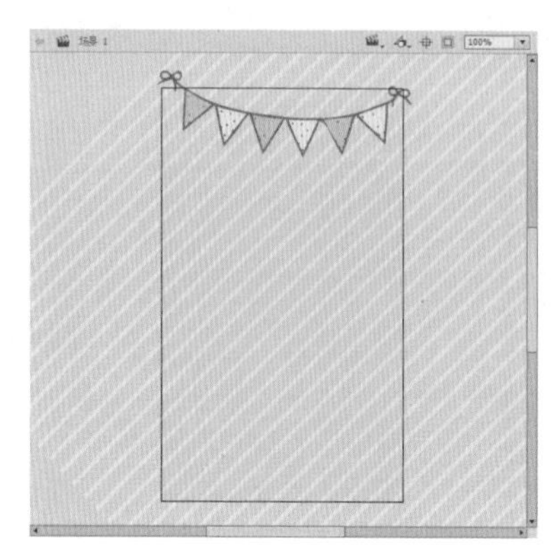

图 13-10

Step11 使用相同的方法，在第 13 帧、14 帧、15 帧插入关键帧，并旋转对象，制作出彩旗掉下来摇晃的效果，如图 13-11 所示为第 15 帧的效果。

Step12 按 Ctrl+F8 键，新建“云 1”影片剪辑元件，使用椭圆工具绘制云朵，如图 13-12 所示。

Step13 使用相同的方法，新建“云 2”剪辑元件，并进行绘制，如图 13-13 所示。

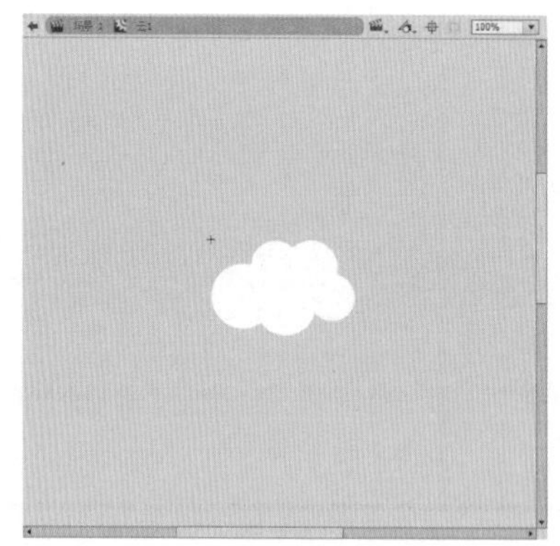

图 13-11

图 13-12

图 13-13

Step14 新建“云层”剪辑元件，拖曳“库”面板中的“云 1”元件至舞台中合适位置，并在“属性”面板中为其添加“投影”滤镜，效果如图 13-14 所示，

Step15 使用相同的方法，添加云元件，并设置投影，效果如图 13-15 所示。

Step16 选中舞台中的对象，右击鼠标，在弹出的菜单中选择“分散到图层”命令，将元件分别分散到图层中，删除图层 1，如图 13-16 所示。

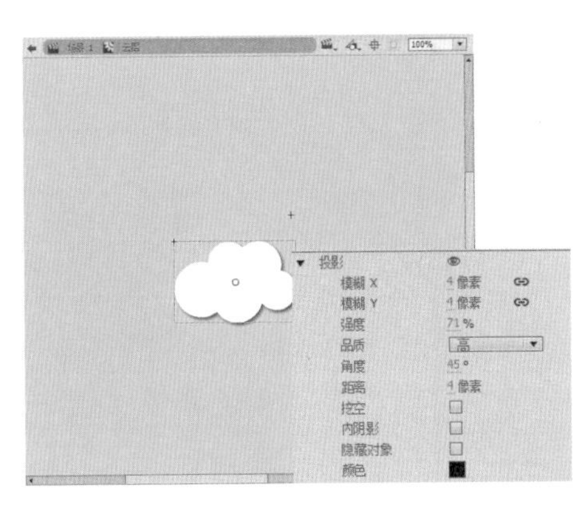

图 13-14

图 13-15

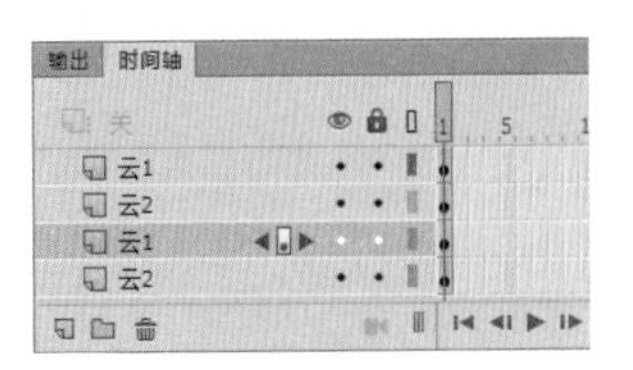

图 13-16

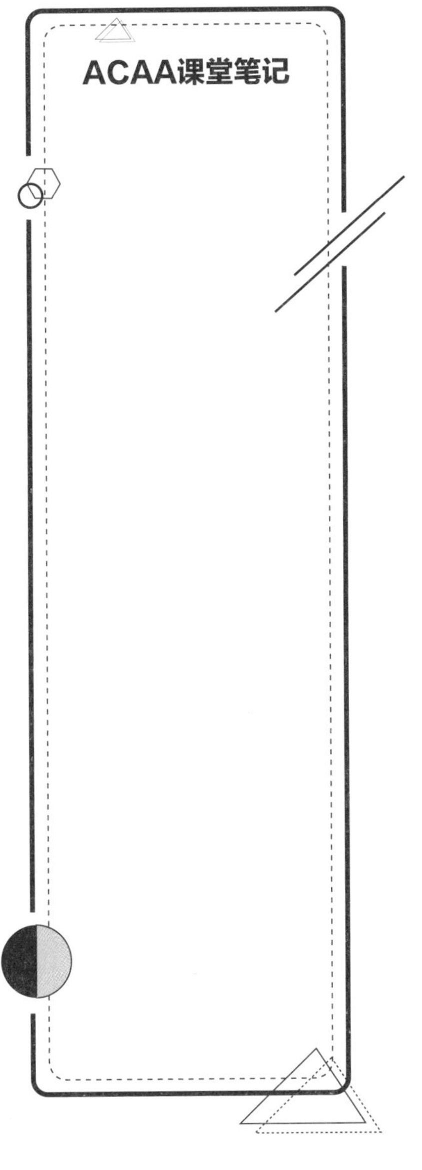

Step17 在这四个图层的第 15 帧按 F6 键插入关键帧，并分别移动对象位置，创建补间动画，效果如图 13-17 所示。

Step18 在最上方图层新建“动作”图层，在第 15 帧按 F7 键插入空白关键帧，右击鼠标，在弹出的快捷菜单中选择“动作”命令，打开“动作”面板，添加“stop()”代码。切换至场景 1，在“彩旗”图层上方新建“云层”图层，在第 11 帧按 F7 键插入空白关键帧，将云层剪辑元件拖曳至舞台合适位置，如图 13-18 所示。

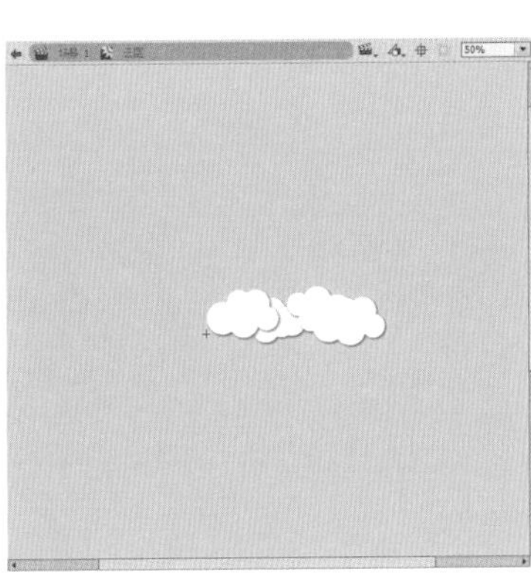

图 13-17

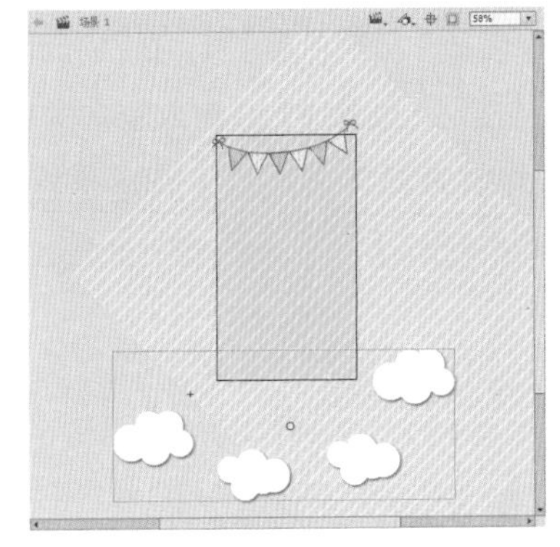

图 13-18

Step19 在“云层”图层上方新建“生日快乐”图层，在第 15 帧按 F7 键插入空白关键帧，从“库”面板中拖曳“祝福 .png”至舞台中合适位置，按 F8 键打开“转换为元件”对话框，将其转换为影片剪辑元件，在“属性”面板中设置其色调参数，设置完成后效果如图 13-19 所示。

Step20 在第 30 帧按 F6 键插入关键帧，选择第 15 帧中的对象，向左移动其位置至舞台之外，在“属性”面板中设置其 Alpha 值为 0，并添加“模糊”滤镜，如图 13-20 所示。

ACAA课堂笔记

图 13-19

图 13-20

Step21 选中“生日快乐”图层第 15 ～ 30 帧之间的任意帧，右击鼠标，在弹出的快捷菜单中选择“创建传统补间”命令，创建补间动画。按 Ctrl+F8 组合键新建蛋糕影片剪辑元件，使用绘图工具绘制蛋糕，如图 13-21 所示。

Step22 切换至场景 1，在“生日快乐”图层上方新建“蛋糕”图层，在第 22 帧按 F7 键插入空白关键帧，从“库”面板中拖曳蛋糕影片剪辑元件至舞台中合适位置，在“属性”面板中设置其 Alpha 值为 0，并添加“投影”滤镜，如图 13-22 所示。

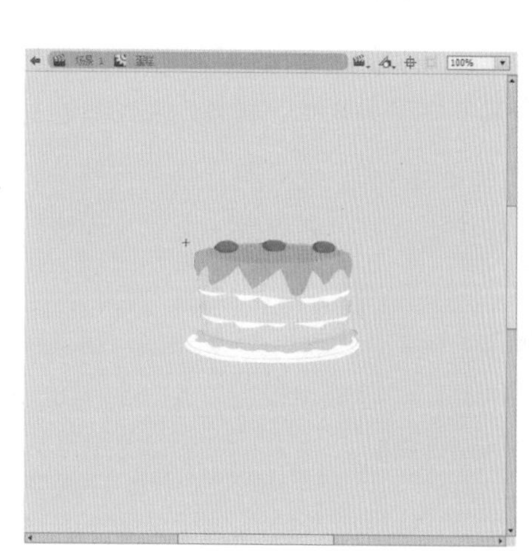
图 13-21

图 13-22

Step23 在“蛋糕”图层的第 30 帧按 F6 键插入关键帧，在“属性”面板中调整对象样式为无，并移动其位置，效果如图 13-23 所示。在“蛋糕”图层的第 22 ～ 30 帧之间创建传统补间动画。

Step24 新建点缀图形元件，并绘制奶油图案，如图 13-24 所示。

Step25 在“蛋糕”图层上方新建“奶油”图层，在第 30 帧插入空白关键帧，拖入点缀图形元件，并调整其 Alpha 值为 0，在第 35 帧插入关键帧，向下移动位置并设置样式为无，效果如图 13-25 所示。在第 30 ～ 35 帧之间创建补间动画，制作奶油从上至下、从透明到显现的效果。

图 13-23

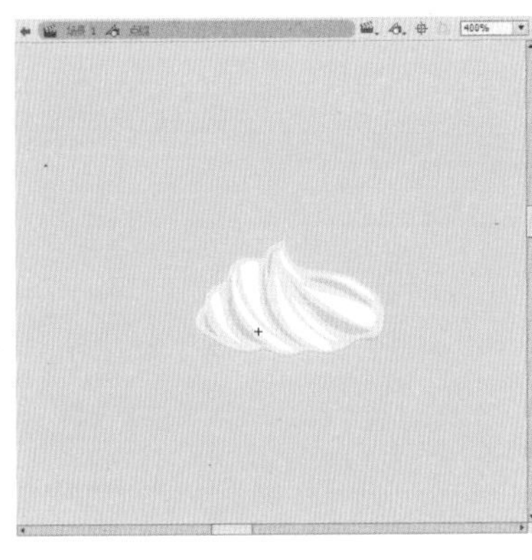

图 13-24

图 13-25

Step26 新建蜡烛图形元件，切换至场景 1，在“奶油”图层下方新建“蜡烛”图层，在第 35 帧插入空白关键帧，将蜡烛元件拖曳至舞台合适位置，在第 40 帧插入关键帧，向下移动蜡烛位置，如图 13-26 所示。在第 35 ～ 40 帧之间创建补间动画。

Step27 在“奶油”图层上方新建“烛光”图层。在“烛光”图层第 40 帧按 F7 键插入空白关键帧，将“库”面板中的烛光元件拖曳至舞台中合适位置，如图 13-27 所示。在“属性”面板中设置其实例名称为 zhuxin。

Step28 新建文字影片剪辑元件，在元件编辑模式下使用文本工具 T 输入文字，如图 13-28 所示。

图 13-26

图 13-27

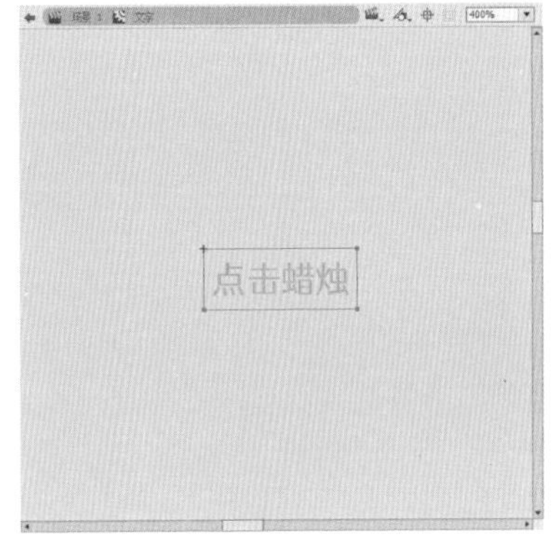

图 13-28

Step29 选中文字，在第 3 帧和第 5 帧插入关键帧，并删除第 3 帧中舞台中的对象，在第 6 帧插入帧。切换至场景 1，拖曳文字至舞台中合适位置，如图 13-29 所示。

Step30 在“文字”图层上方新建“音乐”图层，从“库”面板中拖曳“声音 .mp3”至舞台中。在“音乐”图层上方新建“动作”图层，在第 40 帧按 F7 键插入空白关键帧，选中第 40 帧，右击鼠标，在弹出的快捷菜单中选择“动作”命令，打开“动作”面板输入代码，如图 13-30 所示。

知识点拨

此处代码效果是通过鼠标点击控制烛光元件的显现。完整代码如下：

```
zhuxin.buttonMode = true;
function dj(dl:MouseEvent)
{
	zhuxin.gotoAndPlay(5);
}
zhuxin.addEventListener(MouseEvent.CLICK,dj);
```

图 13-29

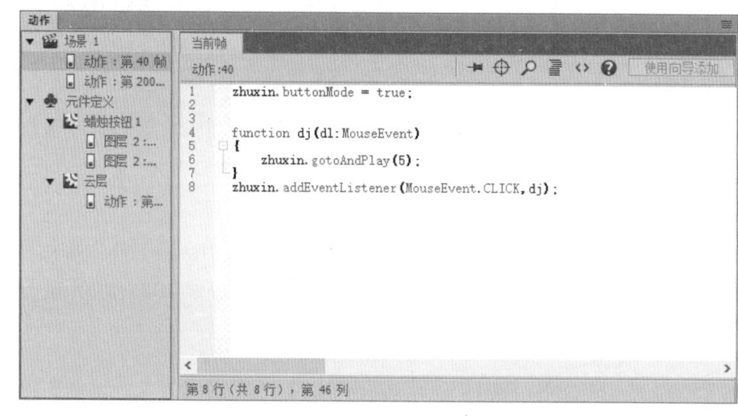

图 13-30

Step31 在“动作”图层的第 200 帧按 F7 键插入空白关键帧，添加“stop()”代码。至此，完成生日贺卡的制作。按 Ctrl+Enter 组合键测试，效果如图 13-31、图 13-32、图 13-33、图 13-34 所示。

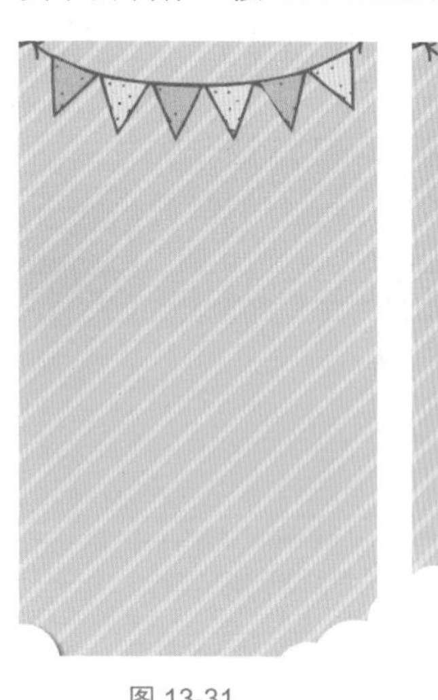

图 13-31

图 13-32

图 13-33

图 13-34